高职高专公共基础课系列教材

办公自动化综合应用案例教程

(WPS Office)

主　编　钟芙蓉　廖　鑫　李　燕

参　编　刘开芬　刘　莉　曹　君

　　　　鲜　红　王　林

主　审　曹小平

西安电子科技大学出版社

内 容 简 介

本书以 WPS Office 的 Windows 版 (版本：12.1.0.17857) 为工具，通过对办公室文员岗位的文件处理技能的深入调研与分析，结合全国计算机等级考试二级 WPS Office 高级应用与设计考试大纲，在融入思政元素的基础上，确定了 4 个实训项目，包含 17 个任务 (WPS 文字 5 个任务、WPS 表格 7 个任务、WPS 演示 3 个任务，常用办公必备知识 2 个任务)。

本书可作为高等职业院校计算机基础公共课教材，也可作为成人教育、计算机等级考试及各类计算机培训班的培训教材，还可作为各类办公室工作人员的参考用书。

图书在版编目 (CIP) 数据

办公自动化综合应用案例教程：WPS Office / 钟芙蓉，廖鑫，李燕主编 . -- 西安：西安电子科技大学出版社，2024. 8. -- ISBN 978-7-5606-7446-9

Ⅰ. TP317.1

中国国家版本馆 CIP 数据核字第 2024C3S992 号

策　　划　黄薇谚
责任编辑　孟秋黎
出版发行　西安电子科技大学出版社 (西安市太白南路 2 号)
电　　话　(029) 88202421　88201467　　　　邮　　编　710071
网　　址　www.xduph.com　　　　　　　　电子邮箱　xdupfxb001@163.com
经　　销　新华书店
印刷单位　广东虎彩云印刷有限公司
版　　次　2024 年 8 月第 1 版　　2024 年 8 月第 1 次印刷
开　　本　787 毫米 × 1092 毫米　1/16　印 张　13.5
字　　数　318 千字
定　　价　43.00 元
ISBN 978-7-5606-7446-9
XDUP 7747001-1
*** 如有印装问题可调换 ***

PREFACE 前 言

当今社会各行各业都离不开计算机办公，因此掌握办公自动化软件的操作方法成为各行各业人员的必备技能。WPS Office 软件可以帮助用户快速创建与编辑标准化文档，生成丰富、动态的电子表格，制作优秀的演示文稿，对相关数据进行保存、分析和管理等，使用户高效地完成各项工作，因而得到了广泛使用。

本书坚持理论知识够用、技能与实战相结合的原则，突出实训教学的特点，采用任务驱动模式进行编写，并注重教学情境的设计，强化训练目标。同时本书针对办公日常需要，结合办公实例和企业实用案例对项目进行设计。全书以实际工作任务为驱动，一方面力图以最简洁的方式将理论知识阐述清楚，另一方面强化实际操作环节，突出技能训练的系统性和实效性。

本书确定了 4 个实训项目，包含 17 个任务，前 3 个项目的每个任务均由任务简介、任务目标、知识点、任务实施、任务总结、实践演练 6 个部分组成，而第 4 个项目为常用办公必备知识，无实践演练部分。其中，任务简介介绍了该任务的具体要求；任务目标设定了该任务的学习目标；知识点介绍了该任务所关联的理论知识点；任务实施给出了实现该任务的操作步骤；任务总结介绍了一些学习或操作的经验及方法；实践演练强化了关键技能的练习和拓展运用。

本书由常年从事计算机基础或办公自动化教学工作且具有丰富教学经验的老师以及具有丰富实践经验的企业工程师共同编写，钟芙蓉、廖鑫、李燕担任主编，刘开芬、刘莉、曹君、鲜红、王林参编。钟芙蓉编写项目二的任务三、任务四及附录；廖鑫编写项目四的任务二，并负责全书统稿工作；李燕编写项目二的任务五、任务六、任务七；刘开芬编写项目一的任务三、任务四、任务五；刘莉编写项目二的任务一、任务二；曹君编写项目三；鲜红编写项目一的任务一、任务二；王林（高级工程师）编写项目四的任务一。本书由曹小平教授担任主审。

本书参考学时如下:

项　目	任　务	学时
项目一　WPS 文字文档高级应用	任务一　文档排版	2
	任务二　制作人力资源部英才应聘资料	2
	任务三　制作经费联审结算单	2
	任务四　制作公司员工手册	2
	任务五　毕业论文排版	2
项目二　WPS 表格高级应用	任务一　制作人均消费统计表	2
	任务二　制作期末成绩分析表	2
	任务三　制作车库收费情况统计表	2
	任务四　教师档案管理	2
	任务五　制作公司图书销售数据统计分析表	2
	任务六　制作全国人口普查数据统计分析表	2
	任务七　制作员工工资及奖金发放表	2
项目三　WPS 演示文稿高级应用	任务一　制作魅力重庆电子画册	2
	任务二　制作审计业务档案管理实务培训课件	2
	任务三　制作科技馆"带你走进航空母舰"的演示文稿	2
项目四　常用办公必备知识	任务一　行政办公中常用的计算机操作	2
	任务二　常用软件或工具的使用	2
合　　计		34

本书中所有的课程学习素材及作品效果图,都可在西安电子科技大学出版社官方网站本书"相关资源"处免费下载浏览。

由于编者水平有限,书中难免存在不足与疏漏,敬请广大读者批评指正。

编　者
2024 年 3 月

CONTENTS 目 录

1 项目一　WPS 文字文档高级应用..1

    任务一　文档排版..2
    任务二　制作人力资源部英才应聘资料..15
    任务三　制作经费联审结算单..26
    任务四　制作公司员工手册..31
    任务五　毕业论文排版..42

2 项目二　WPS 表格高级应用..54

    任务一　制作人均消费统计表..55
    任务二　制作期末成绩分析表..64
    任务三　制作车库收费情况统计表..76
    任务四　教师档案管理..84
    任务五　制作公司图书销售数据统计分析表..97
    任务六　制作全国人口普查数据统计分析表..108
    任务七　制作员工工资及奖金发放表..118

3 项目三　WPS 演示文稿高级应用..129

    任务一　制作魅力重庆电子画册..130
    任务二　制作审计业务档案管理实务培训课件..143
    任务三　制作科技馆"带你走进航空母舰"的演示文稿..157

4 项目四　常用办公必备知识..167

    任务一　行政办公中常用的计算机操作..168
    任务二　常用软件或工具的使用..173

附录 185

附录 1　搜狗拼音输入法知识介绍 185

附录 2　五笔字型输入法知识介绍 188

附录 3　常用快捷键汇总 193

附录 4　全国计算机等级考试二级 WPS Office 高级应用与设计考试大纲

（2023 年版） 194

附录 5　全国计算机等级考试二级 WPS Office 高级应用与设计模拟试题 196

参考文献 209

项目一

WPS 文字文档高级应用

项目分析

WPS 文字作为当前最流行、功能最强大的文字处理软件之一，在办公系统中应用非常广泛，如信函、论文、请假单、报告和使用手册等都可以用 WPS 文字进行创建。掌握 WPS 文字的一些使用技巧，对于学生、工作人员等都非常有必要。

本项目需要完成以下任务：

(1) 文档排版。

(2) 制作人力资源部英才应聘资料。

(3) 制作经费联审结算单。

(4) 制作公司员工手册。

(5) 毕业论文排版。

知识目标

(1) 熟悉 WPS 文字基本操作，掌握图文混排的技巧，能够修饰文字及自绘图形，学会文档的整体版面设计。

(2) 了解邮件合并的应用范围，掌握邮件合并的基本步骤。

(3) 熟悉大文档排版的基本思路和操作步骤。

能力目标

熟悉办公文档处理的基本操作步骤，掌握编辑红头文件、合并邮件、编辑大文档等高级应用的技巧，可以处理日常的办公文档，能够完成排版、表格建立、数据处理等工作，能创建具有专业水准的各类文档。

任务一　文档排版

任务简介

　　某杂志社拟制作一期关于重要历史活动简介的期刊，小李是这个杂志社的一名编辑，他被安排编辑文档"五四运动"。主编要求小李恰当地使用图文混排技巧，使文档版面生动，能吸引读者的注意力，并将排版后的文档打印出来以便审稿。

　　本任务的素材样文及排版效果图分别如图 1-1-1、图 1-1-2 所示。

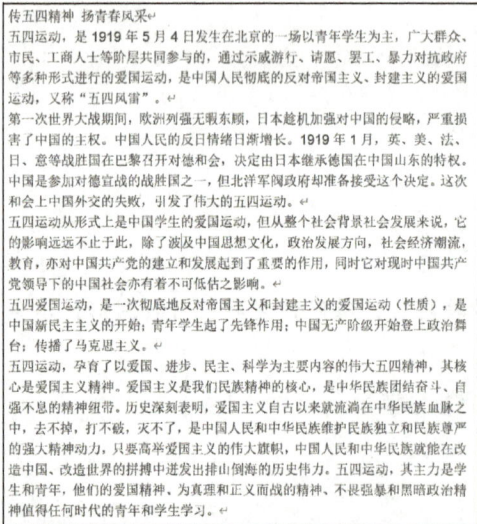

图 1-1-1　"WPS 文字素材 1.docx"样文

图 1-1-2　"五四运动.docx"排版效果图

任务目标

　　通过本任务的学习，熟练掌握图文混排技巧以及页面布局、字体格式、段落格式、首字下沉、分栏的设置，熟悉艺术字、文本框、图片等元素的概念并掌握其操作方法。

知识点

- 文档的创建、保存、打印。
- 页面布局：纸张、页边距、页面边框的设置。
- 主文档格式：字体格式、段落格式、首字下沉、分栏的设置。
- 图文混排：艺术字、文本框、图片的插入。

任务实施

1. 创建和保存主文档

(1) 打开"\ 项目一 \ 任务一 \WPS 文字素材 1.docx"文件，按 Alt＋F 键或单击【文件】→【另存为】，打开【另存为】对话框，以"五四运动.docx"命名并保存。

(2) 文档在编辑过程中要注意保存。一般是按 Ctrl＋S 键或单击快速访问工具栏中的保存按钮 进行保存。

2. 设置文档页面

(1) 单击【页面】→【页面设置】启动器 ，弹出如图 1-1-3 所示的【页面设置】对话框，在【纸张】选项卡中设置【纸张大小】为 A4。

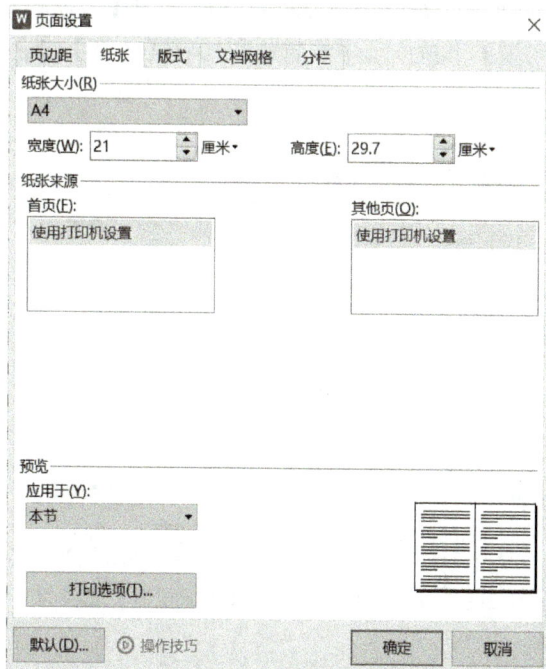

图 1-1-3　【页面设置】之【纸张】选项卡

(2) 选择【页边距】选项卡，将【页边距】区域的【上】、【下】、【内侧】、【外侧】均设置为 1.27 厘米,【方向】默认为纵向,如图 1-1-4 所示。单击【确定】按钮完成页面设置。

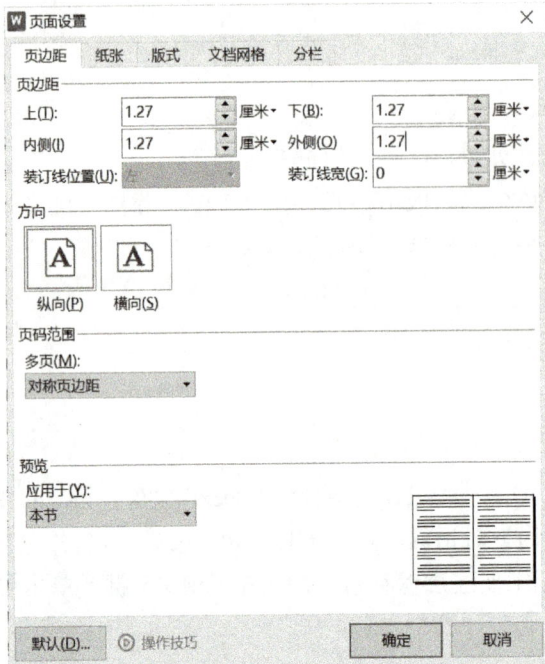

图 1-1-4　【页面设置】之【页边距】选项卡

3. 设置页面边框

单击【页面】→【页面边框】,弹出如图 1-1-5 所示的【边框和底纹】对话框;在【页面边框】选项卡的【艺术型】下拉选项中选择小草形状,【宽度】设置为 8 磅;单击【确定】按钮完成页面边框设置。

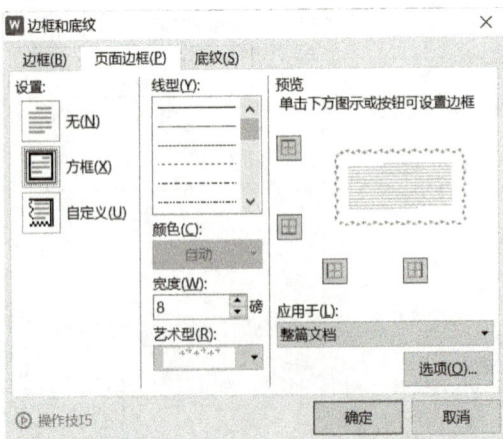

图 1-1-5　【边框和底纹】之【页面边框】选项卡

4. 设置字体格式

(1) 字体设置。按 Ctrl + A 键对整篇文档进行全选;选择【开始】→【字体】启动器,在弹出的如图 1-1-6 所示的【字体】对话框中,将【中文字体】设置为方正姚体,【字形】

设置为常规，【字号】设置为四号，字体参数设置完成后，可在下面的"预览"框中查看设置效果；单击【确定】按钮完成字体设置。

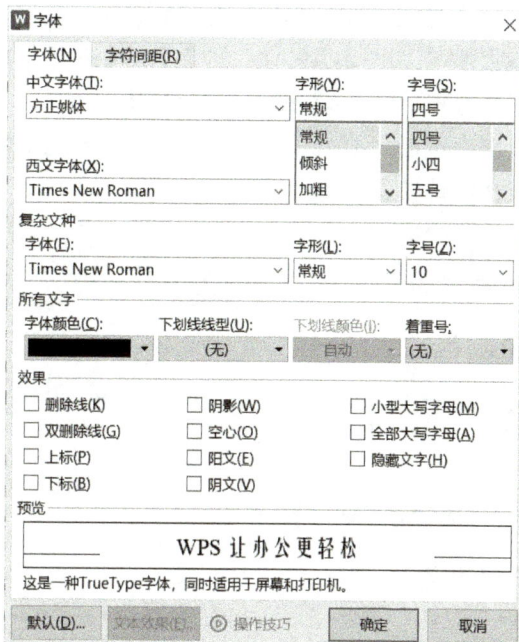

图 1-1-6　【字体】对话框

（2）下划线设置。选中需设置下划线的文字；再次进入【字体】对话框，将【下划线线型】设置为波浪线，【下划线颜色】设置为红色；单击【确定】按钮完成文字下划线设置，如图 1-1-7 所示。

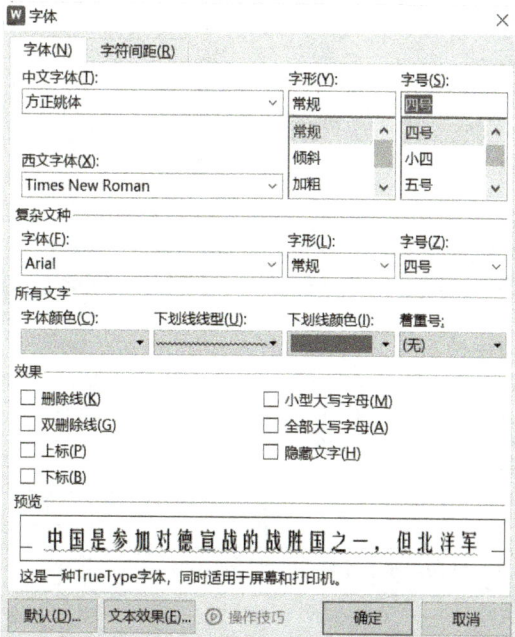

图 1-1-7　【字体】对话框中下划线设置

(3) 文字替换设置。按 Ctrl + H 键打开如图 1-1-8 所示的【查找和替换】对话框；单击【替换】选项卡，在【查找内容】输入框中输入需替换的文字"五四"；将键盘切换到英文状态下，在【替换为】输入框中输入"^&"，用于改变所选文字的字体；单击【格式】下拉按钮，再单击【字体】选项，弹出如图 1-1-9 所示的【字体】对话框，在【字体】选项卡中，将【中文字体】设置为华文行楷，【字形】设置为加粗，【字号】设置为小三，【字体颜色】设置为红色，字体参数设置完成后，单击【确定】按钮返回到【查找和替换】对话框；单击【全部替换】按钮完成文字替换。

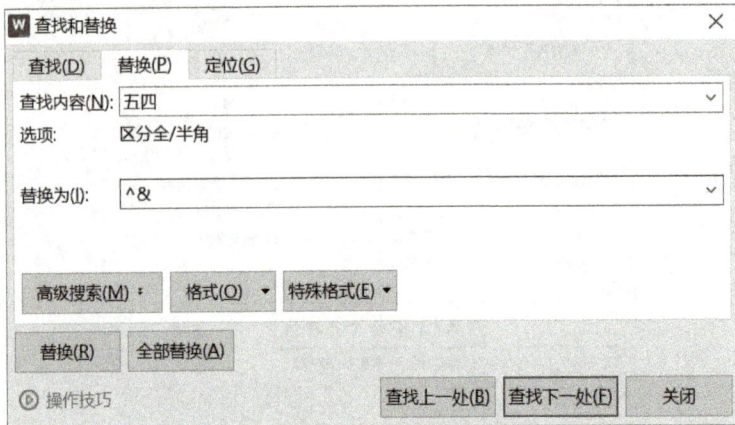

图 1-1-8 【查找和替换】之【替换】选项卡

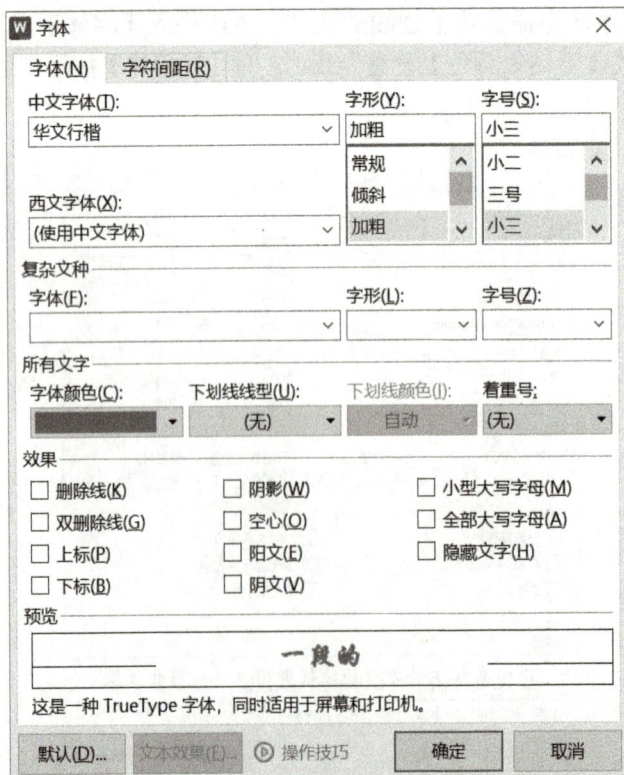

图 1-1-9 【字体】对话框

(4) 突出显示设置。选中文档最后一段中的文字"五四运动，其主力……青年和学生学习。"；单击【开始】→【字体】组中的突出显示按钮 ，在下拉菜单中选择黄色，如图 1-1-10 所示。

图 1-1-10　【字体】组中的突出显示设置

5. 设置段落格式

选择【开始】→【段落】启动器，弹出如图 1-1-11 所示的【段落】对话框；在【缩进和间距】选项卡中，设置【对齐方式】为两端对齐，【大纲级别】为正文文本，【特殊格式】为首行缩进，【度量值】为 2 字符，【行距】为固定值 22 磅；单击【确定】按钮完成段落格式设置。

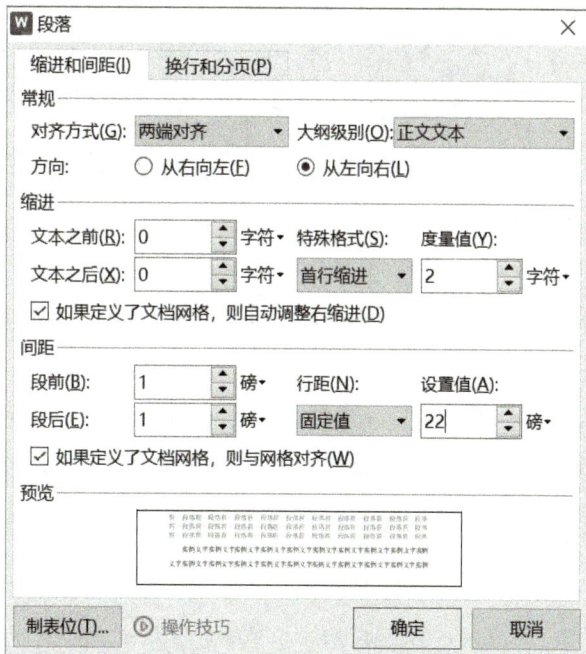

图 1-1-11　【段落】之【缩进和间距】选项卡

6. 设置首字下沉和分栏

(1) 首字下沉设置：将光标定位在需要设置首字下沉的段落，单击【插入】→【首字下沉】，弹出如图 1-1-12 所示的【首字下沉】对话框；【位置】设置为下沉，【下沉行数】设置为 2，【距正文】设置为 0.1 厘米；单击【确定】按钮完成首字下沉设置。

图 1-1-12 【首字下沉】对话框

(2) 分栏设置。选中文档第三自然段文字"五四运动从形式……亦有着不可低估之影响。";选择【页面】→【分栏】→【更多分栏】,弹出如图 1-1-13 所示的【分栏】对话框;将【栏数】设置为 2,并勾选【分隔线】复选框,其他使用默认设置;单击【确定】按钮完成分栏设置。

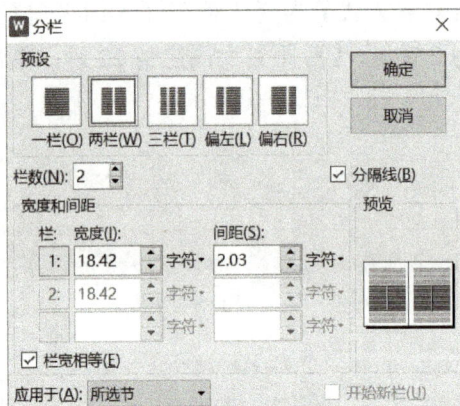

图 1-1-13 【分栏】对话框

7. 插入艺术字

(1) 选中文档标题,单击【插入】→【艺术字】,在下拉菜单中选择【渐变填充 - 金色,轮廓 - 着色 4】,会自动显示【文本工具】和【绘图工具】,如图 1-1-14 所示。

图 1-1-14 【文本工具】和【绘图工具】

(2) 按照设置字体格式的方法,将字体设置为隶书,字号设置为 30;在如图 1-1-15 所示的【字体】对话框中,将【字符间距】的【间距】设置为加宽,【值】设置为 0.07 厘米,【位置】设置为标准;单击【确定】按钮完成字符间距设置。

图 1-1-15　【字体】之【字符间距】选项卡

（3）按照设置段落格式的方法，将特殊格式设置为无，行距设置为最小值 30 磅。

（4）单击【文本工具】→【效果】格式启动器，在下拉菜单中依次选择【转换】→【弯曲】→【波形 1】。

（5）单击【形状样式】→【艺术字样式】→【文本填充】，在下拉菜单中依次选择【渐变】→【变体】→【浅色变体】→【线性向上】；选择【渐变】→【其他渐变】，弹出如图 1-1-16 所示的【属性】窗格，设置效果如图 1-1-17 所示（特别说明：软件版本不同，设置效果也不相同）。

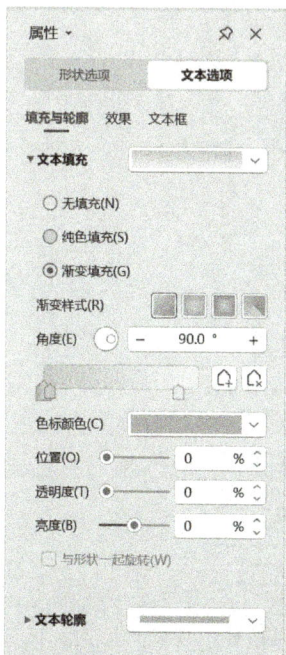

图 1-1-16　艺术字文本填充设置　　　图 1-1-17　艺术字文本填充设置效果

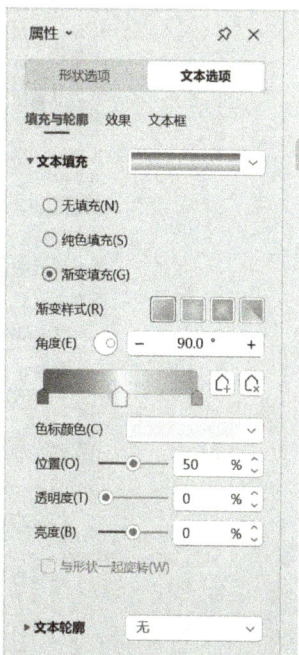

(6) 合理布局，将设置完成的艺术字拖动到标题居中的位置。

8. 插入文本框

(1) 选中文档第一自然段文字，选择【插入】→【文本框】，在下拉菜单中选择【横向】，如图 1-1-18 所示。这时，功能区自动显示【绘图工具】和【效果设置】上下文工具。

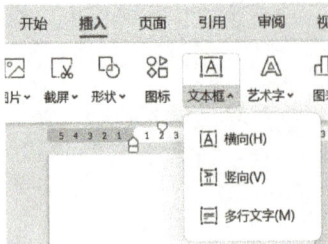

图 1-1-18 【文本框】下拉菜单

(2) 单击【绘图工具】→【文字方向】，则文字方向自动在水平和垂直之间切换。

(3) 按照设置字体格式的方法，将字体设置为宋体，字体颜色设置为红色。

(4) 按照设置段落格式的方法，将文本框设置为首行缩进 2 字符，行距设置为固定值 27 磅。

(5) 选中文本框，选择【绘图工具】→【轮廓】，得到【轮廓】下拉菜单，如图 1-1-19 所示。在下拉菜单中将【标准色】设置为【浅蓝】，将【虚线线型】设置为【圆点】。

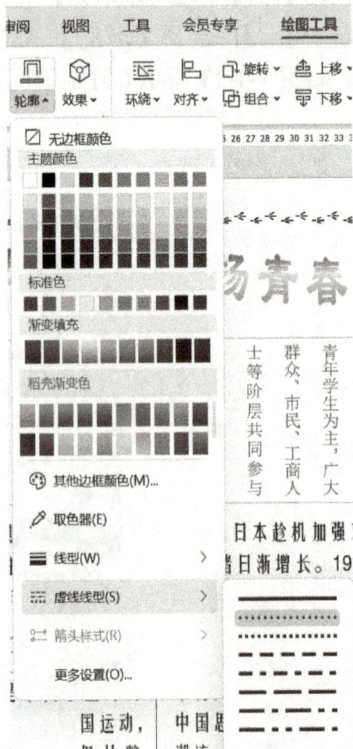

图 1-1-19 【轮廓】下拉菜单

(6) 根据设置后的文字内容调整文本框大小，并将文本框拖动到居中位置。

9. 插入图片

(1) 将光标定位到要插入图片的段落，单击【插入】→【图片】→【来自文件】(如图 1-1-20 所示)，将打开【插入图片】对话框；在"项目一\任务一"文件夹中选择图片"五四运动图片 1.jpg"，单击【插入】按钮，即可插入该图片。此时功能区将自动显示【图片工具】的图片格式上下文工具，如图 1-1-21 所示。

图 1-1-20　【插入】→【图片】工具

图 1-1-21　【图片工具】的图片格式上下文工具

(2) 单击【图片工具】→【环绕】，出现如图 1-1-22 所示的下拉菜单，选择【紧密型环绕】完成图片环绕设置。

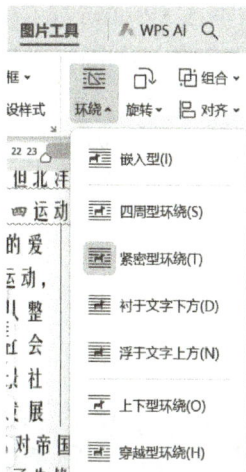

图 1-1-22　【环绕】下拉菜单

(3) 单击【图片工具】→【布局】启动器,弹出如图 1-1-23 所示的【布局】对话框;在【大小】选项卡中,将【缩放】区域的【高度】和【宽度】设置为 19%;单击【确定】按钮完成布局设置。

图 1-1-23　【布局】之【大小】选项卡

(4) 选中图片,将图片拖动到合适位置。

(5) 重复第 (1) 步,插入图片"五四运动图片 2.tiff",将【布局】对话框的【文字环绕】选项卡中的【环绕方式】设置为四周型,【大小】选项卡中的【缩放】区域的【高度】和【宽度】设置为 20%,单击【确定】按钮完成布局设置,最后将图片拖动到合适位置。

(6) 选中插入的图片"五四运动图片 2.tiff",单击【图片工具】→【智能抠图】→【设置透明色】,如图 1-1-24 所示。当鼠标指示变成 时,单击图片背景,即出现如图 1-1-25 右侧所示的效果。。

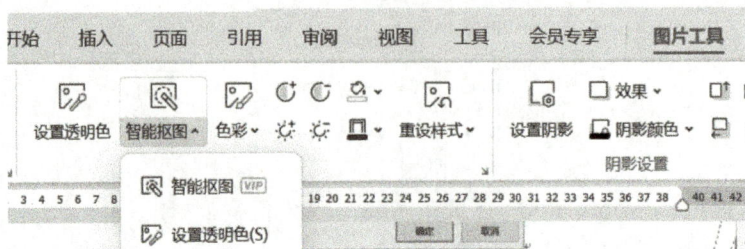

图 1-1-24　【图片工具】之【智能抠图】设置

图 1-1-25　删除背景的效果对比图

(7) 单击【图片工具】→【调整】组中的【更正】按钮,在下拉菜单中的【锐化和柔化】区域选择【锐化 25%】,在【亮度和对比度】区域选择【亮度 +20%,对比度 –40%】。设置前后的效果对比如图 1-1-26 所示。

图 1-1-26　调整锐化、亮度、对比度效果对比图

(8) 单击【图片工具】→【调整】组中的【颜色】按钮,将下拉菜单中的【颜色饱和度】设置为饱和度 200%,【色调】设置为色温 8800 K。设置前后的效果对比如图 1-1-27 所示。

图 1-1-27　调整颜色效果对比图

(9) 单击【图片工具】→【调整】组中的【艺术效果】按钮,在下拉菜单中选择【纹理化】。设置前后的效果对比如图 1-1-28 所示。

图 1-1-28　调整艺术效果对比图

10. 打印文档

单击【文件】→【打印】→【打印预览】，可以查看预览效果。若确定文档内容及格式无误，打印机与计算机正确连接，则设置打印【份数】为1，然后单击【确定】按钮，即可打印文档。

任务总结

本任务通过对文档的排版和格式设置，呈现了 WPS 文字的基本编辑功能，并展示了如何运用图文混排技巧制作出吸引人的文档。在实际生产、生活中，图文混排还能应用于海报、宣传画册、展板、电子贺卡等图文并茂的文档的制作。

实践演练

《冬夜读书示子聿》赏析小报排版

张红是某高校学习部的一名学生干部，主要负责活动的实施。根据工作计划，本月主要开展古代诗词赏析活动。为形成推广学习古代诗词文化的良好氛围，展示中国文化的独特魅力，本周拟制作古代诗词《冬夜读书示子聿》赏析小报，供大家学习讨论。

1. 操作要求

(1) 页面布局：纸张大小为 A4；纸张方向为横向；页边距均设置为 2 厘米；文档可分为 3 栏；页面边框设置为艺术型，颜色为"水绿色，强调文字颜色 5，淡色 60%"。

(2) 将活动主题"古代诗词赏析"设为艺术字，艺术字样式为"填充 - 橙色，着色 3，粗糙"；字体为华文中宋，字号为小初；任意选择一种艺术字渐变填充效果 (可参照样例)；为艺术字添加"倒 V 形""深灰绿，8 pt 发光，着色 3"的文本效果。

(3)《冬夜读书示子聿》正文设置为全文居中；字体设置为华文隶书、小三、深红色、加粗；段落行距设置为多倍行距，值为 3；四句正文的字间距设为紧缩，值为 0.5。

(4) 赏析部分：首行缩进 2 个字符；字体设置为宋体、小四；首字下沉 2 个字符，字体为黑体，颜色为"橙色，强调文字颜色 6，深色 50%"；段后间距为 0.5 行。

(5) 修改内容并进行如下设置：将诗的前两句修改为"1. 古人学问无遗力，少壮工夫老始成。"，诗的后两句修改为"2. 纸上得来终觉浅，绝知此事要躬行。"，字体设置为华文中宋，加双下划线，字体颜色为"橙色，着色 4"。

(6) 突出显示文本：颜色为鲜绿。

(7) 选中指定内容，插入竖排文本框，设置首行缩进 2 个字符，字体设置为华文隶书，字体颜色为浅蓝，文本框线条颜色设置为白色。

(8) 插入素材图片，删除背景，环绕类型设置为穿越型环绕，自行设置图片格式中的颜色、艺术效果等。

2. 效果图

古代诗词《冬夜读书示子聿》的赏析小报排版效果图如图 1-1-29 所示。

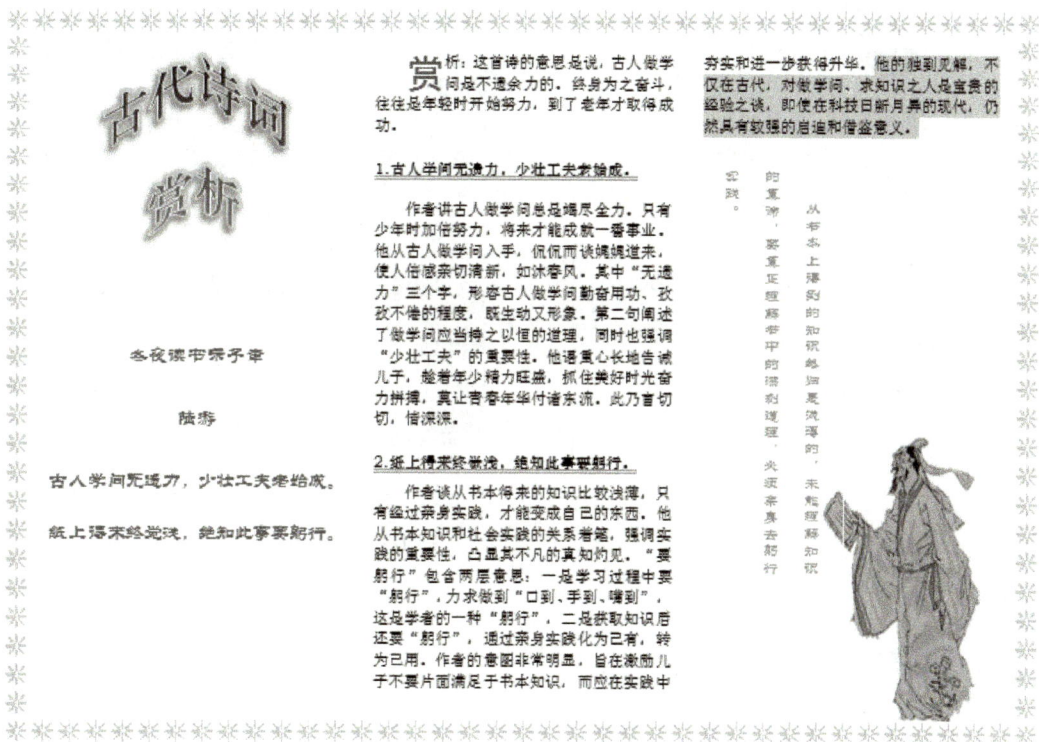

图 1-1-29　《冬夜读书示子聿》的赏析小报排版效果图

任务二　制作人力资源部英才应聘资料

任务简介

张女士是某科技有限公司人力资源部的一名员工，因工作需要，她经常需要发布招聘信息。招聘信息中相关的通知和表格是用 WPS 文字制作的。张女士本次制作的招聘信息、应聘人员履历表效果图分别如图 1-2-1、图 1-2-2 所示。

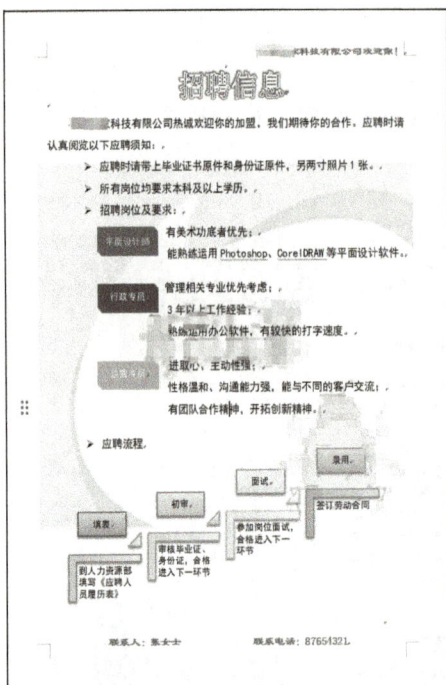

图 1-2-1　招聘信息效果图

图 1-2-2　应聘人员履历表效果图

任务目标

通过本任务的学习，熟练掌握在 WPS 文字文档中使用水印、项目符号、形状、SmartArt 图表、页眉页脚、表格等工具的操作方法，通过对它们的格式、边框、底纹等的设置来美化文档。

知识点

- 文档的制作和格式设置。
- 水印、项目符号、形状、SmartArt 图表、页眉页脚、表格的设置。

任务实施

1. 制作"招聘信息"的操作步骤

1) 制作主文档并进行格式设置

(1) 打开"项目一\任务二\WPS 文字素材 2.docx"文件，以"人力资源部英才招聘信息.docx"命名并另存到电脑硬盘中。

(2) 选择【页面】→【页面设置】启动器，打开【页面设置】对话框，将纸张大小设置为 A4，上、下、左、右页边距均设置为 2 厘米，单击【确定】按钮完成设置。

(3) 依次选择【页面】→【背景】→【水印】→【自定义水印】，弹出如图 1-2-3 所示的【水印】对话框，选择【图片水印】，单击【选择图片】后选择"项目一＼任务二＼LOGO.png"，将【缩放】设置为 400%，勾选【冲蚀】复选框，单击【确定】按钮完成设置。

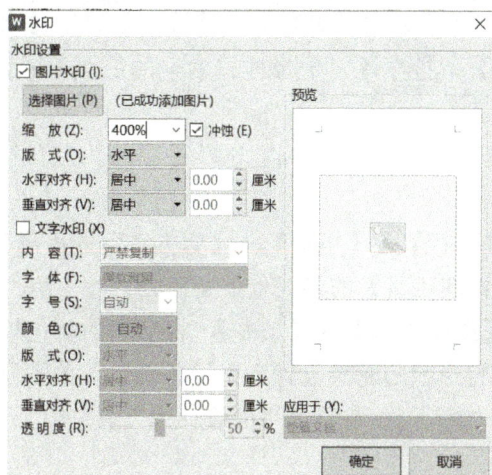

图 1-2-3 【水印】对话框

(4) 将光标定位在标题"招聘信息"前，单击【插入】→【艺术字】→【填充 - 白色，轮廓 - 着色 1】，将【字体颜色】设置为白色；选择【文本工具】→【轮廓】→【线型】(如图 1-2-4 所示)，选择【1 磅】；同理，选择【文本工具】→【效果】→【发光】(见图 1-2-5)，选择【发光变体】中的【矢车菊蓝，5 pt 发光，着色 5】；合理布局，将设置完成的艺术字拖动到合适位置。

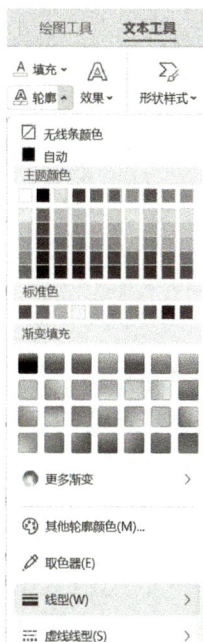

图 1-2-4 【轮廓】下拉菜单   图 1-2-5 【效果】下拉菜单

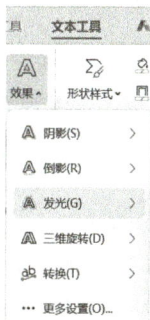

(5) 选中文档第 1 行至应聘流程前的文字，选择【开始】→【字体】启动器，将字体设置为黑体、四号；选择【开始】→【段落】启动器，设置首行缩进为 2 字符，行距固定值为 27 磅。

2) 设置项目符号

(1) 选中文档的第 3~5 行，选择【开始】→【段落】组中【项目符号】≔ ▾ 的下拉按钮，弹出【预设项目符号】下拉菜单，选择样式为 ▸ 的箭头符号，然后将第 3~5 行中的"1.""2.""3." 删掉。

(2) 同理，将文档中"4. 应聘流程"中的"4."也替换为项目符号 ▸。

3) 插入形状并添加文字

(1) 单击【插入】→【形状】→【矩形】→【剪去对角的矩形】，在空白区域绘制形状，此时功能区将自动显示【绘图工具】的格式上下文工具。

(2) 选中矩形，单击【绘图工具】→【填充】，将形状的颜色填充为标准色红色；单击【绘图工具】→【轮廓】，将形状的轮廓设置为无线条颜色；单击鼠标右键，在出现的快捷菜单中选择【添加文字】，输入岗位名称"平面设计师"，使其位置居中，字号为小四；根据文字内容调整形状大小。

(3) 删除文档的第 6 行文字"(1) 平面设计师："；将此段文字以"；"为界分成两行，其中第二行设置间距为段后 1 行。采用相同方法设置"行政专员""运营专员"两段文字。适当调整位置后的效果图如图 1-2-6 所示。

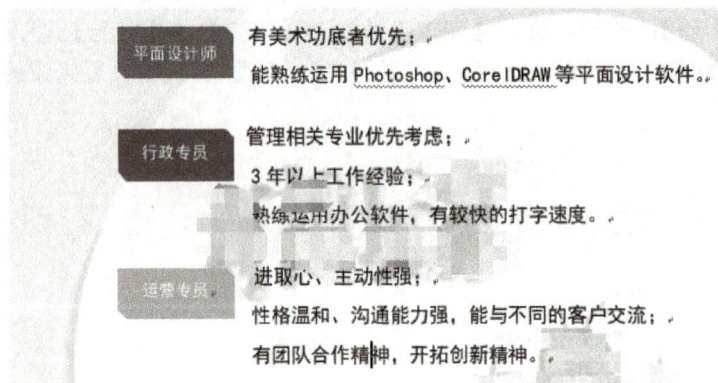

图 1-2-6　第 5~7 段设置效果图

4) 插入 SmartArt 图表

(1) 将光标定位在"(1) 填表"前。单击【插入】→【常用对象】→【智能图形】(见图 1-2-7)，弹出如图 1-2-8 所示的【智能图形】对话框，在【智能图形】对话框中选择【SmartArt】，在【流程】中选择【重点】，单击【确定】按钮后出现默认流程图。

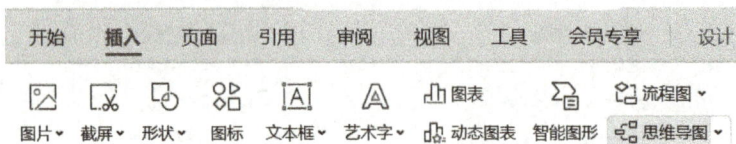

图 1-2-7　【插入】之【智能图形】工具

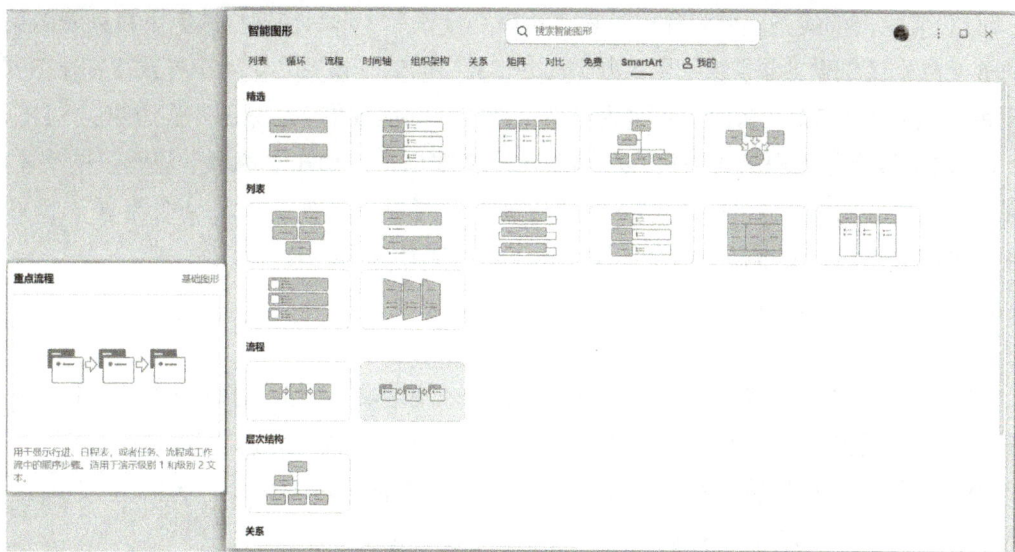

图 1-2-8 【智能图形】对话框

(2) 选择流程图，单击【设计】→【添加项目】→【在后面添加项目】。

(3) 选择流程图，单击【设计】→【系列配色】→【彩色】区域的第 5 种样式；或者在【智能图形样式】组列表中选择如图 1-2-9 所示的第 5 种样式 (也可以自定义样式)。

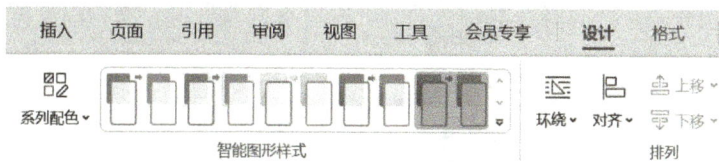

图 1-2-9 【设计】选项卡中的【智能图形样式】组

(4) 选中任意一个想改变的形状，单击【格式】→【形状样式】组中的【预设样式】下拉列表 (如图 1-2-10 所示)，任意选择一个样式。以此方法可以设置流程图中的每一个矩形框。

(5) 根据效果图 1-2-1，输入相应的文字并设置其适合的颜色和字体。

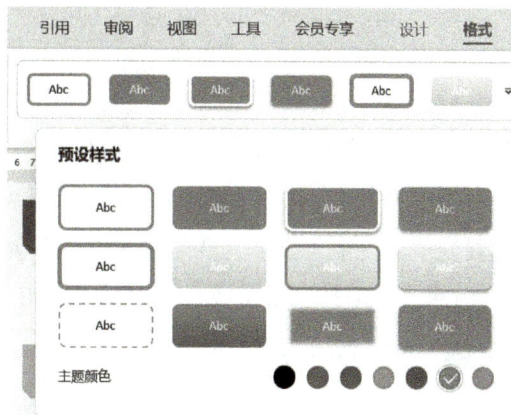

图 1-2-10 【预设样式】下拉列表

(6) 设置矩形的线条或外观样式：将"初审"设置为【形状快速样式】下拉列表的第 3 行第 6 个样式【细微效果 - 水绿色，强调颜色 5】，"面试"设置为第 4 个样式【细微效果 - 橄榄色，强调颜色 3】，"录用"设置为第 7 个样式【细微效果 - 水绿色，强调颜色 5】。

(7) 依次将应聘流程的 4 项内容移动到对应文本框内，如在"填表"流程下的文本框中粘贴"到人力资源部填写《应聘人员履历表》"；同理，分别在第 2～4 个流程下的文本框中粘贴相关内容；文本框中的字体设置为黑体，字号设置为 12 磅。

(8) 删除本自然段流程图外多余的文本或符号。

5) 设置页眉和页脚

(1) 单击【插入】→【页眉页脚】→【页眉】→【编辑页眉】；再单击【开始】→【样式和格式】→【清除格式】(如图 1-2-11 所示)，清除页眉横线。此时光标闪动在页眉左对齐处，输入"××科技有限公司欢迎你！"，将字体设置为隶书，字号设置为四号，字形设置为加粗，对齐方式设置为右对齐。

图 1-2-11 【样式和格式】下拉菜单

(2) 单击【页眉页脚】→【页脚】→【编辑页脚】，输入"联系人：张女士，联系电话：87654321"，同样将字体设置为隶书，字号设置为四号，字形设置为加粗，而对齐方式设置为居中；选中刚才输入文字中的"，"后按空格键，使联系人和联系电话分居两端合适的位置。

2. 制作"应聘人员履历表"的操作步骤

1) 创建文档

(1) 新建空白 WPS 文字文档，以"应聘人员履历表"命名并保存。

(2) 单击【布局】→【页面设置】，打开【页面设置】对话框，设置纸张大小为 A4，页边距均为 2.5 厘米，单击【确定】按钮完成设置。

(3) 将光标定位在文档第 1 行，输入标题"应聘人员履历表"，将字体设置为黑体，字号设置为小二，对齐方式设置为居中，字符间距设置为加宽 3 磅。

(4) 将光标定位在文档第 2 行，输入"应聘岗位："'填表日期："，将字体设置为黑体，字号设置为四号，对齐方式设置为左对齐；将光标定位在"应聘岗位："后按空格键，使"填表日期："向右移动到合适位置。

2) 创建表格

(1) 将光标定位在文档第 3 行，单击【插入】→【表格】→【插入表格】，弹出如图 1-2-12 所示的【插入表格】对话框，将【列数】设置为 8，【行数】设置为 18，单击【确定】按钮完成设置。此时将自动显示【表格工具】的设计功能区。

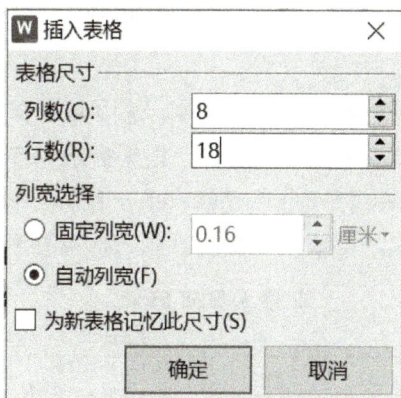

图 1-2-12　【插入表格】对话框

(2) 选中表格，使表格居中；单击【表格工具】→【单元格大小】，将【高度】设置为 1.1 厘米，【宽度】设置为 2.34 厘米，如图 1-2-13 所示。

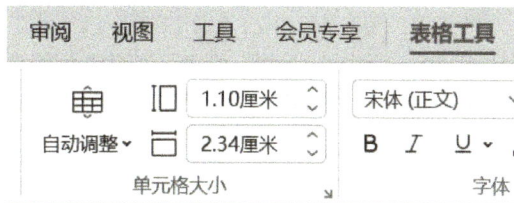

图 1-2-13　【表格工具】之【单元格大小】组

(3) 在表格中输入文本。在输入的过程中按 Tab 键移动到下一个单元格，按 Shift + Tab 键移动到上一个单元格，无须使用鼠标。对于较长的文本，如最后一行"本人保证……"，可先添加少量文本，待下一步合并单元格后再补充添加。

(4) 添加复选框"□"。单击【插入】→【符号】→【其他符号】，弹出如图 1-2-14 所示的【符号】对话框，选择【子集】→【几何图形符】中的空心方形，单击【插入】按钮完成设置。

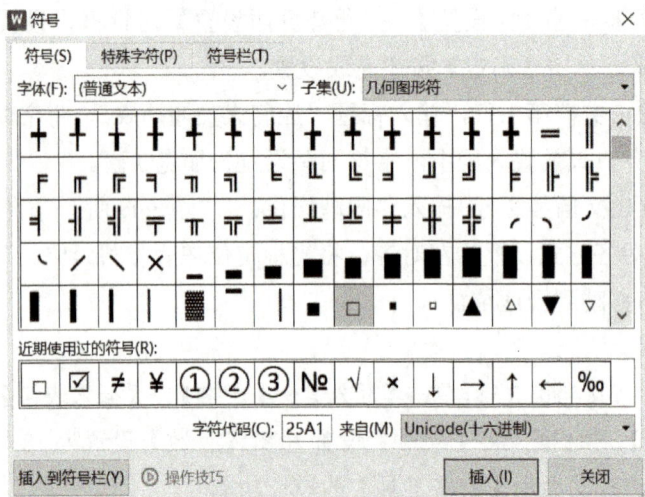

图 1-2-14　【符号】对话框

3) 更改表格结构

(1) 利用合并或拆分单元格建立不规则表格。选中需要合并或拆分的单元格，单击鼠标右键，在弹出的快捷菜单中选择合并或拆分，根据提示进行操作即可。

(2) 选中文档第 7 列第 1～4 行 4 个单元格，单击鼠标右键，选择【合并单元格】。根据如图 1-2-15 所示的应聘人员履历表的表格样式依次对需要合并的单元格进行合并操作。

图 1-2-15　应聘人员履历表的表格样式

(3) 完成单元格合并后，可对最后一行"本人保证……"中未添加完的文本进行添加。

4) 设置表格格式

(1) 选中表格，单击【表格工具】→【对齐方式】，选择【垂直居中】和【水平居中】，如图 1-2-16 所示。

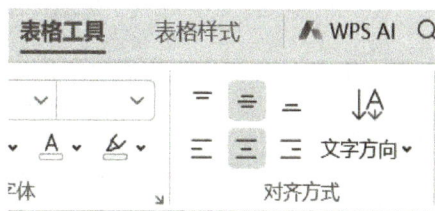

图 1-2-16 【表格工具】之【对齐方式】组

(2) 表格内文本格式的设置方法与普通文本格式的设置方法相同。选中表格，将字体设置为黑体，字号设置为五号；将表格最后一行"本人保证……，请签名。"文本的对齐方式设置为左对齐，首行缩进为 2 字符，将本行的"应聘人签名：   年 月 日"整体下移 1 行，并设置对齐方式为右对齐。

(3) 单击【表格样式】→【边框】→【边框和底纹】，弹出如图 1-2-17 所示的【边框和底纹】对话框；在【边框】选项卡中，将【颜色】设置为深蓝，【宽度】设置为 1.0 磅，单击【确定】按钮完成设置。

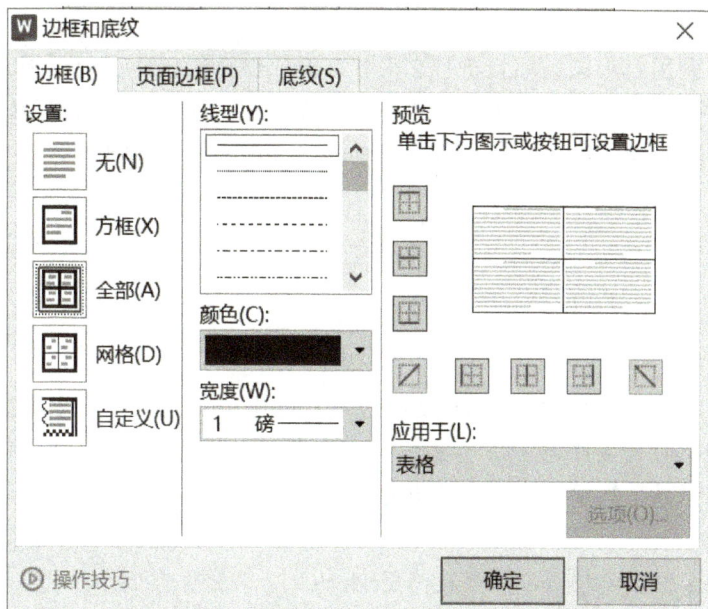

图 1-2-17 【边框和底纹】之【边框】选项卡

(4) 将光标定位在"姓名"单元格上，在【边框和底纹】对话框的【底纹】选项卡 (如图 1-2-18 所示) 中，将【填充】设置为【矢车菊蓝，着色 5，浅色 60%】；在【应用于】下拉菜单中选择【单元格】，单击【确定】按钮完成设置。

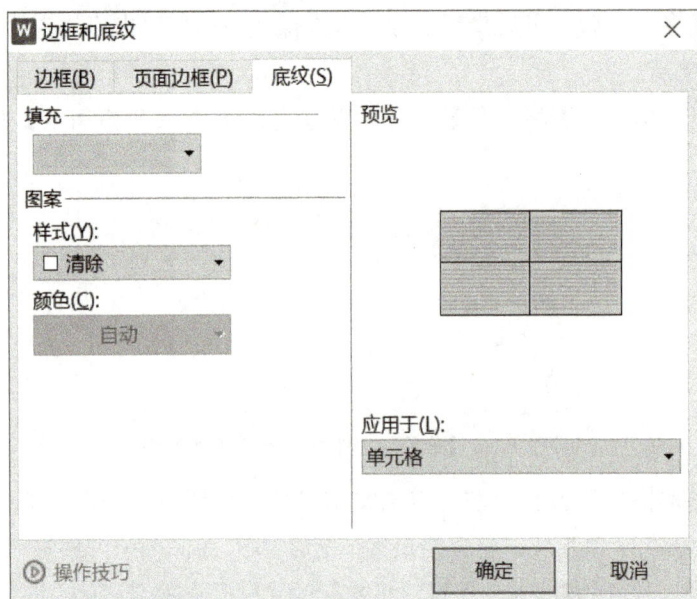

图 1-2-18 【边框和底纹】之【底纹】选项卡

(5) 依照图 1-2-2 完成其他单元格的底纹设置，可以拖动选择多个单元格同时设置。

任务总结

本任务主要利用对水印、项目符号、形状、SmartArt 图表、页眉页脚、表格等的操作和格式设置来美化文档，使文本内容更清晰、整齐。这些功能的使用范围较为广泛，如制作个人简历、人事招聘广告、各种报名表、自荐书等规则或不规则表格。

实践演练

个人简历的制作

王小明是某科技职业技术学院 2019 届的一名应届毕业生，为了在毕业双选会上赢得更多的面试机会，他需要准备一份格式新颖、重点突出的个人简历来做"敲门砖"。根据以下操作要求，帮助王小明完成个人简历的制作。

1. 操作要求

(1) 新建 WPS 文字文档，以"个人简历 .docx"命名并保存到个人文件夹中。

(2) 将纸张大小设为 A4；将上、下页边距均设置为 1.25 厘米，左、右页边距均设置为 3.17 厘米；将页面颜色设置为"水绿色，强调文字颜色 5，淡出 80%"。

(3) 设置页眉对齐方式为左对齐；将文字"个人简历"设置为华文中宋、小一、蓝色；插入形状【直线】，粗细为 3 磅，颜色为蓝色；插入形状【十字星】，填充为红色，无轮廓；将文字"细心从每……"设置为华文中宋、四号、蓝色。

(4) 插入形状【矩形】，调整形状大小形成简历编辑区，填充为白色，无轮廓，衬于文字下方。

(5) 插入图片"人物简笔画"，将其放置到矩形的左上角，根据需要调整图片大小。

(6) 插入艺术字"王小明"，样式为"渐变填充 - 橙色，强调文字颜色 6，内部阴影"，字体设置为华文中宋、小初。

(7) 导入素材文字，将文字设置为宋体、四号，参照个人简历效果图 1-2-19 进行排版；将"年龄"到"实习经历"等 9 个名目字体设置为黑体、四号、加粗。

(8) 参照个人简历效果图 1-2-19，在"教育背景"下加项目符号。

(9) 在"证书"处插入样式为垂直箭头列表的 SmartArt 图表，颜色为"彩色范围 - 强调文字颜色 5 至 6"，样式为白色轮廓。

(10) 在"实习经历"处插入表格，设置表格边框样式为虚线、橙色、1.5 磅。

(11) 参照个人简历效果图 1-2-19 插入直线，线条设为划线 - 点，1.0 磅。

2. 效果图

个人简历效果图如图 1-2-19 所示。

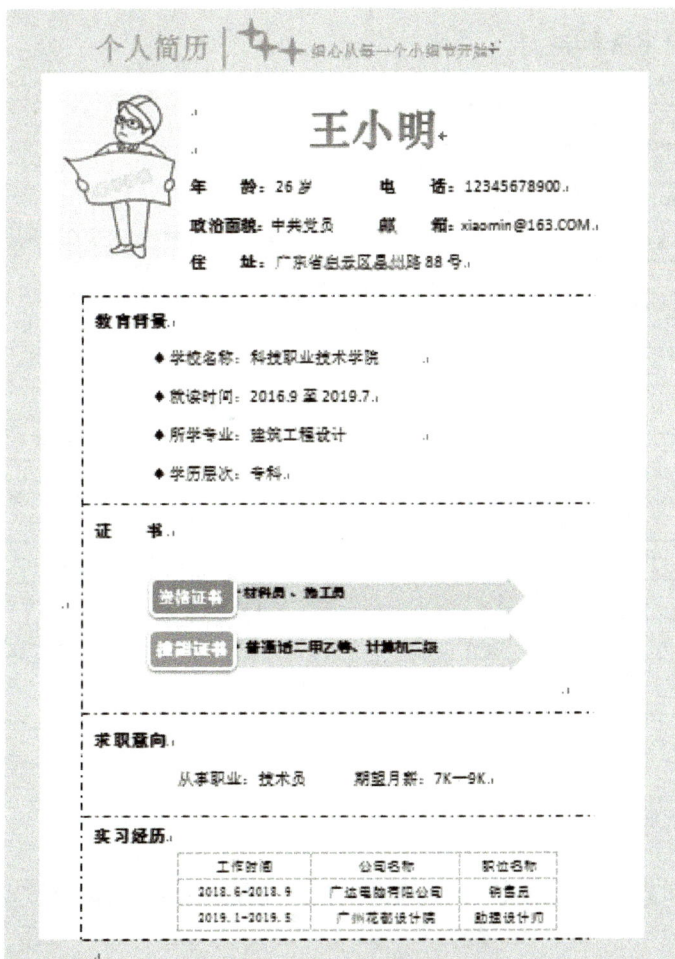

图 1-2-19 个人简历效果图

任务三　制作经费联审结算单

任务简介

由于经常有许多部门需要报账，大家填写的均是同一份报账清单，只是不同的人报账的项目、金额、日期等不一样。因此，某单位财务处请小张设计一份“经费联审结算单”模板，以提高日常报账和结算单审核效率。要求利用 WPS 文字的邮件合并功能，制作出 2019 年 1 月至 2 月经费联审结算单。

经费联审结算单效果图如图 1-3-1 所示。

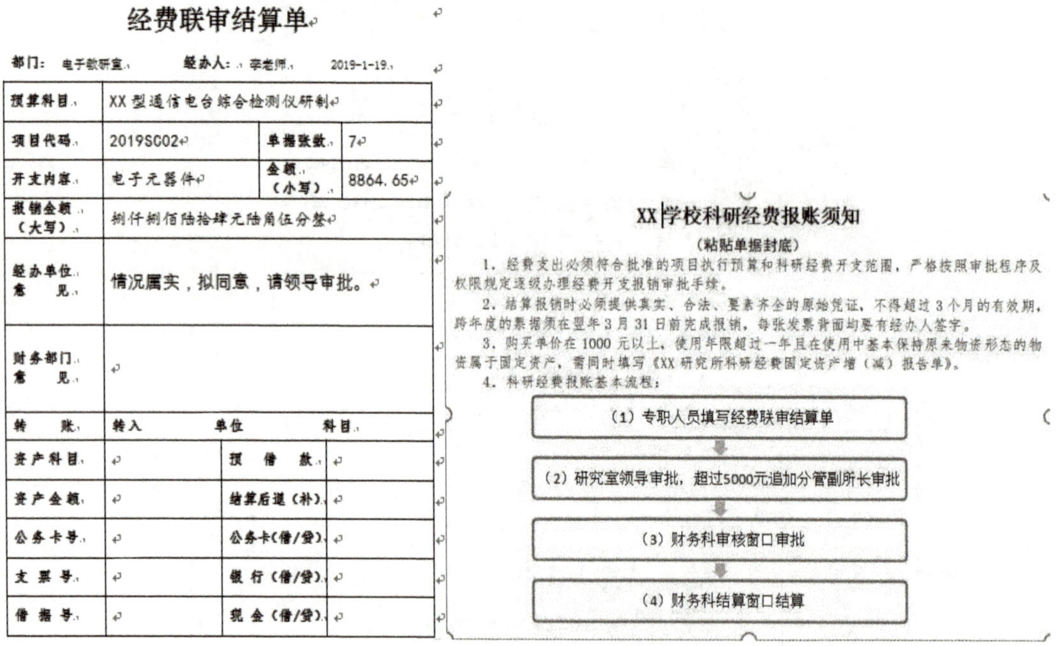
经费联审结算单

部门：电子教研室　经办人：李老师　2019-1-19

预算科目	XX 型通信电台综合检测仪研制		
项目代码	2019SG02	单据张数	7
开支内容	电子元器件	金额（小写）	8864.65
报销金额（大写）	捌仟捌佰陆拾肆元陆角伍分整		
经办单位意见	情况属实，拟同意，请领导审批。		
财务部门意见			
转账	转入　单位　科目		
资产科目		预借款	
资产金额		结算后退（补）	
公务卡号		公务卡(借/贷)	
支票号		银行(借/贷)	
借据号		现金(借/贷)	

XX学校科研经费报账须知

（粘贴单据封底）

1．经费支出必须符合批准的项目执行预算和科研经费开支范围，严格按照审批程序及权限规定逐级办理经费开支报销审批手续。

2．结算报销时必须提供真实、合法、要素齐全的原始凭证，不得超过 3 个月的有效期，跨年度的票据须在翌年 3 月 31 日前完成报销，每张发票背面均要有经办人签字。

3．购买单价在 1000 元以上，使用年限超过一年且在使用中基本保持原来物资形态的物资属于固定资产，需同时填写《XX 研究所科研经费固定资产增（减）报告单》。

4．科研经费报账基本流程：

图 1-3-1　经费联审结算单效果图

任务目标

了解主文档和数据源的关系、邮件合并的应用范围；熟练掌握邮件合并的操作步骤。

知识点

- 页面布局：纸张方向、页边距、栏数的设置。
- 主文档格式：表格格式、文档格式、文本框及 SmartArt 图形的设置。
- 数据源：表格制作及格式设置。
- 邮件合并：六个步骤 (选择文档类型→选择开始文档→选择收件人→撰写信函→预览→完成合并)。

任务实施

1. 制作主文档并进行格式设置

(1) 打开"项目一 \ 任务三 \WPS 文字素材 3.docx"文件，以"结算单模板 .docx"命名并保存。

(2) 选择【页面】→【页面设置】启动器,弹出如图 1-3-2 所示的【页面设置】对话框,在【纸张】选项卡中设置纸张大小为 A4，纸张方向为横向，在【页边距】选项卡中设置【页边距】区域的上、下、内侧、外侧均为 1 厘米；选择【分栏】选项卡，设置栏数为 2,栏间距为 2 字符 (如图 1-3-3 所示),单击【确定】按钮完成设置。将光标定位于"××学校科研经费报账须知"前面，选择【页面】→【结构】→【分隔符】→【分栏符】，这样左栏内容为"经费联审结算单"表格，右栏内容为"××学校科研经费报账须知"文字，左、右两栏内容不跨栏、不跨页。

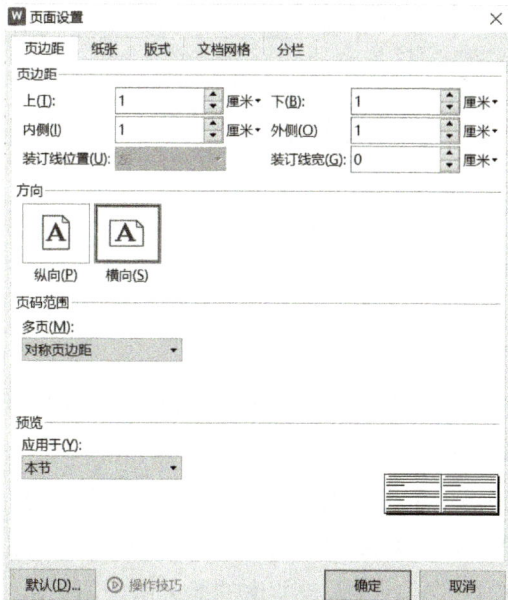

图 1-3-2 【页面设置】之【页边距】选项卡

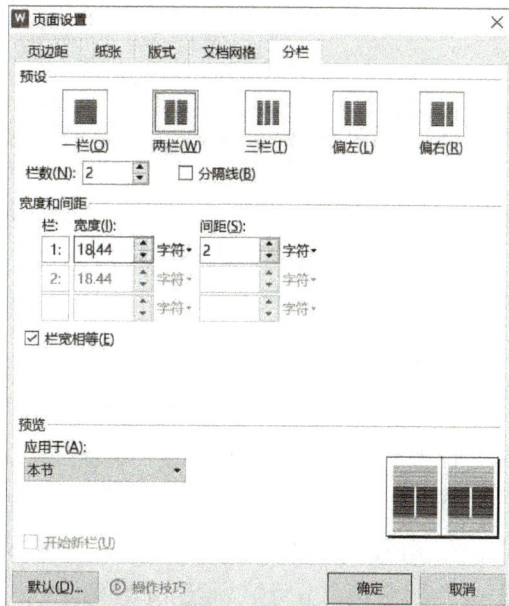

图 1-3-3 【页面设置】之【分栏】选项卡

(3) 选中表格，单击【开始】→【段落】→【居中】，使"经费联审结算单"表格整体居中，选择上下文工具【表格工具】→【对齐方式】→【左对齐】。同理，将【单元格大小】组中的【行高】设置为 0.8 厘米，其中第 5 行、第 6 行的行高设置为 2.5 厘米。选择上下文工具【表格样式】→【边框】→【边框和底纹】设置单元格的边框，内部框线为 1 磅，外侧框线为 1.5 磅。

(4) 选中"经费联审结算单"标题 (表格第一行)，单击【开始】→【字体】启动器，分别设置对齐方式为水平居中，字体为华文中宋，字号为二号。单元格中其他文字字体均为小四、仿宋、加粗；其余空白单元格字体均为四号、楷体、左对齐。

(5) 选中"××学校科研经费报账须知"所有文字，单击【插入】→【文本框】→【横向】，拖动生成文本框后，选中文本框，单击【绘图工具】→【排列】→【旋转】→【向左旋转 90°】。

(6) 选中"××学校科研经费报账须知"标题文字，设置格式为小三、黑体、加粗，居中；第二行格式设置为小四、黑体，居中；其余内容格式设置为小四、仿宋，两端对齐，首行缩进 2 字符。

(7) 选中"××学校科研经费报账须知"文本中的四个基本流程，按 Ctrl + X 键进行剪切，切换到【插入】→【流程图】→【本地流程图】，打开"新建流程图"窗口，选择基本流程图，在此窗口中按照如图 1-3-1 所示的效果图进行设计 (具体操作方法在之前的学习内容中已练习过，在此不再赘述)，设计完成后复制到"结算单模板"文件中并保存。

2. 制作数据源

(1) 打开 Excel，建立如图 1-3-4 所示的表格，以"报账名单 .xlsx"命名并保存，作为数据源。数据源类型可以是 WPS 表格、Excel 工作表、Access 数据库文件等。

序号	部门	经办人	填报日期	预算科目	项目代码	单据张数	开支内容	金额(小写)	经办单位意见	金额(大写)
001	软件教研室	张老师	2019-1-18	XX管理信息系统国产化迁移技术研究	2018RW20	5	电脑配件	¥3,282.20	同意，送财务审核。	叁仟贰佰捌拾贰元贰角整
002	电子教研室	李老师	2019-1-19	XX通信电台综合检测仪研制	2019SC02	7	电子元器件	¥8,864.65	情况属实，拟同意，请领导审批。	捌仟捌佰陆拾肆元陆角伍分整
003	网络教研室	王老师	2019-1-19	XX波段小功率雷达研制需求论证	2019YY05	4	办公耗材	¥570.00	同意，送财务审核。	伍佰柒拾元整
004	软件教研室	张老师	2019-1-28	XX站综合管理信息系统软件开发	2017RW07	2	技术服务费	¥210,000.00	情况属实，拟同意，请领导审批。	贰拾壹万元整
005	电子教研室	李老师	2019-1-28	XX型通信电台综合检测仪研制	2019SC08	2	机箱定制费	¥34,500.00	情况属实，拟同意，请领导审批。	叁万肆仟伍佰元整
006	网络教研室	王老师	2019-1-29	XX型便携式微型激光监听仪需求论证	2019JJ33	3	专家咨询费	¥5,700.00	情况属实，拟同意，请领导审批。	伍仟柒佰元整
007	软件教研室	张老师	2019-2-8	XX站综合管理信息系统软件开发	2019RW07	4	电脑配件	¥904.00	同意，送财务审核。	玖佰零肆元整
008	电子教研室	李老师	2019-2-9	XX型红旗轿车行车电脑综合检测仪研制	2019SC05	7	总线接口	¥475.00	同意，送财务审核。	肆佰柒拾伍元整
009	网络教研室	王老师	2019-2-9	XX波段小功率雷达研制需求论证	2019YY08	1	打印机	¥3,457.00	情况属实，拟同意，请领导审批。	叁仟肆佰伍拾柒元整
010	电子教研室	李老师	2019-2-10	XX型红旗轿车行车电脑综合检测仪研制	2019SC03	3	台式计算机	¥42,500.00	情况属实，拟同意，请领导审批。	肆万贰仟伍佰元整

图 1-3-4　"报账名单"数据源

(2) 对表格进行格式设置。

3. 邮件合并

(1) 打开文档"结算单模板 .docx"，选择【引用】→【邮件】。

(2) 单击【邮件合并】→【打开数据源】→【打开数据源】，弹出【选取数据源】对话框；在文件夹窗格中找到"报账名单 .xlsx"文件，单击【打开】按钮。

(3) 将光标定位于"部门"后面的空白单元格，单击【插入合并域】，选择"部门"插入。在相应的位置分别插入"经办人""填报日期""预算科目""项目代码""单据张数""开支内容""金额 (小写)""经办单位意见""金额 (大写)"。插入合并域的效果图如图 1-3-5 所示。

(6) 单击【预览结果】，查看合并效果，对不完整的地方进行修改。

(7) 单击【完成】→【合并到新文档】，选择【全部】，生成的新文档以“批量结算单 .docx”命名并保存。

经费联审结算单

部门：«部门»　　经办人：«经办人»　　«填报日期»

预算科目	«预算科目»		
项目代码	«项目代码»	单据张数	«单据张数»
开支内容	«开支内容»	金额（小写）	«金额（小写）»
报销金额（大写）	«金额（大写）»		
经办单位意见	同意，送财务审核«跳过记录条件...»		
财务部门意见			
转账	转入　单位　科目		
资产科目		预借款	
资产金额		结算后退（补）	
公务卡号		公务卡（借/贷）	
支票号		银行（借/贷）	
借据号		现金（借/贷）	

XX 学校科研经费报账须知

（粘贴单据封底）

1. 经费支出必须符合批准的项目执行预算和科研经费开支范围，严格按照审批程序及权限规定逐级办理经费开支报销审批手续。

2. 结算报销时必须提供真实、合法、要素齐全的原始凭证，不得超过 3 个月的有效期，跨年度的票据须在翌年 3 月 31 日前完成报销，每张发票背面均要有经办人签字。

3. 购买单价在 1000 元以上，使用年限超过一年且在使用中基本保持原来物资形态的物资属于固定资产，需同时填写《XX 研究所科研经费固定资产增（减）报告单》。

4. 科研经费报账基本流程：

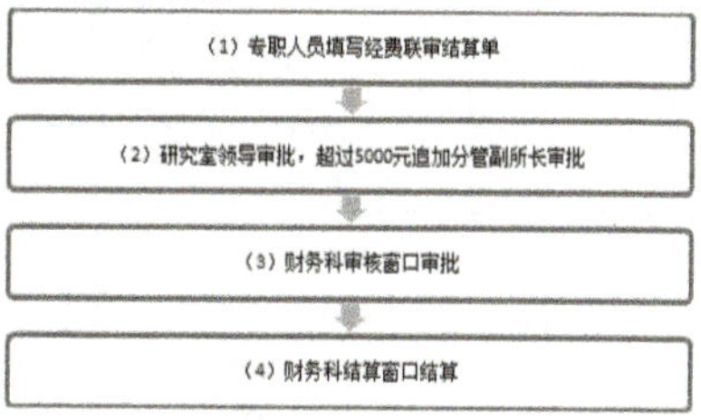

图 1-3-5　插入合并域的效果图

任务总结

本任务主要利用邮件合并批量制作出许多相似的文档，其中用到文档格式、表格格式、流程图的设置等，是一个综合性比较强的任务。邮件合并的运用非常广泛，如制作录取通知书、邀请函、工资条、成绩单等。

实践演练

制 作 请 柬

小王是长明公司的秘书，她的主要工作是管理各种档案，为公司领导起草各种文件。新年即将来临，公司定于 2024 年 2 月 1 日下午 2:00 在信息村海龙大厦办公大楼四楼群多功能厅举办联谊会，重要客人名单保存在名为“重要客人名单 .docx”的 WPS 文字文档中，公司联系电话为 023-66668888。小王需根据上述内容制作请柬。

1. 操作要求

(1) 制作一份请柬，以董事长张 ×× 的名义发出邀请，请柬中需要包含标题、收件人名称、联谊会时间、联谊会地点和邀请人。

(2) 对请柬进行适当的排版。具体要求：改变字体、加大字号，且标题部分 ("请柬"两字) 与正文部分 (以 "尊敬的 ×××" 开头的文字) 采用不相同的字体和字号；加大行间距和段间距；对必要的段落改变对齐方式，适当设置左、右页边距及首行缩进，以美观且符合读者的阅读习惯为准。

(3) 在请柬的左下角位置插入一幅图片 (图片自选)，调整其大小及位置，要求不影响文字排列、不遮挡文字内容。

(4) 进行页面设置，纸张方向为横向，加大文档的上边距。

(5) 在 WPS 文字中建立如表 1-3-1 所示的表格，以 "重要客人名单 .docx" 命名并保存。

表 1-3-1　重要客人名单

姓名	性别	职务	单位
王　选	男	董事长	方正公司
白　云	女	办公室主任	天长公司
李　鹏	男	总经理	同方公司
江汉朵	女	财务总监	万邦达公司

注：表中姓名与单位均为虚构。

(6) 运用邮件合并功能制作内容相同、收件人不同 (收件人为 "重要客人名单 .docx" 中的每个人，采用导入方式) 的多份请柬，要求性别是男的显示为 "×× 先生"，性别是女的显示为 "×× 女士"。先将插入合并域以后的文档以 "请柬 1.docx" 命名并进行保存，再将生成的可以单独编辑的单个文档以 "请柬 2.docx" 命名并进行保存。

2. 效果图

请柬效果图如图 1-3-6 和图 1-3-7 所示。

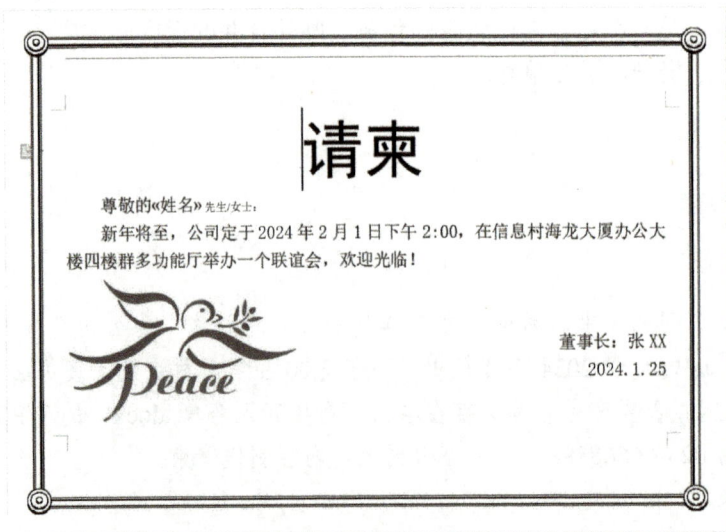

图 1-3-6　请柬 1 效果图

图 1-3-7　请柬 2 效果图

任务四　制作公司员工手册

任务简介

　　员工手册主要是企业内部的人事管理制度与规范，内容涵盖企业的各个方面，同时还承载着传播企业文化的功能。它既是有效的管理工具，又是员工的行动指南。小张是某公司人力资源部的一名职员，由于公司招纳了很多新员工，人力资源部主管安排小张制作一份公司员工手册，不仅需包含封面、目录、正文，还需要添加页眉与页脚。

　　公司员工手册效果图如图 1-4-1、图 1-4-2 所示。

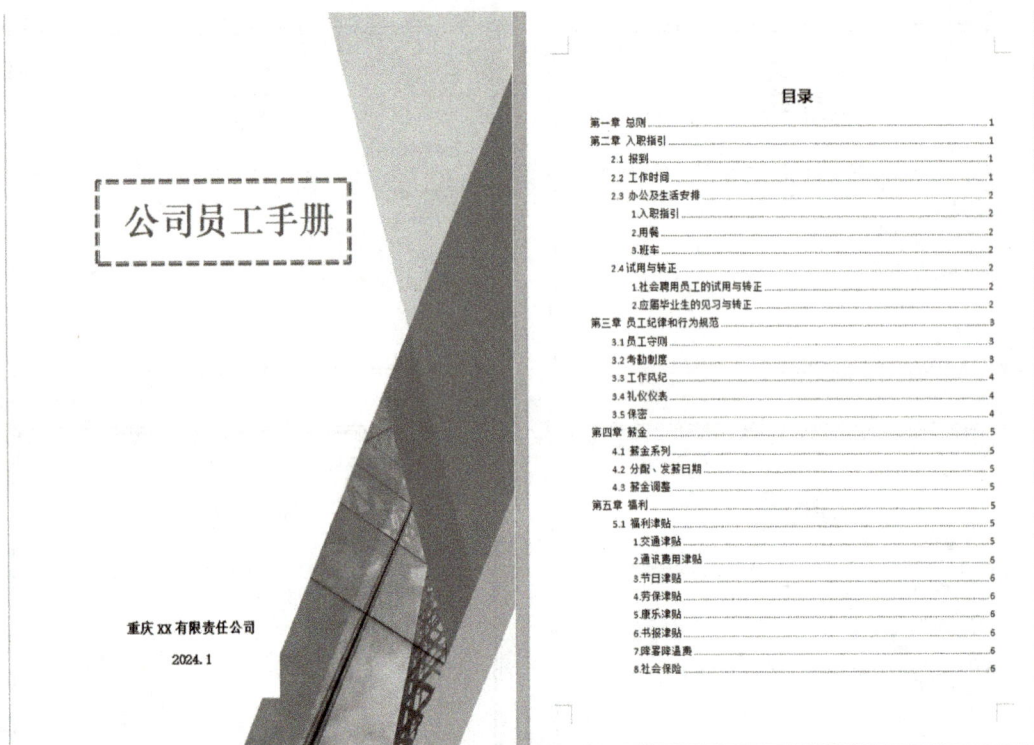

图 1-4-1　公司员工手册封面及目录效果图

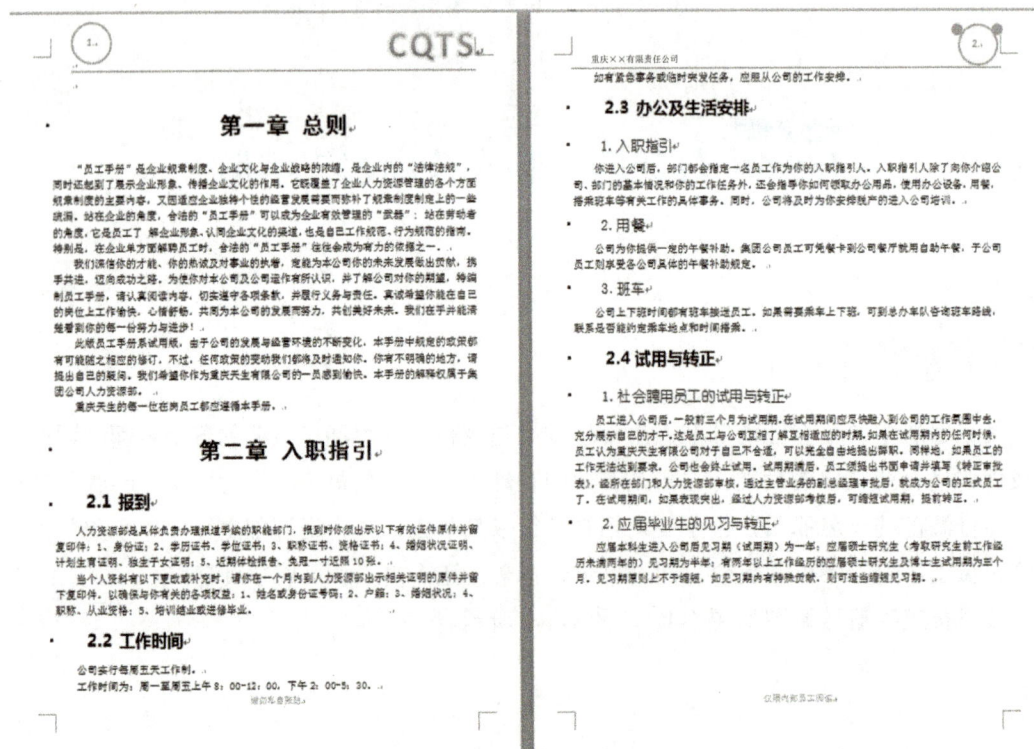

图 1-4-2　公司员工手册正文奇偶页效果图

任务目标

了解大文档排版的操作步骤，掌握封面的制作、标题样式的修改及应用、目录的生成以及复杂页眉与页脚的制作。

知识点

- 封面的制作。
- 标题样式的修改及应用。
- 目录的生成。
- 复杂页眉与页脚的制作。

任务实施

1. 新建文档

(1) 新建空白 WPS 文字文档，选择【插入】→【附件】→【文件中的文字】，如图 1-4-3 所示。在弹出的如图 1-4-4 所示的【插入文件】对话框中，选择【文件类型】为【所有文件】，找到"员工手册文字（素材）.txt"文件，单击【打开】按钮，将文档以"公司员工手册.docx"命名并保存。

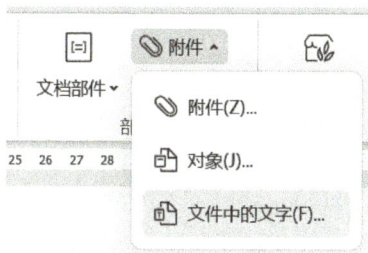

图 1-4-3　【附件】选项卡

(2) 单击【页面】→【页面设置】启动器，打开【页面设置】对话框，设置页面纸张大小为 B5，上、下、左、右页边距均为 1.5 厘米，单击【确定】按钮完成设置。

(3) 选择"5.2 假期"这节的"探亲假"下面的四行文字，单击【插入】→【表格】→【文本转换成表格】，将其转换成一个 4 行 4 列的表格。

2. 制作封面

(1) 将插入点移到文档首行，单击【插入】→【页】→【封面】，在免费的封面样式中选择自己喜欢的样式（样式自定），删除封面上不需要的内容。

(2) 单击【插入】→【常用对象】→【文本框】→【横向】，在文本框内输入"公司员工手册"，并设置字体为华文中宋，字号为小初，颜色为蓝色。

(3) 选中文本框，单击【绘图工具】→【形状样式】→【轮廓】→【更多设置】，弹出如图 1-4-5 所示的【属性】窗格；设置【宽度】为 4.50 磅，【复合类型】为由粗到细，【短划线类型】为方点，【颜色】为蓝色，单击【关闭】按钮完成设置。

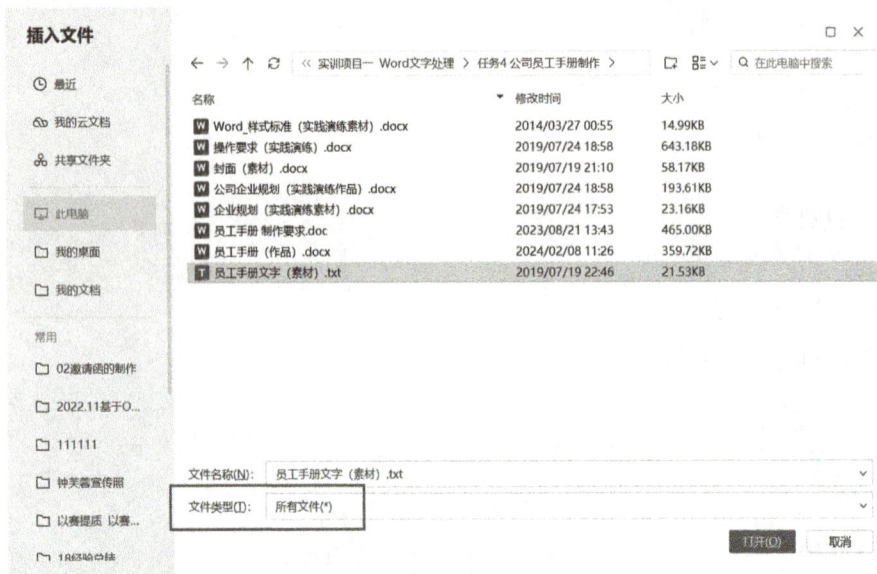

图 1-4-4 【插入文件】对话框

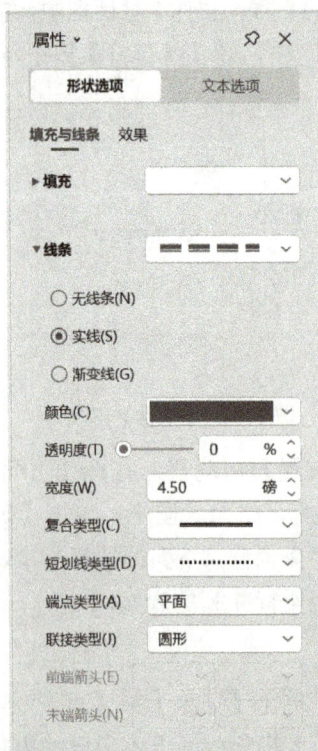

图 1-4-5 形状样式填充与线条设置

(4) 采用以上方法再插入一个文本框，输入内容"重庆××有限责任公司"，换行输入"2024.1"，设置其字体为宋体、四号、加粗，无轮廓。

至此，封面制作完成，效果图如图 1-4-6 所示。当然我们也可以自己选择做不同的样式。

图 1-4-6　封面效果图

3. 设置标题样式及大纲级别

(1) 单击【开始】→【样式】→【正文】，再右键单击【正文】，选择【修改样式】，如图 1-4-7 所示；在弹出的【修改样式】对话框中设置字体为宋体，字号为五号，段落缩进为首行缩进 2 字符，行距为单倍行距；单击【确定】按钮后，整篇文章都变成了正文样式。

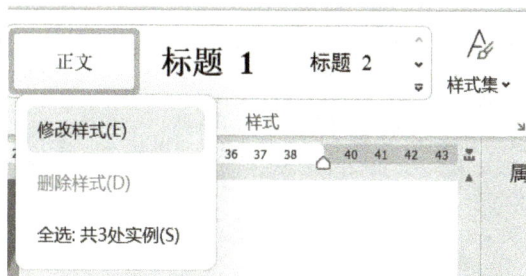

图 1-4-7　【正文】之【修改样式】下拉列表

(2) 单击【开始】→【样式】，右击【标题 1】，再单击【修改样式】，如图 1-4-8 所示。在弹出的对话框中设置字体为"黑体、二号、加粗"，段落格式为"居中对齐、段前段后间距 1 行、多倍行距 2.4 行"，大纲级别为 1 级。采用同样方法，设置【标题 2】的字体为"微软雅黑、三号、加粗"，段落格式为"左对齐、段前段后间距 6 磅、多倍行距 1.7 倍"，大纲级别为 2 级；设置【标题 3】的字体为"幼圆、四号"，段落格式为"左对齐、多倍行距 1.7 倍"，大纲级别为 3 级；依此类推。

图 1-4-8　【标题 1】之【修改样式】下拉列表

(3) 选中标题文字"第一章 总则"，单击【开始】→【样式】，将其设置为标题 1 样式，如图 1-4-9 所示。同理，将"第二章、第三章……"样式的文本都应用成"标题 1"样式，将"2.1、3.1……"样式的文本都应用成"标题 2"样式，将"1、2……"样式的文本都应用成"标题 3"样式。也可以采用格式刷进行各级标题样式的设置。单击【视图】→【导航窗格】→【靠左】，这样在文档右边会出现目录预览，可以一边做一边检查各级目录的正误。

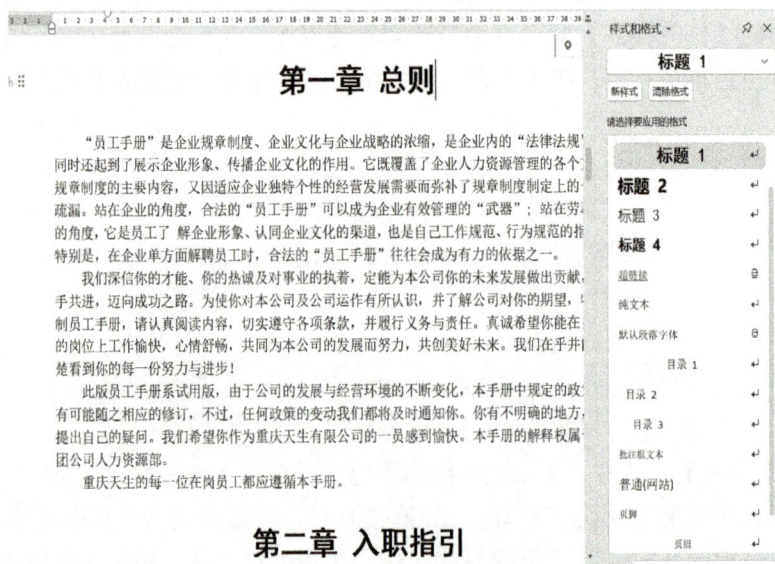

图 1-4-9　设置标题 1 样式

4. 生成目录

(1) 将插入点移到文字"第一章 总则"前面，按下 Enter 键，并在样式库里面选择【清除格式】，输入"目录"二字，并设置成"黑体，三号"。

(2) 单击【引用】→【目录】→【自定义目录】，弹出如图 1-4-10 所示的【目录】对话框，将【显示级别】设为 3，单击【确定】按钮完成设置。

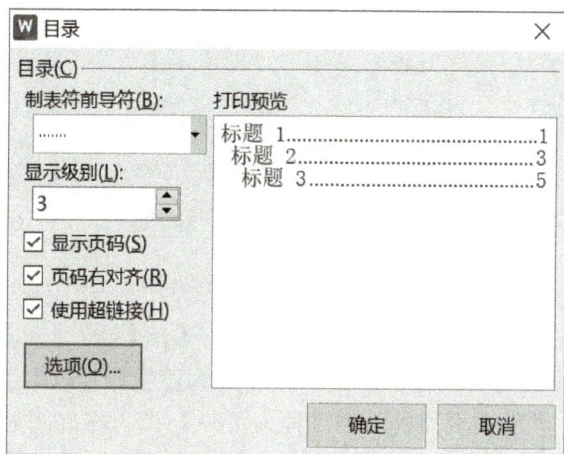

图 1-4-10 【目录】对话框

5. 制作复杂页眉与页脚

(1) 将插入点移到目录最后或文字"第一章 总则"前面，单击【页面】→【结构】→【分隔符】→【下一页分节符】，即把文章分为两节，第一节是封面和目录，没有页眉与页脚；第二节是正文，有页眉与页脚，并且奇偶页的页眉与页脚不相同。注意凡是不同的页面布局都必须分节。

(2) 单击【插入】→【页】→【页眉页脚】，把插入点定位在第二节，单击【页眉页脚】→【选项】，然后取消【页眉同前节】前面复选框的勾选，如图 1-4-11 所示，断开与前一节的链接，这样便可单独设置第二节的格式了。

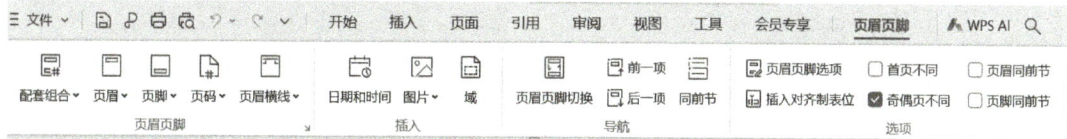

图 1-4-11 【页眉页脚】选项卡

(3) 单击【页眉页脚】→【选项】，勾选【奇偶页不同】选项，不勾选【首页不同】(这里不需要，今后设置首页不同再勾选它)。同理，单击【页眉页脚】→【页眉页脚】组→【页码】选项→【页码】，弹出如图 1-4-12 所示的【页码】对话框，【样式】选择"1, 2, 3…"(也可以根据自己需要选择其他的样式)，【页码编号】中的【起始页码】选择"1"，单击【确定】按钮完成设置。

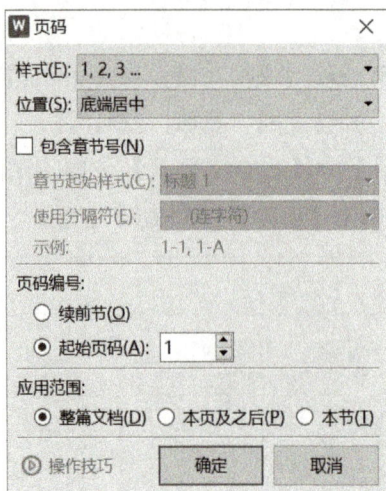

图 1-4-12　【页码】对话框

(4) 将插入点定位在第二节的奇数页页眉左侧处,单击【插入】→【常用对象】→【形状】→【椭圆】,按住 Shift 键拖动鼠标,画出一个轮廓为蓝色、1.5 磅的圆,在椭圆上单击鼠标右键,选择"编辑文字",在页眉处单击【插入页码】,即可在椭圆处插入页码;单击【插入】→【文本】→【艺术字】,选择第 4 行第 1 列的样式,输入"CQTS",拖放至页眉右侧。切换到页脚,在页脚居中位置输入文字"请勿私自张贴",字体颜色设置为蓝色。

(5) 采用相同方法设置偶数页页眉。将插入点定位在第二节的偶数页页眉左侧处,输入文本"重庆 ×× 有限责任公司",字体颜色设置为蓝色。复制奇数页的圆至此处右侧,在圆上再添加两个实心蓝色的小圆。切换到页脚,在页脚居中位置输入文字"仅限内部员工阅读",字体颜色设置为蓝色。单击【页眉页脚】中最右边的"关闭"按钮,即返回到正文编辑状态。

(6) 在目录上单击鼠标右键,出现如图 1-4-13 所示的快捷菜单,在菜单中选择【更新域】,弹出如图 1-4-14 所示的【更新目录】对话框,单击【只更新页码】选项,再单击【确定】按钮,即生成目录。

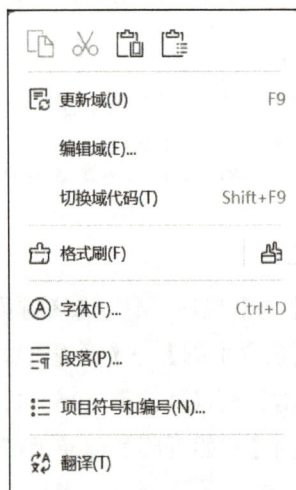

图 1-4-13　在目录上单击鼠标右键的快捷菜单

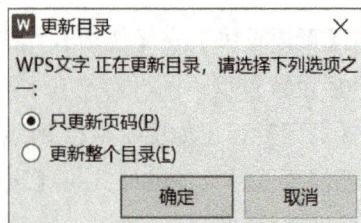

图 1-4-14　【更新目录】对话框

6.保护文档并保存

(1) 单击【审阅】→【文档安全】→【限制编辑】,出现如图 1-4-15 所示的【限制编辑】窗格;选择【设置文档的保护方式】→【只读】→【启动保护】,弹出如图 1-4-16 所示的【启动保护】对话框,在【新密码(可选)】和【确认新密码】选项中输入密码,单击【确定】按钮,即可对文档进行密码保护。

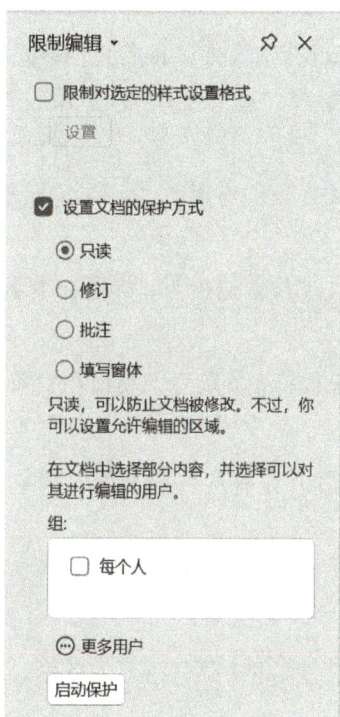

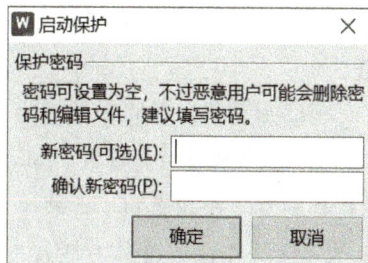

图 1-4-15　【限制编辑】窗格　　　　图 1-4-16　【启动保护】对话框

(2) 按 Ctrl + S 键再次保存“公司员工手册 .docx”文件。

任务总结

　　本任务主要利用封面制作、样式修改、大纲级别定义、样式应用、目录生成等工具,以及复杂页眉与页脚的设置等对大文档进行制作。大文档制作比较常见,用途也非常广泛,如论文、书籍出版、电子出版物的排版及工作年报的制作等。

实践演练

“公司战略规划”大文档制作

　　小芳是市场部秘书,为了更好地介绍公司的服务与市场战略,她需要协助其他部门同事完成"公司战略规划"文档的制作，并需适当调整文档的外观与格式。请你与她一起按照如下要求完成该文档的制作工作。

1. 操作要求

(1) 打开"项目一 \ 任务四 \ 公司规划 .docx"文档，将其另存为"公司战略规划 .docx"。设置纸张大小为 A4，纸张方向为纵向；调整上、下页边距为 2.4 厘米，左、右页边距为 3 厘米。

(2) 打开素材文件夹下的"WPS 文字 _ 样式标准 .docx"文件，将其文档样式库的"标题 1，标题样式一"和"标题 2，标题样式二"复制到"公司战略规划 .docx"文档样式库中。

(3) 将"公司战略规划 .docx"文档中的所有蓝色文字段落应用为"标题 1，标题样式一"段落样式。

(4) 将"公司战略规划 .docx"文档中的所有紫色文字段落应用为"标题 2，标题样式二"段落样式。

(5) 将文档中出现的全部"软回车"符号 (手动换行符) 更改为"硬回车"符号 (段落标记)。

(6) 修改文档样式库中的正文样式，使得文档中所有的正文段落首行缩进 2 字符，行距为 1.7 倍。

(7) 为文档添加页眉，并将当前页中样式为"标题 1，标题样式一"的文字自动显示在页眉居中对齐，在页脚居中处插入"第 × 页，共 × 页"的文字。

(8) 在文档的第 4 个段落后 (标题为"目标"的段落之前) 插入一个空段落，并按照如表 1-4-1 所示的数据在此空段落中插入表格和折线图。

表 1-4-1　公司相关数据　　　　　　　　　　单位：亿元

年份	销售额	成本	利润
2020 年	4.5	2.8	1.7
2021 年	7.4	6.3	1.1
2022 年	8.8	4.6	4.2
2023 年	10.7	5.6	5.1

(9) 在正文前面插入目录，并且单独占一页。

(10) 在目录前插入封面 (样式自定)，添加样张所示的文本内容。

所有操作步骤完成后，再次保存该文档。

2. 效果图

"公司战略规划"大文档制作完成后的封面效果图如图 1-4-17 所示，目录效果图如图 1-4-18 所示，正文效果图如图 1-4-19 所示。

图 1-4-17　封面效果图

目录

公司摘要……1
要点……2
目标……2
使命陈述……2
成功的关键……3
位置……3
内部设计……3
公司描述……4
公司所有权/法人实体……4
产品和服务……4
供应商……4
服务……5
管理……5
财务管理……5
公司营销……5
市场分析……5
市场划分……6
竞争情况……6
宣传和推广……6
战略和实施方案……7

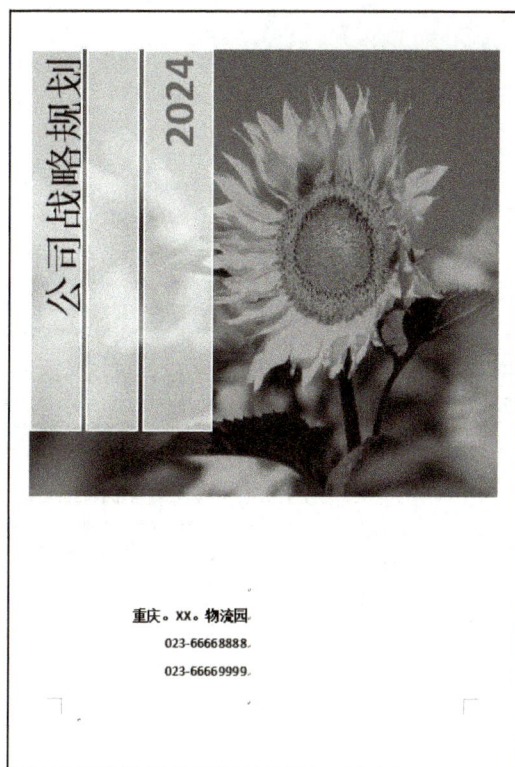

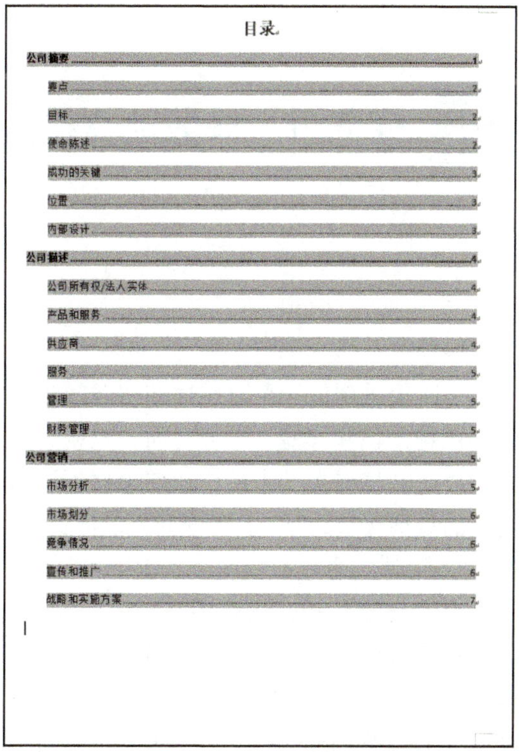

图 1-4-18　目录效果图

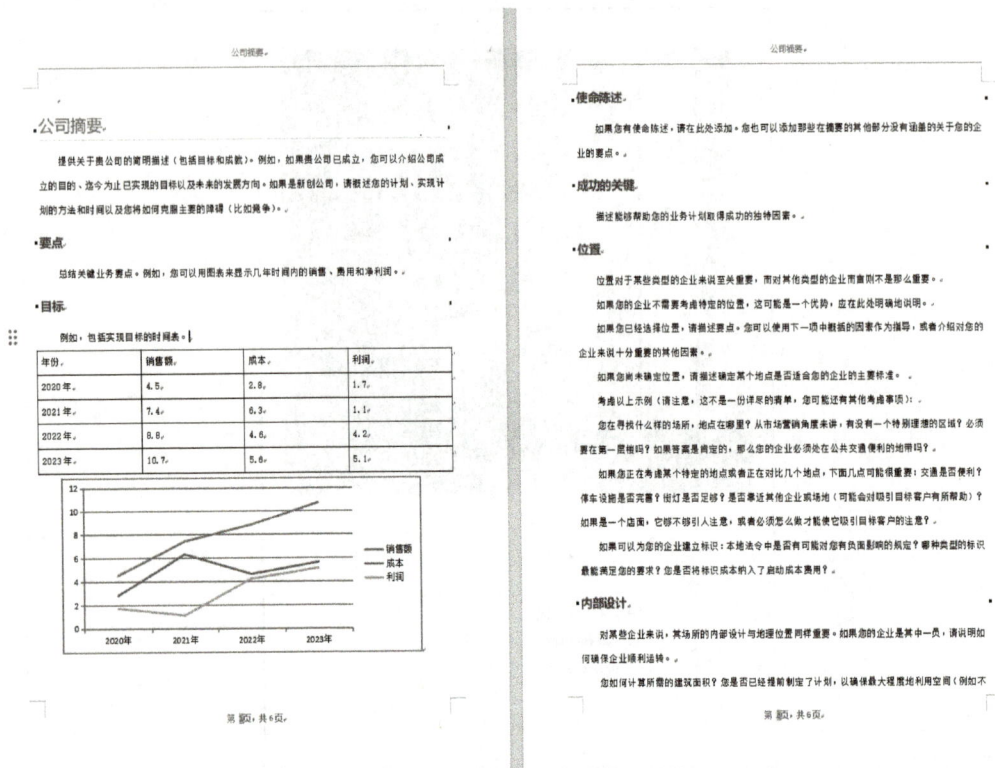

图 1-4-19　正文效果图

任务五　毕业论文排版

任务简介

　　毕业设计是教学过程最后阶段采用的一种总结性的实践教学环节。通过毕业设计，学生可以综合应用所学的各种理论知识和技能，进行全面、系统、严格的技术及基本能力的训练。通常情况下，仅大专以上学校要求学生在毕业前根据不同的专业进行毕业设计。毕业设计是高等学校教学过程的重要环节之一，目的是总结、检查学生在校期间的学习成果，是评定毕业成绩的重要依据；同时，通过毕业设计，学生也可对某一课题做专门、深入、系统的研究，巩固、扩大、加深已有知识，培养综合运用已有知识独立解决问题的能力。毕业设计也是大学生走上工作岗位前的一次重要的实习。小张是本科毕业生，目前正在进行毕业设计，现需要帮他进行毕业论文的排版。

　　毕业论文封面、正文目录及图表目录排版后的效果图如图 1-5-1 所示，毕业论文正文各章节排版完成的效果图如图 1-5-2 所示。

图 1-5-1　毕业论文封面、正文目录及图表目录排版效果图

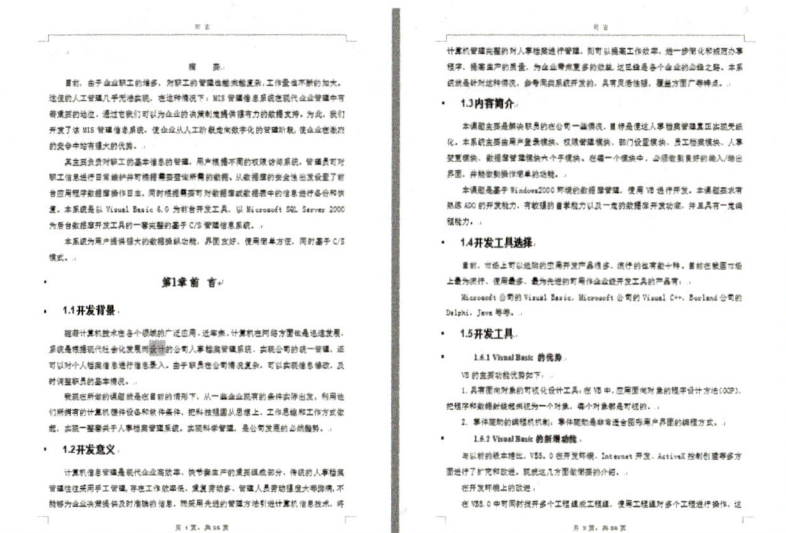

图 1-5-2　毕业论文正文各章节排版效果图

任务目标

　　了解大文档排版的操作步骤，掌握封面的制作、标题样式的修改及应用、多级列表的定义、题注的建立、正文目录和图表目录的生成、主控文档和子控文档的建立、复杂页眉与页脚的制作。

知识点

- 封面的制作。
- 标题样式的修改及应用。

- 多级列表的定义。
- 正文目录的生成。
- 图表目录的生成。
- 复杂页眉与页脚的制作。

任务实施

1. 设置页面

打开"项目一\任务五\论文素材 .docx"文件，设置页面纸张大小为 A4，上、下、左、右页边距均为 2.5 厘米，页眉、页脚距边界均为 1.5 厘米。

2. 制作封面

将插入点移到文档首页的首字前，选择【插入】→【页】→【空白页】，在空白页内依照图 1-5-1 中的样张做以下操作：将"** 大学毕业设计"文字设置成黑体、小初；将"题目""学习中心""年级专业""学生姓名""学号""指导教师""职称""导师单位"等文字设置为宋体、三号；空白处的字体，中文为黑体、二号，西文为 Times New Roman、二号；将"中国 ** 大学远程与继续教育学院"设置为华文新魏、小二号，"论文完成时间"这一整行文字设置为宋体、小四号。封面效果图如图 1-5-3 所示。

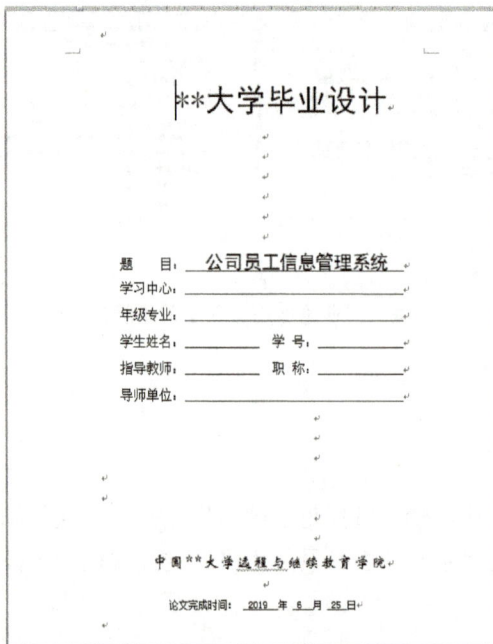

图 1-5-3　封面效果图

3. 设置标题样式及大纲级别

(1) 单击【开始】→【样式】→【正文】→【修改】，在弹出的【修改样式】对话框中，设置字体为宋体，字号为小四号，段落缩进为首行缩进 2 字符，行距为 1.5 倍。单击【确定】

按钮后，整篇文章都变成了正文样式。

(2) 单击【开始】→【样式】→【标题 1】→【修改】，在弹出的【修改样式】对话框中，设置字体为"仿宋、三号、加粗"，段落格式为"居中对齐、首行缩进 0 字符、段前段后间距 0.5 行、多倍行距 2.4 行"，大纲级别为 1 级。同理，设置【标题 2】的字体为"宋体、四号、加粗"，段落格式为"左对齐、首行缩进 0 字符、段前段后间距 5 磅、多倍行距 1.7 倍"，大纲级别为 2 级；设置【标题 3】的字体为"宋体、小四号、加粗"，段落格式为"首行缩进 0 字符、段前段后 0 磅、多倍行距 1.7 倍"，大纲级别为 3 级。以此类推，可以设置【标题 4】、【标题 5】等。

(3) 单击【开始】→【段落】→【编号】，出现如图 1-5-4 所示的下拉菜单；单击该下拉菜单中【自定义编号】选项后，弹出如图 1-5-5 所示的【项目符号和编号】对话框；选择【多级编号】选项卡，选中一种样式，单击【自定义】，弹出如图 1-5-6 所示的【定义新多级列表】对话框；单击要修改的级别"1"，在【输入编号的格式】输入框内先把插入点定位在"1"的前面并输入"第"字，然后把插入点移到"1"的后面并输入"章"字，在对话框右侧，【要在库中显示的级别】设置为"级别 1"。用相同的方法设置级别 2 和级别 3，如图 1-5-7 和图 1-5-8 所示。

图 1-5-4　【编号】下拉菜单

(4) 选择"第 1 章　前言"，单击【开始】→【样式】→【标题 1】，将其设置为标题 1 样式。

删除前面自带的"第 1 章"字样。同理,将"第 2 章、第 3 章……"样式的文本都应用成"标题 1"样式;将"1.1、2.1……"样式的文本都应用成"标题 2"样式,同样删除前面自带的"1.1、2.1"字样;将"1.5.1、2.1.1……"样式的文本都应用成"标题 3"样式。同样删除前面自带的"1.5.1、2.1.1……"字样。也可以采用格式刷进行各级标题样式的设置。操作完成后,单击【视图】→【显示】→【导航窗格】→【靠左】,就可以在左边的导航窗格中检查设置是否正确。如有错误,可按照以上操作方法进行处理。

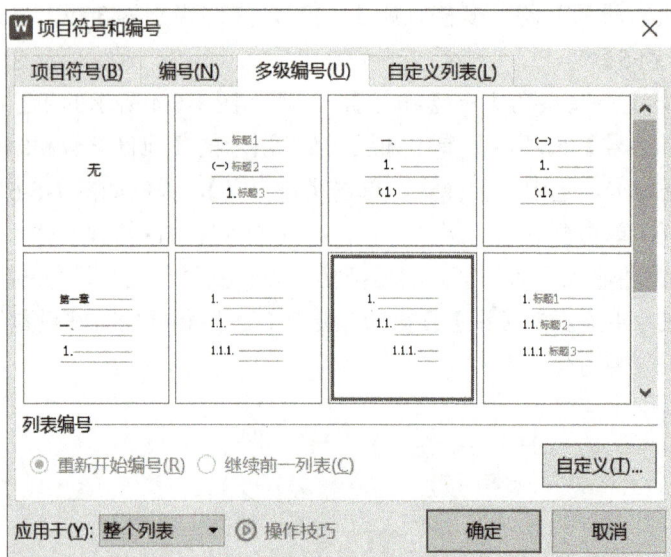

图 1-5-5 【项目符号和编号】对话框

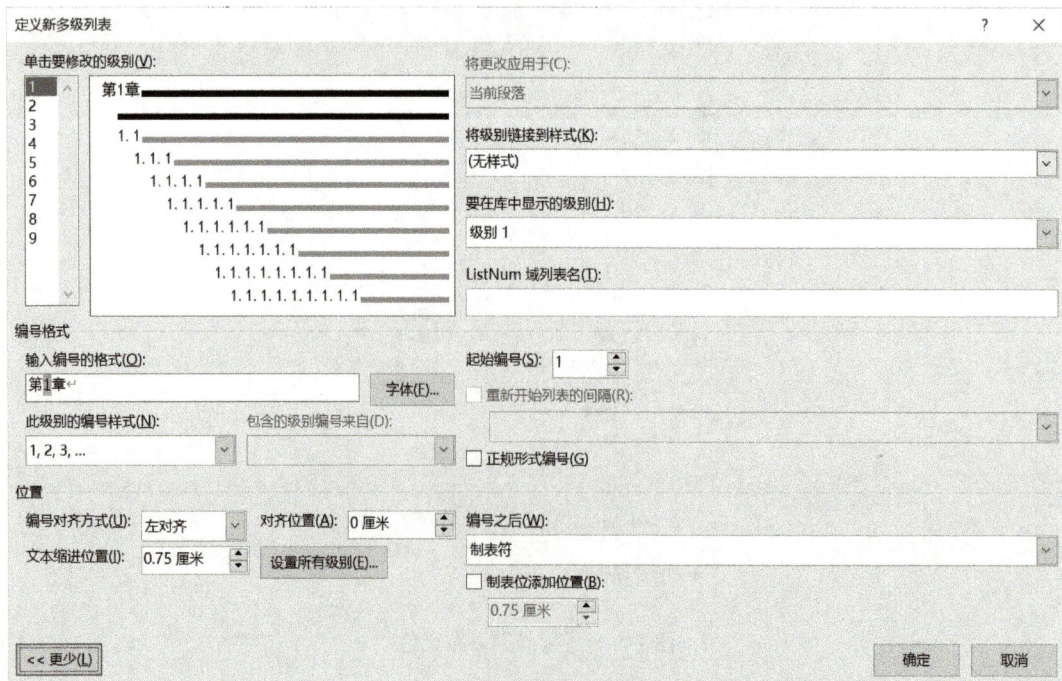

图 1-5-6 【定义新多级列表】的级别 1 对话框

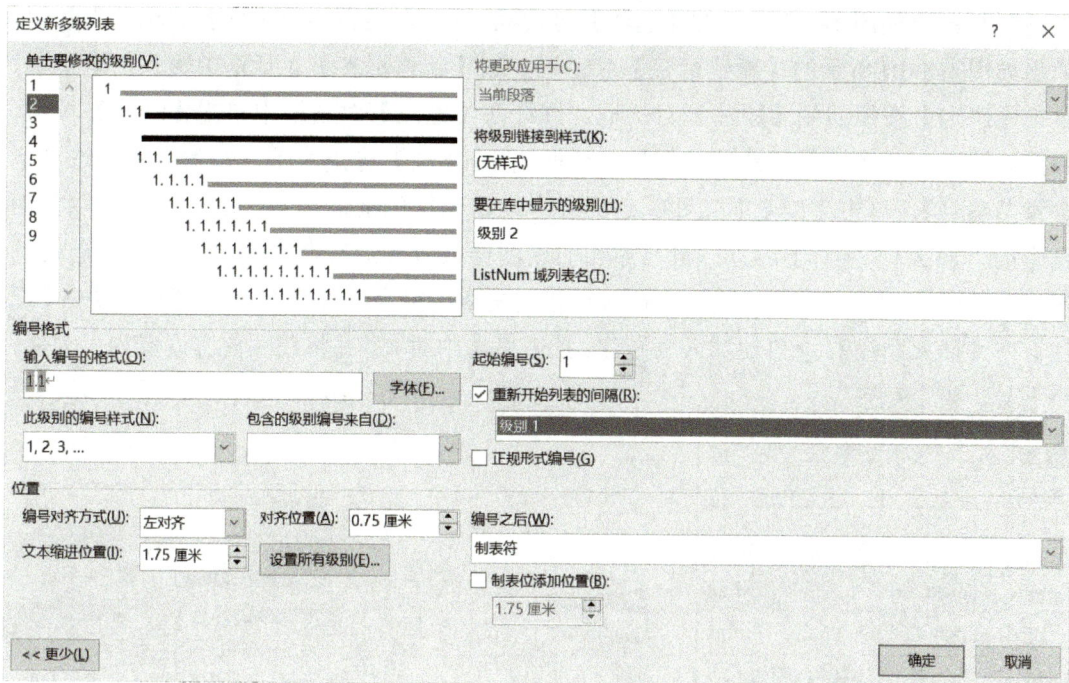

图 1-5-7　【定义新多级列表】的级别 2 对话框

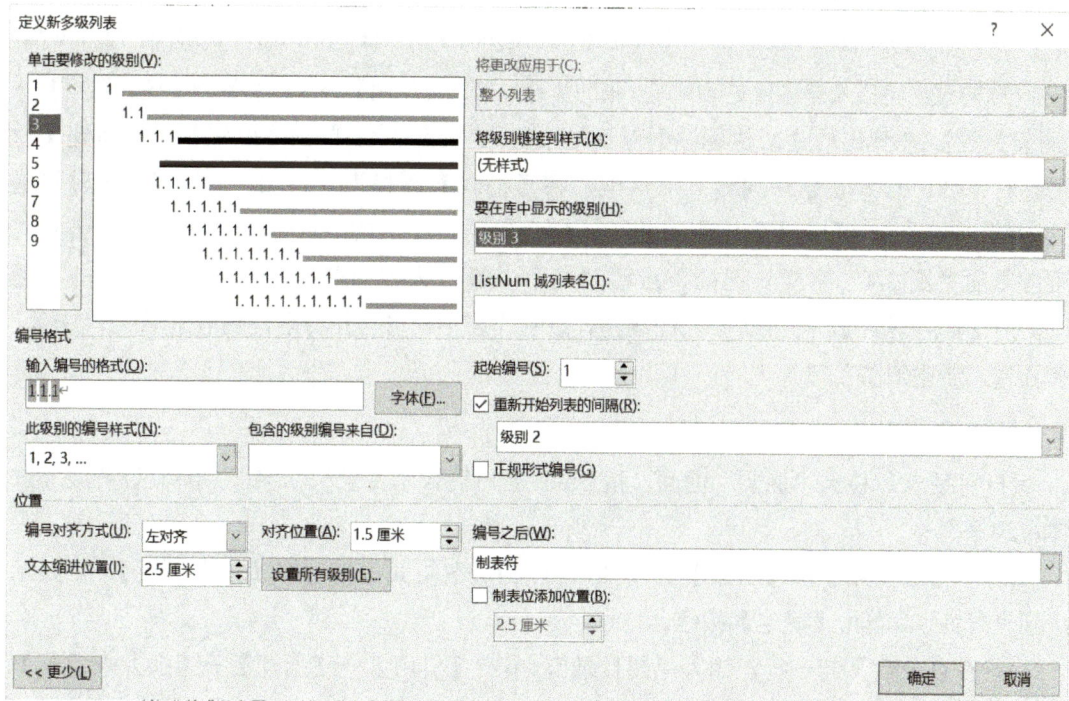

图 1-5-8　【定义新多级列表】的级别 3 对话框

4. 建立题注

(1) 将插入点移到"2.1.2 产品功能"内的表格处，单击【引用】→【题注】→【插入题注】，弹出如图 1-5-9 所示的【题注】对话框，在该对话框中单击【新建标签】按钮，弹出如图 1-5-10 所示的【新建标签】对话框。在【新建标签】对话框中输入"表"字，单击【确定】按钮回到【题注】对话框。继续在【题注】对话框中单击【编号】按钮，弹出如图 1-5-11 所示的【题注编号】对话框，将【格式】选择为【1，2，3，…】，勾选【包含章节编号】，单击【确定】按钮。这样会自动在表格的前面显示"表 2-1"，删除前面自带的"表 2-1"字样 (注意：自己添加的题注样式选择后有灰色底纹，而开始自带的没有灰色底纹，不要删除错了)。把插入点移到文章中每个表的前面，单击【引用】→【题注】→【插入题注】，会自动插入表题注，把表格居中对齐，并将题注内容设置为"宋体，小五号，居中对齐"。

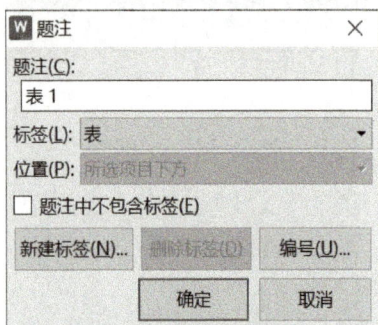

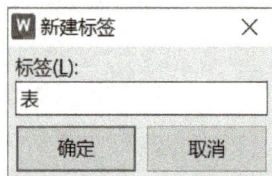

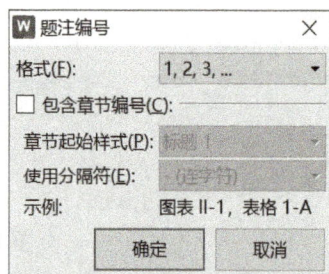

图 1-5-9 【题注】对话框　　　　图 1-5-10 【新建标签】对话框　　图 1-5-11 【题注编号】对话框

(2) 同理，将插入点移到文章中每一张图片处，单击【引用】→【题注】→【插入题注】→【新建标签】，在弹出的【新建标签】对话框中输入"图"字，单击【确定】按钮回到【题注】对话框。打开【题注编号】对话框，将【格式】选择为【1，2，3，…】，然后勾选【包含章节编号】，单击【确定】按钮。这样会自动在图片的前面显示"图 2-1"，删除前面自带的"图 2-1"字样。把插入点移到文章中每一张图的前面，单击【引用】→【题注】→【插入题注】，会自动插入图题注，把图片居中对齐，并将题注内容设置为"宋体，小五号，居中对齐"。

5. 生成目录

(1) 将插入点移到"摘要"前面，按 Enter 键，输入"目录"二字，并将其设置成"宋体，20 磅"。

(2) 单击【引用】→【目录】→【插入目录】，在格式框内选择【来自模板】，将显示级别设置为 3，单击【确定】按钮。

(3) 在目录后另起一行，输入"图目录"，单击【引用】→【题注】→【插入表目录】，会出现如图 1-5-12 所示的对话框，在【题注标签】项选择"图"，再单击【确定】按钮，即可插入图目录。在图目录的下方，输入"表目录"，用同样方法即可插入表目录。

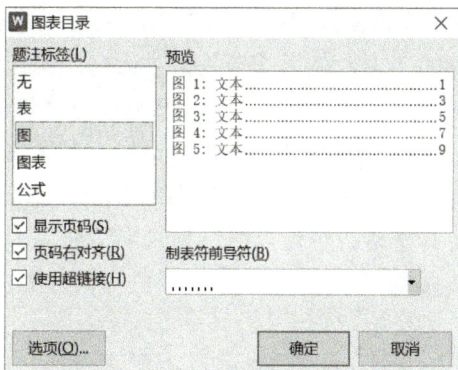

图 1-5-12 【图表目录】对话框

6. 编辑排版论文

在编辑论文这类大文档时，如果将所有的内容都放在一个文档中，则会因为文档太大而占用很大的资源，用户在翻阅文档时，文档运行速度会变得非常慢，从而严重影响工作效率。如果将文档的各章节分别作为独立的文档，则又无法对整篇文章做统一处理，而且文档过多也容易引起混乱。

使用 WPS 文字的主控文档，是制作长文档的最佳方法。主控文档包含几个独立的子文档。可以用主控文档控制整篇文章或整本书，而把文章的各个章节作为主控文档的子文档。这样，在主控文档中，所有的子文档可以作为一个整体，方便人们快捷地对其进行查看、重新组织、格式设置、校对、打印和目录创建等操作。

(1) 单击【视图】→【大纲】，在【显示】处选择"显示级别 3"，原文档将变为 3 级主控文档，效果图如图 1-5-13 所示。

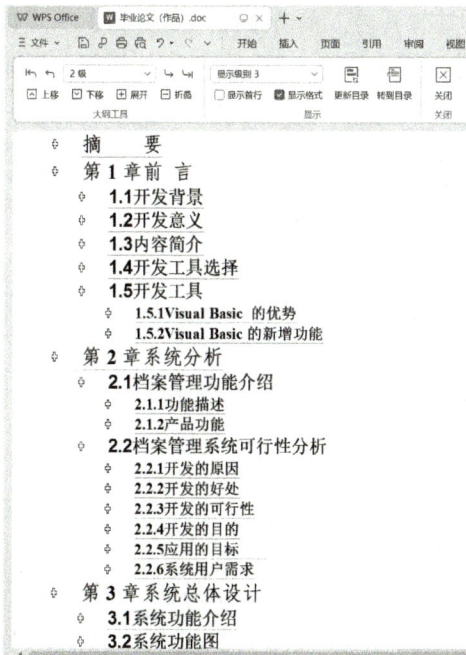

图 1-5-13　大纲视图下 3 级主控文档效果图

（2）书签是加以标识和命名的位置或选择的文本，以便以后引用。例如，用户可以使用书签来标识需要日后修订的文本，使用【书签】对话框，就无须在文档中上下滚动来定位该文本。书签也可交叉引用。例如，选中"第 3 章系统总体设计"，单击【插入】→【链接】→【书签】，弹出如图 1-5-14 所示的【书签】对话框；在【书签名】处输入"第 3 章"，单击【添加】，即可建立书签。书签名必须以字母或汉字开头，不能用数字或符号开头；可包含数字或符号，但不能有空格；也可以用下划线字符分隔，如"title_1"。

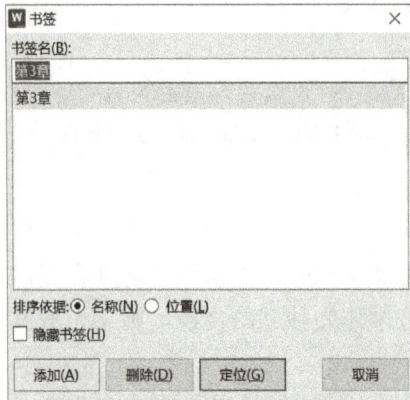

图 1-5-14　【书签】对话框

7. 制作复杂页眉与页脚

（1）将插入点移到每章开头，单击【页面】→【结构】→【分隔符】→【下一页分节符】，即可把文章分节。将封面和目录分成一节，没有页眉与页脚；第二节开始是正文，有页眉与页脚，并且每章的页眉不一样，均是各章标题，所以每一章也要分成独立的一节。

（2）把插入点定位在第二节页眉，单击【页眉和页脚】→【导航】，然后取消【链接到前一节】前面复选框的勾选，断开与前一节的链接，这样就可以单独设置第二节的格式了。

（3）选择【插入】→【部件】→【文档部件】，弹出如图 1-5-15 所示的【域】对话框。【域名】选择【样式引用】，【样式名】选择【标题 1】，单击【确定】按钮。这样后面各章就均可以使用各章标题作为页眉。

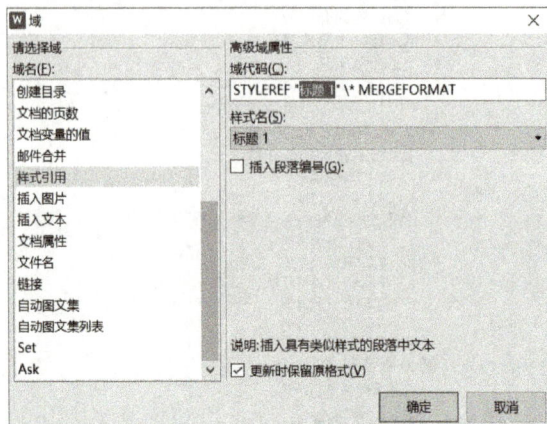

图 1-5-15　【域】对话框

(4) 将插入点定位在第二节首页的页脚，单击【页眉页脚】→【页码】，在弹出的【页码】对话框的样式中选择"第 1 页　共 x 页"，如图 1-5-16 所示。设置完成后，选中"X"，单击【页眉页脚】→【插入】→【域】，域名选择"文档的页数"即变成"第 1 页　共 25 页"。关闭【页眉和页脚】视图，返回正文编辑状态。

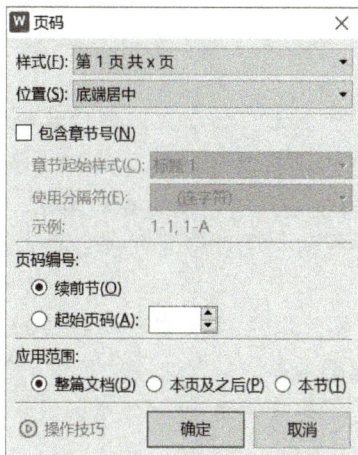

图 1-5-16　【页码】对话框

(5) 在目录上单击鼠标右键，在弹出的快捷菜单中选择【更新域】，然后选择【只更新页码】选项，单击【确定】按钮。

8. 保存并退出

用"毕业论文终稿 .docx"作为文件名再次保存文档。

任务总结

本任务主要利用封面制作、样式修改、大纲级别定义、多级列表定义、样式应用、目录生成、主控文档与子控文档建立、书签制作等功能或工具，以及复杂页眉与页脚的设置等对大文档进行制作。大文档制作的应用比较常见，比如论文排版、书籍出版排版、电子出版物排版、产品说明书的制作等。

实践演练

《供应链中的库存管理研究》论文排版

2018 级企业管理专业的张小兰同学选修了"供应链管理"课程，并撰写了题目为"供应链中的库存管理研究"的课程论文，论文的排版和参考文献还需要进一步修改。请你根据以下要求，帮助张小兰对论文进行完善。

1. 操作要求

(1) 打开"项目一 \ 任务五 \WPS 文字素材 5.docx"文档，为论文创建封面，将论文题目、作者姓名和作者专业放置在文本框中，并居中对齐；文本框的环绕方式为四周型，在页面中的对齐方式为左右居中。在页面的下侧插入图片"实训大楼.jpg"，自动换行为"浮于文字上方"，并应用一种映像效果。

(2) 对文档内容进行分节，使得"封面""目录""图表目录""摘要""1.引言""2.库存管理的原理和方法""3.传统库存管理存在的问题""4.供应链管理环境下的常用库存管理方法""5.结论""参考书目"和"专业词汇索引"各部分的内容都位于独立的节中，且每节都从新的一页开始。

(3) 修改文档中样式为"正文文字"的文本，使其首行缩进2字符，段前和段后的间距为0.5行；修改"标题1"样式，将其自动编号的样式修改为"第1章，第2章，第3章，..."；修改标题2.1.2下方的编号列表，使用自动编号，样式为"1)、2)、3)、..."；复制"项目符号列表.docx"文档中的"项目符号列表"样式到论文中，并应用于标题2.2.1下方的项目符号列表。

(4) 将文档中的所有脚注转换为尾注，并使其位于每节的末尾；在"目录"节中插入"优雅"格式的目录，替换"请在此插入目录！"文字；目录中需包含各级标题和"摘要""参考书目"以及"专业词汇索引"，其中"摘要""参考书目"和"专业词汇索引"在目录中需和标题1同级别。

(5) 使用题注功能，修改图片下方的标题编号，以便其可以自动排序和更新；在"图表目录"节中插入格式为"正式"的图表目录；使用交叉引用功能，修改图表上方正文中对于图表标题编号的引用(已经用黄色底纹标记)，以便这些引用能够在图表标题的编号发生变化时自动更新。

(6) 在文档的页脚正中插入页码，要求封面页无页码，目录和图表目录部分使用"Ⅰ、Ⅱ、Ⅲ、..."格式，正文以及参考书目和专业词汇索引部分使用"1、2、3、..."格式。

(7) 删除文档中的所有空行，将其以"论文排版.docx"为文件名进行保存。

2. 效果图

封面及目录与正文效果图分别如图1-5-17和图1-5-18所示。

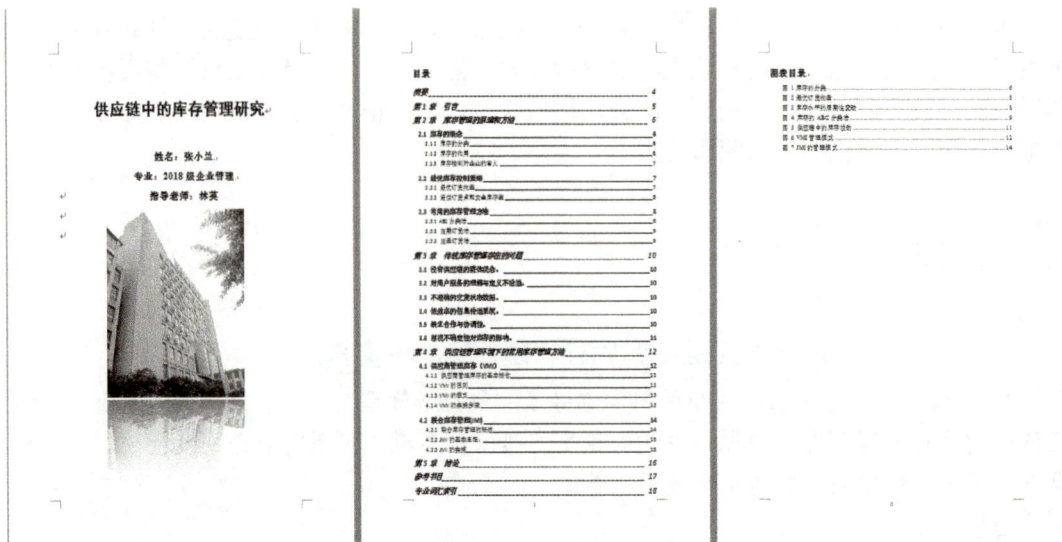

图1-5-17　封面及目录效果图

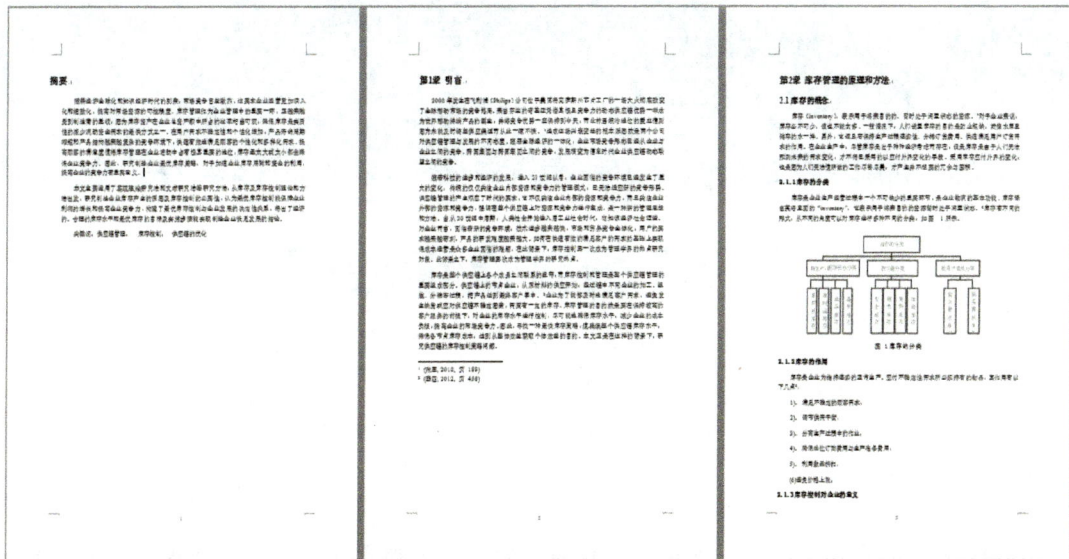

图 1-5-18　正文效果图

项目二

WPS 表格高级应用

项目分析

WPS 表格具有强大的电子表格处理功能，它可以处理实际工作和生活中的很多问题，有很强的实用性。在日常工作中，我们常会有大量的信息录入、统计等数据处理工作，通过 WPS 表格可以节约大量的计算、统计、分析数据的时间，大大减轻工作量，提高工作效率。

本项目需要完成以下任务：

(1) 制作人均消费统计表。

(2) 制作期末成绩分析表。

(3) 制作车库收费情况统计表。

(4) 教师档案管理。

(5) 制作公司图书销售数据统计分析表。

(6) 制作全国人口普查数据统计分析表。

(7) 制作员工工资及奖金发放表。

知识目标

(1) 掌握数据表格 (包括单元格、工作表、工作簿) 的编排与修改。

(2) 熟练掌握图表的建立与应用。

(3) 重点掌握常用公式、函数的应用。

(4) 掌握数据处理方法：排序、筛选、分类汇总、合并计算、数据透视表。

(5) 理解工作簿、工作表的保护，文档的修订。

能力目标

能够进行数据表格的基本操作，能掌握常用函数、日期函数、统计函数、会计函数等，能够进行排序、筛选、分类汇总、合并计算、分类汇总、数据透视表等数据处理，并能综合运用以上知识点。

任务一　制作人均消费统计表

任务简介

　　WPS 表格应用非常广泛，是 WPS 办公软件系列中专门用来进行数据处理和分析的组件之一。办公人员可以用它来制作和管理各种人事档案，统计和管理各种库存物品资料；财务人员可以用它进行财务统计和分析；证券人员可以用它来管理证券交易的各类表格和进行图表分析……

　　李娜的妈妈在统计局上班，现在她需要对各大中城市的人均消费情况做统计，但由于她欠缺应用 WPS 表格进行数据处理的能力，故让李娜代为完成。其工作要求包括：利用 WPS 表格创建人均消费统计表，为创建的表格设置单元格格式、完成计算；对特殊数据进行突出显示；创建图表并完成页面设置，以方便打印输出。

　　本次任务的数据及完成效果如图 2-1-1 和图 2-1-2 所示。

	A	B	C	D	E	F	G
1	大中城市人均消费统计表						
2	地区	城市	食品	服装	日常生活用品	耐用消费品	消费总额
3	东北	沈阳	89.5	97.7	91	93.3	￥ 371.50
4	东北	哈尔滨	90.2	98.3	92.1	95.7	￥376.30
5	东北	长春	85.2	96.7	91.4	93.3	￥ 366.60
6	华北	天津	84.3	93.3	89.3	90.1	￥ 357.00
7	华北	唐山	82.7	92.3	89.2	87.3	￥ 351.50
8	华北	郑州	84.4	93	90.9	90.07	￥358.37
9	华北	石家庄	82.9	92.7	89.1	89.7	￥ 354.40
10	华东	济南	85	93.3	93.6	90.1	￥ 362.00
11	华东	南京	87.35	97	95.5	93.55	￥ 373.40
12	西北	西安	85.5	89.76	88.8	89.9	￥ 353.96
13	西北	兰州	83	87.7	87.6	85	￥343.30

图 2-1-1　"消费数据分析"工作表效果图

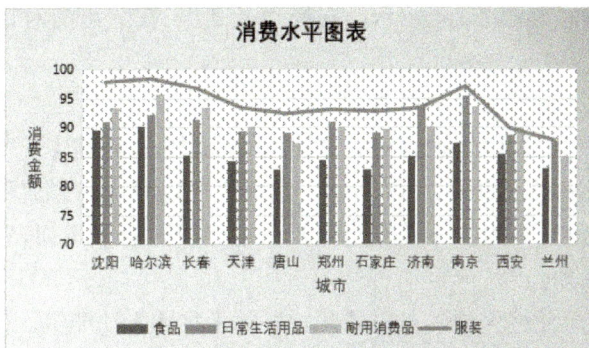

图 2-1-2　"消费水平图"工作表效果图

任务目标

本任务要求学生掌握 WPS 表格的基本操作：格式设置、工作表编辑、图表设置及页面布局。通过本项目操作，能熟练掌握并运用 WPS 表格处理数据。

知识点

- 格式设置：字体、单元格格式、条件格式、表格样式的设置。
- 工作表编辑：添加与删除、标签颜色、移动与复制、工作表保护。
- 图表设置：图表类型、图表格式化的设置。
- 页面布局：打印区域、纸张大小、页边距、页眉与页脚、标题行重复的设置。

任务实施

1. 创建 WPS 表格文件

(1) 双击打开文件"项目二 \ 任务一 \ 人均消费统计表 (素材).et"。

(2) 单击【文件】→【另存为】，弹出【另存为】对话框。

(3) 在【保存位置】列表中单击【计算机】选择 E 盘，在"文件名"文本框中修改文件名为"人均消费统计表"，"保存类型"列表中保留原设置"WPS 表格文件 (*.et)"，单击【保存】按钮。

2. 工作表格式化

(1) 单击 Sheet1 工作表，选择 A1:G1 单元格区域，单击【开始】→【对齐方式】→【合并及居中】按钮 ▦合并▾ 将单元格合并，并设置垂直居中；选中 Sheet1 工作表，单击【开始】→【样式】→【单元格样式】下拉列表按钮 ▯▾，如图 2-1-3 所示，选择"标题"类型中的"标题"样式；在选中 Sheet1 工作表状态下，单击【开始】→【单元格】→【行和列】下拉列表按钮 ▤ 行和列 ▾，如图 2-1-4 所示，选择"行高"，在弹出的对话框中将行高的值设置为 35 磅。

(2) 选择 G2 单元格，输入"消费总额"。

(3) 选择 A2:G2 单元格区域，设置对齐方式为垂直居中；单击【开始】→【样式】→【单元格样式】下拉列表按钮，如图 2-1-3 所示，选择"主题单元格样式"类型中的"强调文字颜色 4"样式；单击【开始】→【单元格】→【行和列】下拉列表中的【行高】，在对话框中设置行高为 25 磅。

(4) 选择 A3:G13 单元格区域，单击【开始】→【字体】功能组，设置字体为宋体、14 磅，单击【填充颜色】下拉列表按钮 ◌▾，如图 2-1-5 所示，选择"主题颜色"类型中的"巧克力黄，着色 6，浅色 80%"。

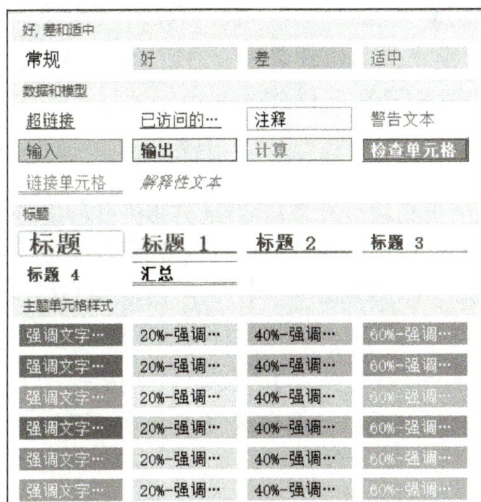

图 2-1-3 【单元格样式】下拉列表　　　　图 2-1-4 【行和列】下拉列表

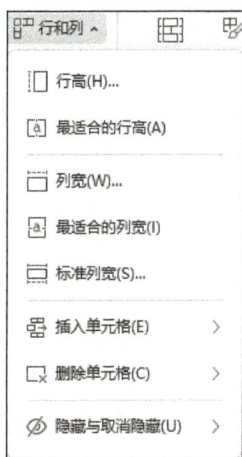

(5) 选择 A2:G13 单元格区域，单击【开始】→【对齐方式】→【水平居中】，使表格中该区域文字居中对齐；单击【开始】→【字体】→【边框】下拉列表中的【其他边框】命令项，打开【单元格格式】对话框，如图 2-1-6 所示，在【边框】选项卡中的"样式"中选择粗实线，在"颜色"列表中选择黑色，然后单击【外边框】按钮；在"样式"中选择细实线，在"颜色"列表中选择绿色，单击【内部】按钮，最后单击【确定】按钮设置好表格框线。

图 2-1-5 【填充颜色】下拉列表　　　　图 2-1-6 【单元格格式】之【边框】选项卡

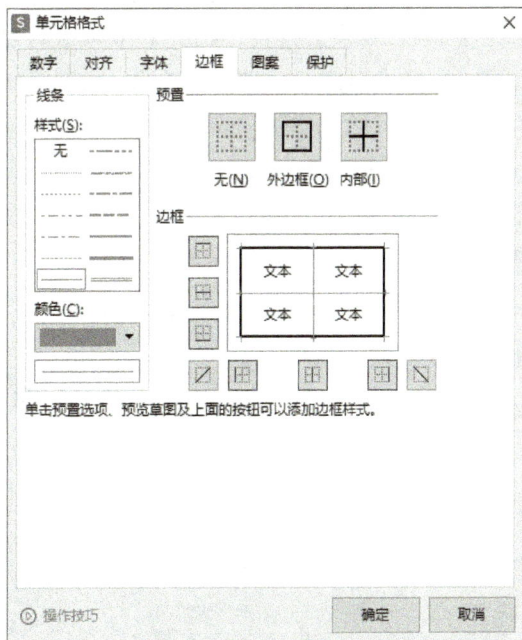

(6) 双击"Sheet1"工作表标签，输入"消费统计表"并按回车键修改工作表名称；单

击鼠标右键，将鼠标定位在"消费统计表"工作表标签处并单击鼠标右键，选择【创建副本】，即可在"消费统计表"工作表后建立"消费统计表 (2)"工作表；双击"消费统计表 (2)"工作表名称，输入"消费数据分析"，按回车键修改工作表名称。右键单击"Sheet2"，选择【删除】，删除 Sheet2 工作表。用相同的方法删除 Sheet3 工作表。

3. 计算"消费总额"

(1) 打开"消费数据分析"工作表，选择 G3 单元格，单击【开始】→【求和】按钮 ∑求和·，在 G3 单元格即显示函数公式"=SUM(C3:F3)"，点击"编辑栏"左侧的输入按钮 ✓ 。

(2) 选择 G3 单元格右下角的填充柄 (鼠标指针形状为"＋"），拖动到 G13 单元格，完成公式复制。

(3) 选择 G3:G13 单元格区域，单击【开始】→【数字格式】功能组启动按钮 ↘ ，打开【单元格格式】对话框，并单击【数字】选项卡，在"分类"框中选择"会计专用"，"小数位数"为默认值"2"，单击【确定】按钮。

4. 设置条件格式

(1) 选择 G3:G13 单元格区域，单击【开始】→【样式】→【条件格式】→【项目选取规则】→【前 10 项】命令项，如图 2-1-7 所示；打开【前 10 项】对话框，如图 2-1-8 所示，把左侧数字框中的项目数改为"1"，在"设置为"下拉列表中选择"自定义格式 ..."选项，弹出【单元格格式】对话框，如图 2-1-9 所示，选择【字体】选项卡，设置"字形"为粗体，"颜色"为红色，然后选择【图案】选项卡，如图 2-1-10 所示，设置填充颜色为黄色，单击两次【确定】按钮即可。

(2) 选择 G3:G13 单元格区域，单击【开始】→【样式】→【条件格式】→【项目选取规则】→【最后 10 项】，打开【最后 10 项】对话框，把项目数改为"1"，在"设置为"下拉列表中选择"自定义格式 ..."选项；在打开的【单元格格式】对话框中选择【字体】选项卡，设置"字形"为粗体，"颜色"为紫色；选择【图案】选项卡，设置填充颜色为红色，依次单击【确定】按钮。

图 2-1-7　【条件格式】下拉列表　　　　图 2-1-8　【前 10 项】对话框

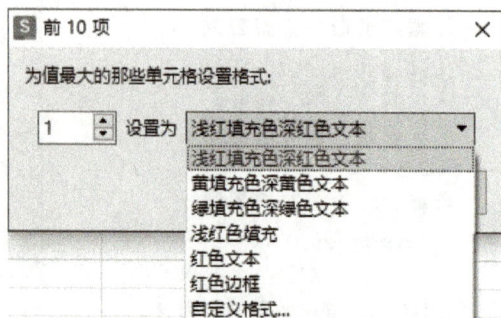

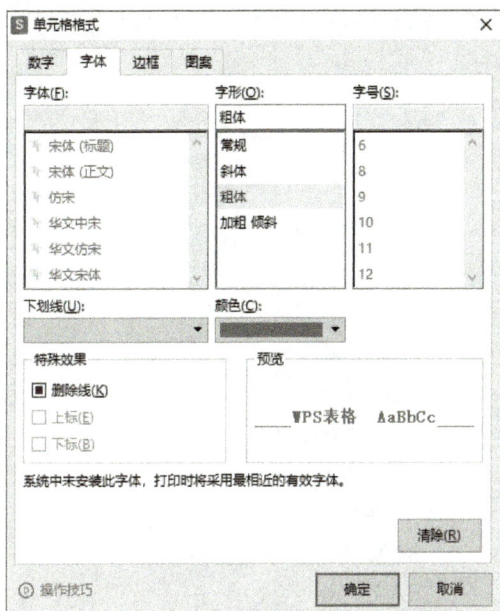

图 2-1-9 【单元格格式】之【字体】选项卡

图 2-1-10 【单元格格式】之【图案】选项卡

5. 创建 "消费水平图表"

(1) 插入图表：选择 B2:F13 单元格区域,单击【插入】→【图表】→【插入柱形图】→【簇状柱形图】,出现默认设置的图表。

(2) 改变数据系列的图表类型：选择图表中 "服装" 系列,单击【图表工具】→【图表样式】→【更改类型】,弹出【更改图表类型】对话框,如图 2-1-11 所示,在 "服装" 系列名右侧的图表类型下拉列表中选择 "折线图",单击【插入图表】按钮完成图表插入。

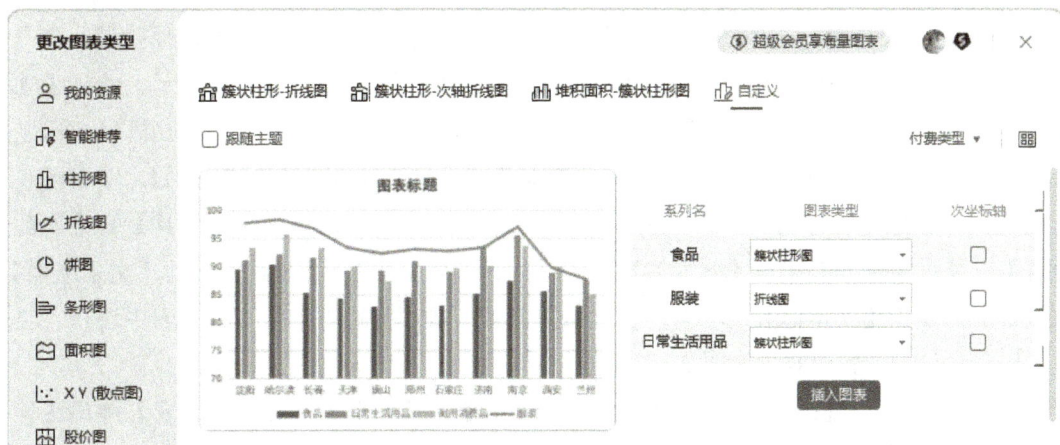

图 2-1-11 【更改图表类型】对话框

(3) 图表背景填充：选择图表的 "绘图区",单击【图表工具】→【属性设置】→【设置格式】,展开【属性】窗格的【绘图区选项】面板,如图 2-1-12 所示,选择 "填充" → "图案填充" → "草皮";选择【绘图区选项】下拉列表中的【图表区】,显示【图表选项】面板，如图 2-1-13 所示，选择"填充"→"渐变填充"，选择"渐变样式"中的"射线渐变"，并由浅到深设置色标颜色为钢蓝色。

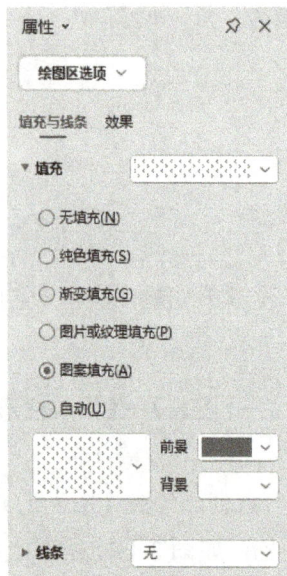

图 2-1-12　【绘图区选项】面板

图 2-1-13　【图表选项】面板

(4) 添加图表标题：选中图表中的图表标题，修改图表标题为"消费水平图表"；单击【图表工具】→【图表布局】→【添加元素】下拉列表按钮，如图 2-1-14 所示，选择【轴标题】→【主要横向坐标轴 (H)】，图表区底部出现默认横坐标轴标题，修改横坐标标题名为"城市"；同样选择【添加元素】→【轴标题】→【主要纵向坐标轴 (V)】，图表区底部出现默认纵坐标轴标题，修改纵坐标标题为"消费金额"；选择【图表工具】→【属性设置】→【设置格式】，出现【属性】窗格的【标题选项】面板，点击其右侧的【文本选项】面板，然后点击【文本框】选项卡，在"对齐方式"的"文字方向"下拉列表中选择"竖排 (从右向左)"，完成效果如图 2-1-2 所示。

(5) 改变图表位置：选中图表，单击【图表工具】→【位置】→【移动图表】，弹出【移动图表】对话框，如图 2-1-15 所示，选择"新工作表"，将默认的图表工作表名称"Chart1"改为"消费水平图"，单击【确定】按钮，在"消费数据分析"工作表左侧即出现"消费水平图"工作表；单击"消费水平图"工作表名称，往右拖动，把"消费水平图"工作表移到工作表标签栏右侧。

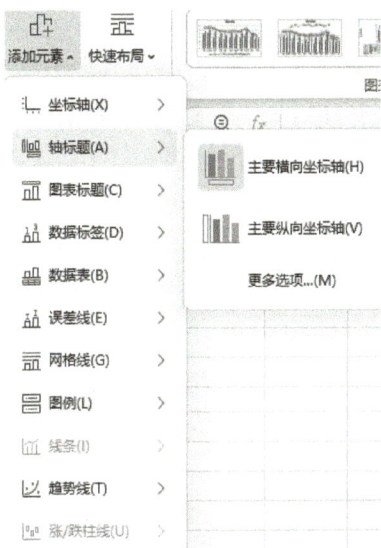

图 2-1-14　【添加元素】下拉列表

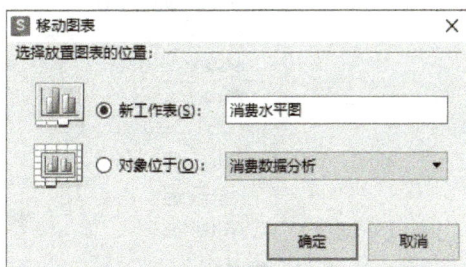

图 2-1-15　【移动图表】对话框

6. 工作表页面布局设置

(1) 单击"消费数据分析"工作表，点击【页面】→【打印设置】→【纸张大小】，选择【A4】；点击【纸张方向】，选择【横向】。

(2) 单击【页面】→【打印设置】功能组启动按钮↘，打开【页面设置】对话框，如图 2-1-16 所示，选择【页边距】选项卡，将上、下、左、右的页边距均设置为"2.5 厘米"，"页眉""页脚"的页边距设置为"1.8 厘米"，"居中方式"选择"水平"。

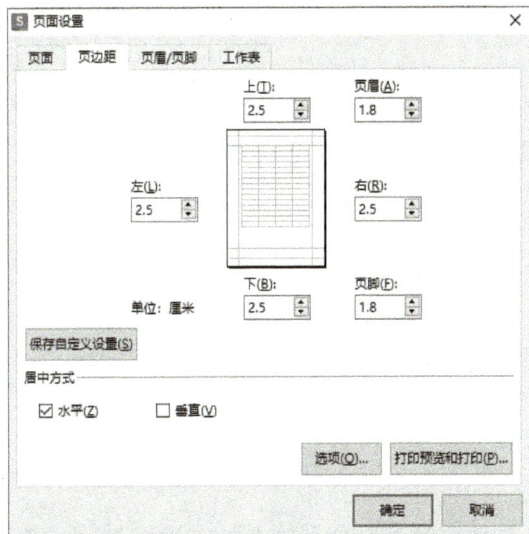

图 2-1-16　【页面设置】之【页边距】选项卡

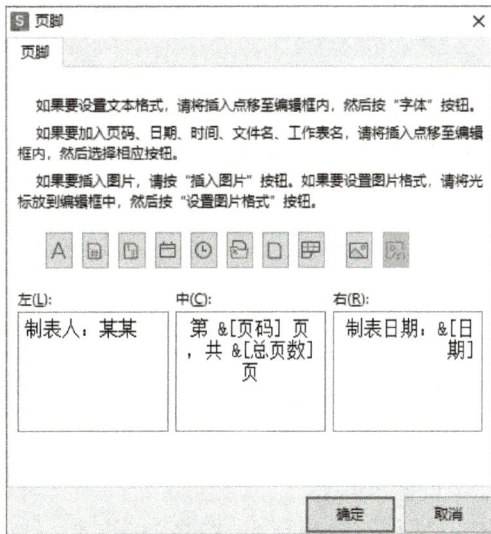

图 2-1-17　【页脚】对话框

(3) 单击【页眉 / 页脚】选项卡，选择【页脚】下拉列表中的【第 1 页，共？页】选项，单击【自定义页脚】按钮，打开【页脚】对话框，如图 2-1-17 所示，单击"左"文本输入框，输入文本"制表人：某某"，单击"右"文本输入框，输入文本"制表日期："，单击日期

按钮 □，单击【确定】按钮。

（4）单击【工作表】选项卡，如图 2-1-18 所示，单击"打印标题"→"顶端标题行"右边的折叠按钮 ，选择重复打印区域 $1:$2；单击"打印区域"右边的折叠按钮 ，选择打印区域 A1:G13，单击【确定】按钮。

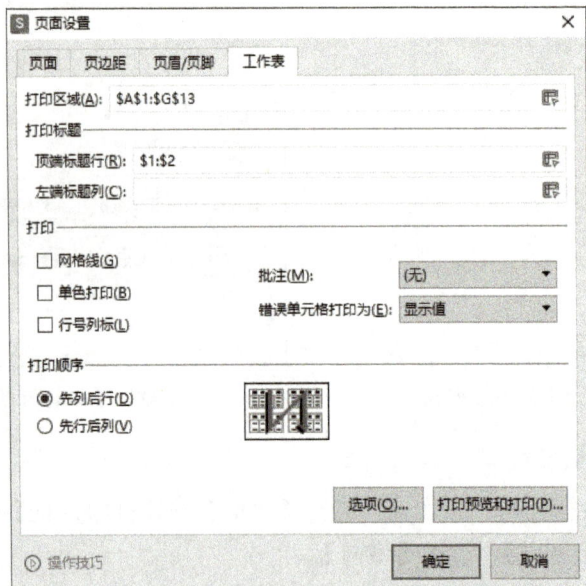

图 2-1-18 【页面设置】之【工作表】选项卡

任务总结

本任务旨在让我们熟练掌握如何美化工作表、设置条件格式突出显示特定数据、设置工作表的页面格式及创建并修饰图表。这些功能在日常办公中应用非常广泛。

实践演练

制作私营企业利税抽样调查表

林枫在一家信息处理公司工作，专门负责数据统计分析工作，领导交代其对部分城市私营企业 1～4 月份的利税情况做抽样调查，并将调查结果以表格和图表的形式呈报主管。

1. 操作要求

（1）打开"项目二\任务一\私营企业利税抽样调查表实践演练（素材）.et"文件，在文件中插入新工作表，并重命名为"抽样调查表"，将 Sheet1 工作表中的内容复制到该工作表中。

（2）将"抽样调查表"工作表中表格的标题单元格 (A1) 的名称定义为"抽样调查"。

（3）将 Sheet1 工作表中表格标题区域 A1:G1 设置为"合并居中"格式，将其字体设置为隶书，字号为 18 磅；将行高设置为 25；将表头行 (A2:G2 单元格区域) 第 1、2 行 (A3:B9 单元格区域) 的字体均设置为楷体 _GB2312、14 磅。

(4) 为工作表填充底纹，颜色及样式自由设置。

(5) 自动调整 Sheet1 工作表中表格的列宽为最适合列宽，将表格中数据区域设置为水平居中样式。

(6) 在 Sheet1 工作表表格中，对各公司 1～4 月份的数据进行求和计算，并填入到"总计"一列相对应的单元格中。

(7) 利用条件格式将所有企业 1～4 月份的利税值最大的 3 项以"浅红填充深红色文本"突出显示出来。

(8) 将 Sheet1 工作表页面设置为纵向、A4 纸张，将内容打印在页面中央 (横向、纵向均居中)，上、下、左、右页边距设置为 2.0，页眉和页脚距页边设置为 1.5。

(9) 利用 Sheet1 工作表中相应的数据，在该工作表中创建一个折线图，使图表的右侧显示图例，并调整图表的大小为"高 9 厘米、宽 14 厘米"，然后录入图表标题文字"私营企业利税折线图"。

(10) 另存文件到 E 盘个人文件夹中，重命名为"私营企业利税抽样调查表"。

2. 作品效果图

私营企业利税抽样调查表的作品效果如图 2-1-19 和图 2-1-20 所示。

图 2-1-19　Sheet1 工作表效果图

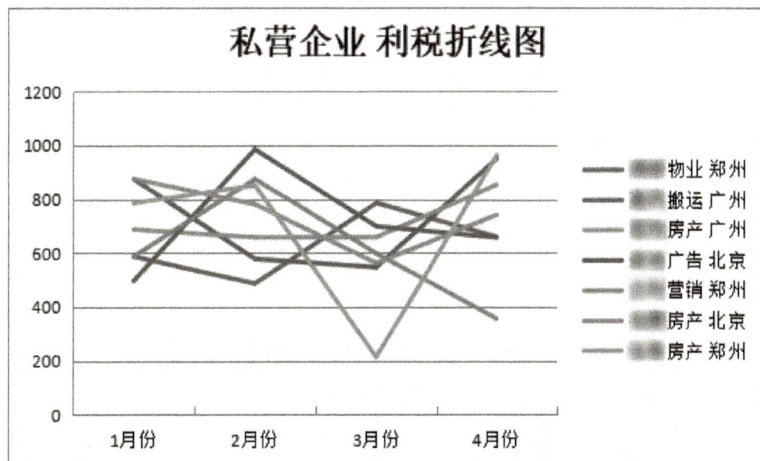

图 2-1-20　"私营企业利税折线图"图表

任务二　制作期末成绩分析表

任务简介

　　用 WPS 表格制作的表格往往有大量的数据需要进行计算和统计，如计算销售业绩的总和、平均值、排名，学生成绩的最高分、最低分等。WPS 表格具有非常强的计算和统计功能，从简单的四则运算到复杂的财务计算、统计分析，都能轻松解决。

　　张霞同学在某大学法学系实习，在期末时需要对法律专业学生的期末成绩进行总体分析。这项任务要求利用函数计算出每位同学期末各科考试的总分、平均分，分析全年级各科各分数段的人数、总分、平均分、最高和最低分、应缺考和补考人数等；还要求制作全年级成绩分析图表。

　　本次任务的主要数据及格式效果如图 2-2-1～图 2-2-4 所示。

班级	学号	姓名	英语	体育	计算机	近代史	法制史	刑法	民法	法律英语	立法法	总分	平均分	名次	等级
1班	1201001	潘志阳	76.1	82.8	76.5	75.8	87.9	76.8	79.7	83.9	88.9	728.4	80.9	77	良
1班	1201002	蒋文奇	68.5	88.7	78.6	69.6	93.6	87.3	82.5	81.5	89.1	739.4	82.2	64	良
1班	1201003	苗超鹏	72.9	89.9	83.5	73.1	88.3	77.4	82.5	87.4	88.3	743.3	82.6	57	良
1班	1201004	阮军胜	81	89.3	73	71	89.3	79.6	87.4	90	86.6	747.2	83.0	50	良
1班	1201005	邢尧磊	78.5	95.6	66.5	67.4	84.6	77.1	81.1	83.6	88.6	723	80.3	84	良
1班	1201006	王圣斌	76.8	89.6	78.6	80.1	86.3	81.8	79.7	83.2	87.2	740.6	82.3	61	良
1班	1201007	焦宝亮	82.7	88.2	80	80.8	93.2	84.5	82.5	82.1	88.5	762.5	84.7	31	良
1班	1201008	翁建民	80	80.1	77.2	74.4	91.6	70.1	82.5	84.4	90.6	730.9	81.2	75	良
1班	1201009	张志权	76.6	88.7	72.3	71.6	85.6	71.8	80.4	76.5	90.3	713.8	79.3	93	中
1班	1201010	李帅帅	82	80	68	80	82.6	78.8	75.5	80.9	87.6	715.4	79.5	91	中
1班	1201011	王帅	67.5	70	83.5	77.2	83.6	68.4	80.4	76.5	88.5	695.6	77.3	96	中

图 2-2-1　"2018 级法律专业学生期末成绩分析表"效果图 (部分)

分数段	英语	体育	计算机	近代史	法制史	刑法	民法	法律英语	立法法
0-59	1	3	1	1		3	4		
60-69	4	0	13	5	2	3	0	2	0
70-79	31	4	37	52	16	35	33	8	0
80-89	57	66	36	39	64	59	62	65	68
90-100	7	27	13	3	18	3	1	25	32

图 2-2-2　"单科成绩各分数段人数统计表"效果图

班级	人数	总分	平均分	最高分	最低分	年级排名前10的人数
1班	25	18742.3	749.7	786.7	686.5	3
2班	25	19010.9	760.4	802.5	722.0	3
3班	25	18486.9	739.5	804.6	638.3	2
4班	25	18523.9	741.0	802.8	704.0	2

图 2-2-3　"2018 级法律专业各班总分成绩分析表"效果图

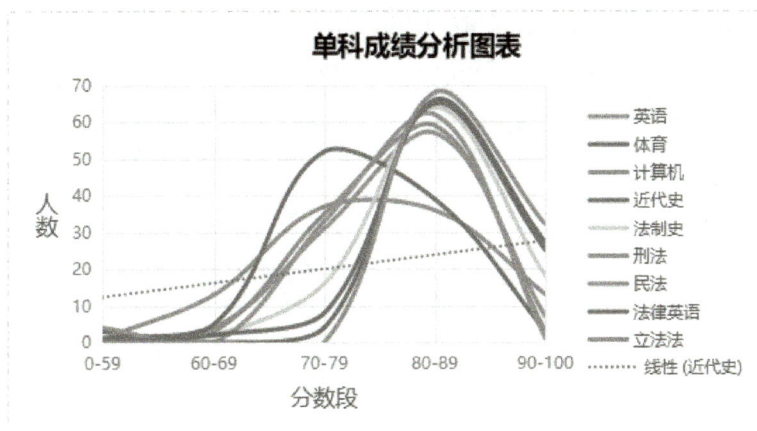

图 2-2-4　"单科成绩分析图表"效果图

任务目标

本次任务要求学生理解并掌握单元格地址的引用、常用函数的功能及使用，熟练掌握图表的创建及图表格式化操作，灵活运用图表处理实际问题。

知识点

· 公式与函数的构成及规则。

· 单元格地址的引用：相对引用、绝对引用、混合引用。

· 函数运用：INT()、MID()、SUM()、AVERAGE()、IF()、RANK.EQ()、MAX()、MIN()、COUNTIF()、COUNTIFS()、SUMIF()、AVERAGEIF()。

任务实施

1. 创建 WPS 表格工作簿

(1) 双击打开"项目二 \ 任务二 \ 项目期末成绩分析表（素材）.et"文件。

(2) 单击【文件】→【另存为】，弹出【另存为】对话框。

(3) 在【保存位置】列表中单击【计算机】选择 E 盘，在"文件名"文本框中修改文件名为"期末成绩分析表"，"保存类型"列表中保留原设置"WPS 表格 (*.et)"，单击【保存】按钮。

2. 数据验证设置

(1) 选择 D～L 列单元格，单击【数据】→【数据工具】→【有效性】按钮，打开【数据有效性】对话框；如图 2-2-5 所示，在【设置】选项卡的"允许"中选择"小数"，在"最小值"输入框中键入"0",在"最大值"中输入"100"。

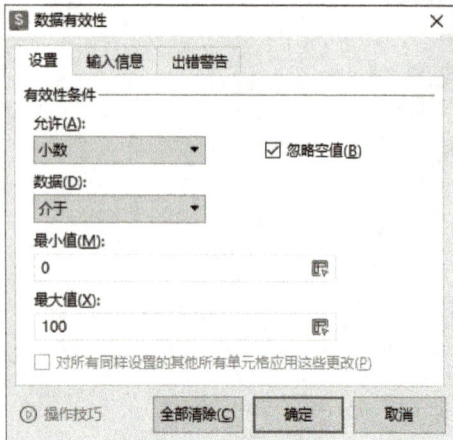

图 2-2-5 【数据有效性】之【设置】选项卡   图 2-2-6 【数据验证】之【输入信息】选项卡

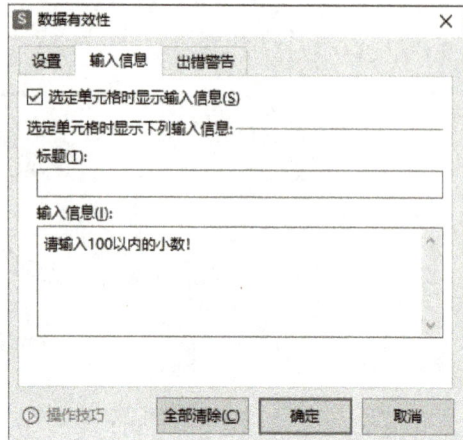

(2) 单击【输入信息】选项卡,如图 2-2-6 所示,在"输入信息"输入框中输入"请输入 100 以内的小数!";点击【出错警告】选项卡,如图 2-2-7 所示,在"样式"选项的下拉列表中选择"警告",在"标题"输入框中输入"输入数据错误",在"错误信息"输入框中输入"成绩应为 100 以内的数值!",单击【确定】按钮。

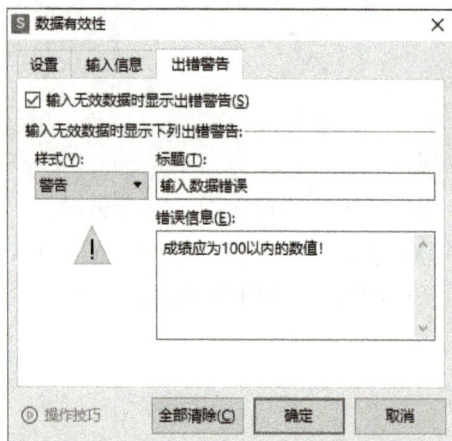

图 2-2-7 【数据验证】之【出错警告】选项卡

(3) 数据检验:当在 D~L 列输入的数据不是 100 以内的小数时,会出现如图 2-2-8 所示的出错警告信息,提示检查数据输入的错误,可修改符合要求的数据,或单击【Enter】键继续。

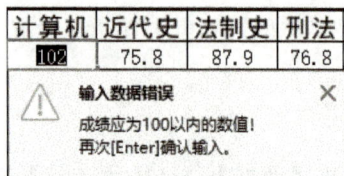

图 2-2-8 "数据有效性"效果检验

数据有效性用于规范允许在单元格中输入或必须在单元格上输入的数据格式及类型。通过"数据有效性"设置，可以避免输入错误，在用户输入错误数据时进行提示，帮助用户更正错误。

3. 格式化工作表

(1) 合并 A1:P1 单元格，将文字设置为宋体、加粗、18 磅；选择 A2:P2 单元格，将文字设置为黑体、14 磅；合并 R1:AA1 单元格，设置文字为宋体、加粗、18 磅；合并 R9:X9 单元格，设置文字为宋体、加粗、16 磅。

(2) 分别选择 A2:P102、R2:AB17、R10:X14，单击【开始】→【字体】→【边框】列表中的【其他边框】，打开【单元格格式】对话框，在【边框】选项卡中的"样式"中选择"粗实线"，在"颜色"列表中选择"黑色"，单击【外边框】按钮；在"样式"中选择"细实线"，在"颜色"列表中选择"黑色"，单击【内部】按钮，然后单击【确定】按钮。

4. 期末成绩分析表计算

(1) 提取学生班级：选择 A3 单元格，单击【公式】→【快速函数】→【插入函数】按钮 fx，打开【插入函数】对话框，如图 2-2-9 所示，在"或选择类别"下拉列表中选择"数学与三角函数"，在"选择函数"列表中选择向下取整函数"INT"，单击【确定】按钮，出现【函数参数】对话框，在"INT"函数的【函数参数】对话框中的"数值"输入框中输入"MID(B3,3,2)"单击【确定】按钮；双击 A3 单元格进入编辑模式，在公式最后输入"&" 班 ""，按回车键即可。

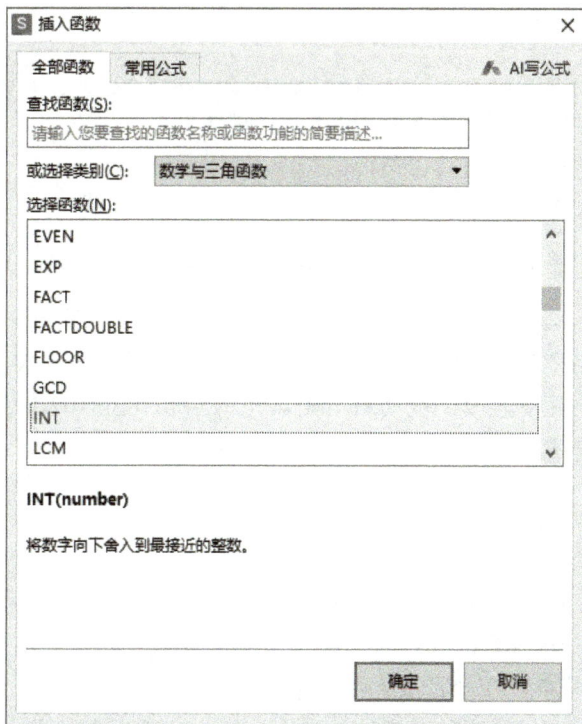

图 2-2-9 "INT"函数插入对话框

(2) 选择 A3 单元格，拖动右下角填充柄到 A102 单元格，所有学生的班级由填充柄复制公式计算出来。

(3) 计算"总分"：选择 M3 单元格，单击【公式】→【快速函数】→【自动求和】按钮，在 M3 单元格自动显示函数"=SUM(D3:L3)"，按回车键确认函数编辑完成。

(4) 计算"平均分"：选择 N3 单元格，单击【公式】→【快速函数】→【自动求和】下拉列表中的【平均值】，在 N3 单元格自动显示函数"=AVERAGE(D3:M3)"，鼠标拖动将 D3:M3 区域修改为 D3:L3(默认引用区域为函数所在单元格的左侧数据)，按回车键确认函数编辑完成。

(5) 选择 M、N 两列，单击【开始】→【数字格式】组→【数字格式】下拉列表中的【数值】，再单击【开始】→【数字格式】→【减少小数位数】按钮 🔢，将计算结果保留 1 位小数。

(6) 计算"名次"：选择 O3 单元格，单击【公式】→【快速函数】→【插入函数】(或按快捷键 Shift + F3)，打开【插入函数】对话框，在"或选择类别"下拉列表中选择"统计"，在"选择函数"列表中选择排名函数"RANK.EQ"，单击【确定】按钮，弹出如图 2-2-10 所示的【函数参数】对话框，在"数值"中输入"M3"，鼠标定位在"引用"输入框，鼠标拖动选择 M3:M102 单元格区域，再单击 F4 键设置成绝对地址"$M$3:$M$102"，在"排位方式"中输入"0"或忽略为空，单击【确定】按钮。

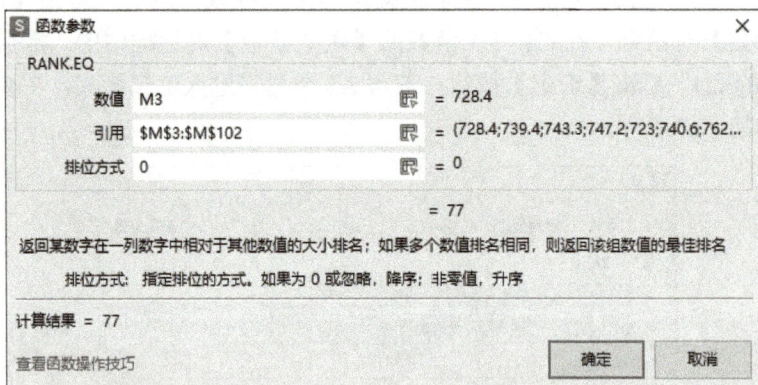

图 2-2-10 "RANK.EQ" 函数的【函数参数】对话框

(7) 判断"等级"：选择 P3 单元格，输入"=IF(N3>=90," 优 ",IF(N3>=80," 良 ",IF(N3>=70," 中 ",IF(N3>=60," 及格 "," 不及格 "))))"，按回车键确认公式编辑完成。

(8) 选择 M3:P3 单元格区域，拖动右下角填充柄到 M102:P102 单元格，所有学生的总分、平均分、名次、等级由填充柄复制函数计算完成。

1. INT(向下取整) 函数
语法：INT(数值)。
参数：数值为需要处理的任意一个实数。
2. MID(提取字符串) 函数
语法：MID(字符串，开始位置，字符个数)。
参数：字符串为包含有提取字符的文本串；开始位置为文本中要提取的第一个字符

的位置；字符个数为从文本中返回字符的个数。

3. SUM(求和) 函数

语法：SUM(数值 1，数值 2，…)。

参数：数值 1，数值 2，…为 1 至 255 个需要求和的参数。

4. AVERAGE(求平均值) 函数

语法：AVERAGE(数值 1，数值 2，…)。

参数：数值 1，数值 2，…为 1 至 255 个需要求平均值的参数。

5. RANK.EQ(最佳排名) 函数

语法：RANK.EQ(数值，引用，排位方式)。

参数：数值为需要排位的数字；引用是需要进行排位比较的数据区域，区域地址一定是绝对地址；排位方式如为 0 或忽略就是降序，如果是非零值就是升序。

6. IF(条件) 函数

语法：IF(测试条件，真值，假值)。

参数：测试条件是计算结果为 TRUE 或 FALSE 的任何数值或表达式；真值是测试条件为 TRUE 时函数的返回值，如果测试条件为 TRUE 且省略了真值，则返回 TRUE。真值可以是一个表达式；假值是测试条件为 FALSE 时函数的返回值，如果测试条件为 FALSE 且省略了假值，则返回 FALSE。假值也可以是一个表达式。

说明：IF 函数可以嵌套使用，最多可以嵌套 7 层。

5. 英语单科成绩各分数段人数统计表计算

(1) 0～59 分数段的人数统计：选择 S3 单元格，单击【公式】→【快速函数】→【插入函数】，在【插入函数】对话框的 "或选择类别" 中选择 "统计"，在 "选择函数" 中选择条件计数函数 "COUNTIF"，单击【确定】按钮；打开如图 2-2-11 所示的【函数参数】对话框，光标定位在 "区域" 输入框中，拖动选择 D3:D102 区域，在 "条件" 输入框中键入 "<=59"，单击【确定】按钮。

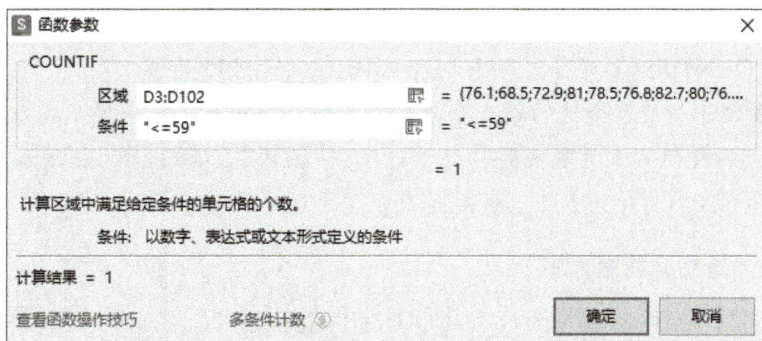

图 2-2-11 "COUNTIF" 函数的【函数参数】对话框

(2) 60～69 分数段的人数统计：选择 S4 单元格，单击【公式】→【快速函数】→【插入函数】，在【插入函数】对话框的 "或选择类别" 中选择 "统计"，在 "选择函数" 中选择多条件计数函数 "COUNTIFS"，单击【确定】按钮；打开如图 2-2-12 所示的【函数参数】

对话框，在"区域 1"中输入"D3:D102"，在"条件 1"中输入">=60"，在"区域 2"中输入"D3:D102"，在"条件 2"中输入"<70"，单击【确定】按钮。70～79 分数段、80～89 分数段的人数统计方法同上。

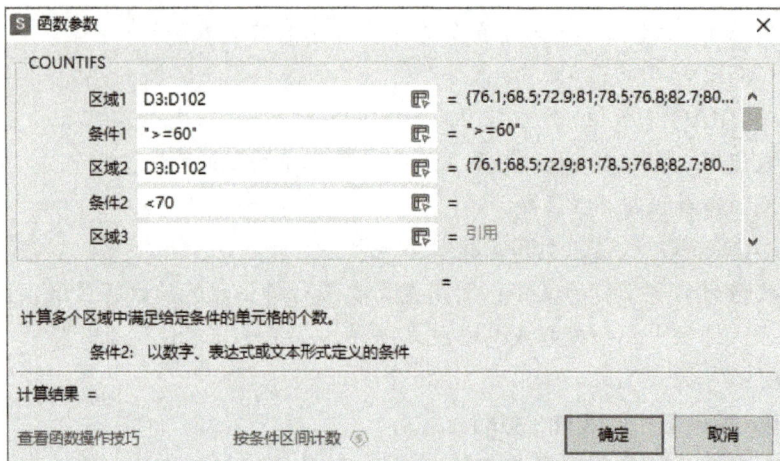

图 2-2-12 "COUNTIFS"函数的【函数参数】对话框

(3) 90～100 分数段的人数统计：方法可同 0～59 分数段的人数统计，也可同 60～69 分数段的人数统计。选择 S7 单元格，在单元格内输入"=COUNTIF(D3:D102,">=90")"或输入"=COUNTIFS(D3:D102,">=90",D3:D102,"<=100")"，按回车键确定。

(4) 选择 S3:S7 单元格区域，用填充柄向右填充复制函数至 AA3:AA7 单元格区域，得到其他科目的相关统计数据。

> **1. COUNTIF(条件计数) 函数**
>
> 语法：COUNTIF(区域，条件)。
>
> 参数：区域为需要计算其中满足条件的单元格数目的单元格区域；条件为确定哪些单元格将被计算在内的条件，其形式可以为数字、表达式或文本。
>
> **2. COUNTIFS(多条件计数) 函数**
>
> 语法：COUNTIFS(区域 1，条件 1，[区域 2，条件 2]，…)。
>
> 参数：区域 1 指关联条件的第 1 个单元格区域，为必选项；条件 1 指以数字、表达式或文本形式定义的第 1 关联条件，为必选项；[区域 2，条件 2]…指附加的单元格区域及关联条件，最多可达 127 个，为可选项。

6. 各班总分成绩分析表计算

(1) 选择 S11 单元格，输入函数"=COUNTIF(A$3:A$102，R11)"，用填充柄复制 S11 单元格公式到 S12:S14 单元格区域。

(2) 选中 T11 单元格，选择【公式】→【函数库】→【数学和三角】下拉列表中的"SUMIF"函数，打开如图 2-2-13 所示的【函数参数】对话框，在"区域"中选择 A3:A102 区域并设置为绝对地址，在"条件"中选择"R11"，在"求和区域"中选择 M3:M102 区域并设置为绝对地址，单击【确定】按钮完成计算。复制 T11 单元格公式至 T12:T14 单元格区域。

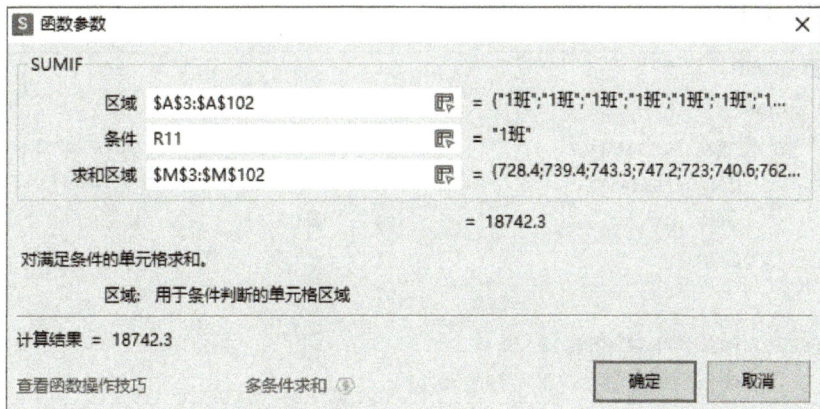

图 2-2-13 "SUMIF"函数的【函数参数】对话框

(3) 选中 U11 单元格，选择【公式】→【函数库】→【其他函数】→【统计】下拉列表中的"AVERAGEIF"函数，弹出如图 2-2-14 所示的【函数参数】对话框，在"区域"中选择 A3:A102 单元格区域并设置为绝对地址，在"条件"中输入"R11"，在"求平均值区域"中选择 M3:M102 单元格区域并设置为绝对地址，单击【确定】按钮完成计算。复制 U11 单元格公式至 U12:U14 单元格区域。

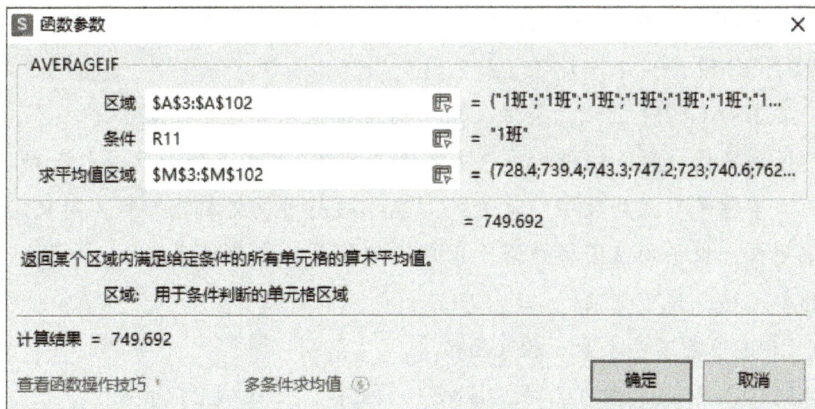

图 2-2-14 "AVERAGEIF"函数的【函数参数】对话框

(4) 选中 V11 单元格，选择【公式】→【函数库】→【数学和三角】下拉列表中的"MAXIFS"函数，弹出如图 2-2-15 所示的【函数参数】对话框，在"最大所在区域"中选择 M3:M102 单元格区域并设置为绝对地址，在"区域 1"中选择 A3:A102 单元格区域并设置为绝对地址，在"条件 1"中输入"R11"，单击【确定】按钮完成计算。复制 V11 单元格公式至 V12:V14 单元格区域。

(5) 选中 W11 单元格，选择【公式】→【函数库】→【数学和三角】下拉列表中的"MINIFS"函数，弹出 MINIFS 函数的【函数参数】对话框，在"最大所在区域"中选择 M3:M102 单元格区域并设置为绝对地址，在"区域 1"中选择 A3:A102 单元格区域并设置为绝对地

址，在"条件 1"中输入"R11"，单击【确定】按钮完成计算。复制 W11 单元格公式至
W12:W14 单元格区域。

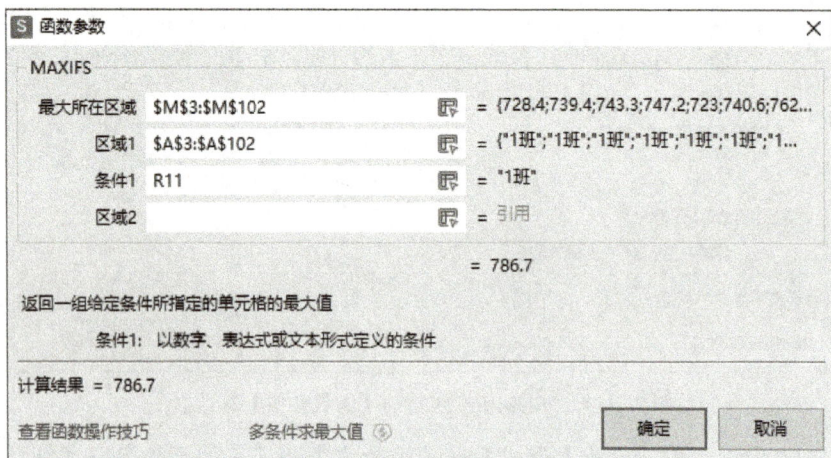

图 2-2-15　"MAXIFS"函数的【函数参数】对话框

1. SUMIF(条件求和) 函数

语法：SUMIF(区域，条件，求和区域)。

参数：区域为用于条件判断的单元格区域；条件为确定哪些单元格将被相加求和的
条件，其形式可以为数字、表达式或文本；求和区域是需要求和的实际单元格。

2. AVERAGEIF(条件求平均值) 函数

语法：AVERAGEIF(区域，条件，求平均值区域)。

参数：区域是要计算平均值的一个或多个单元格，其中包含数字或包含数字的名称、
数组或引用；条件是形式为数字、表达式、单元格引用或文本的条件，用来定义将计算
平均值的单元格；求平均值区域是用于求平均值计算的实际单元格组，如果省略，则使
用区域中的单元格，为可选项。

3. MAXIFS(多条多件求最大值) 函数

语法：MAXIFS(最大所在区域，区域 1，条件 1，[区域 2，条件 2], ...)

参数：最大所在区域是确定最大值的单元格的实际范围；区域 1 是用于条件判断的
单元格区域；条件 1 是以数字、表达式或文本形式定义的条件；可增加范围和其关联的
条件，最多可增加 126 个范围 / 条件对。

同一套标准适用于 MINIFS、SUMIFS 和 AVERAGEIFS 等函数，操作方法与 MAXIFS
类似。

7. 单科成绩分析图表创建及美化

(1) 插入图表：选择 R2:AA7 单元格区域，单击【插入】→【图表】→【插入折线图】
下拉列表中的【商务风折线图】,出现默认设置的图表,单击【图表工具】→【数据】→【切
换行列】，完成后出现如图 2-2-16 所示的图表。

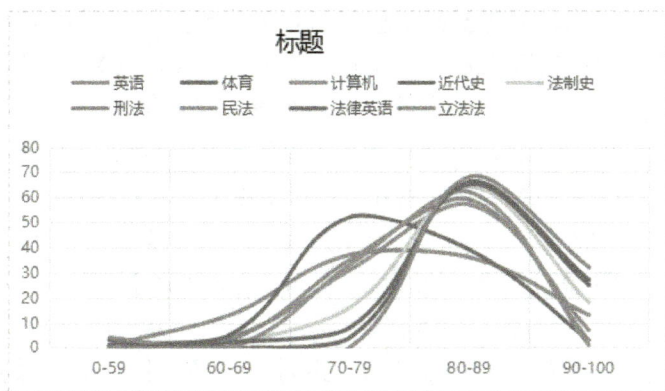

图 2-2-16　初始图表效果

(2) 设置横坐标轴：选择图表中的"水平 (类别) 轴"对象，单击【图表工具】→【属性设置】→【设置格式】，展开【属性】窗格的【坐标轴选项】面板，如图 2-2-17 所示，单击【坐标轴】选项卡，选中"坐标轴位置"中的"在刻度线上"选项。

(3) 设置纵坐标轴：选择图表中的"垂直 (值) 轴"对象，单击【图表工具】→【属性设置】→【设置格式】，展开【属性】窗格的【坐标轴选项】面板，如图 2-2-18 所示，单击【坐标轴】选项卡，修改"边界"中的"最大值"为"70"。

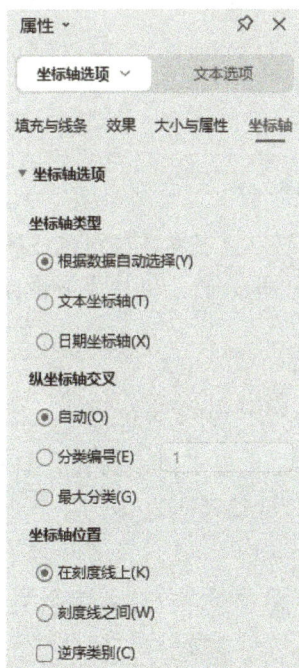

图 2-2-17　水平轴的【属性】窗格　　　　图 2-2-18　垂直轴的【属性】窗格

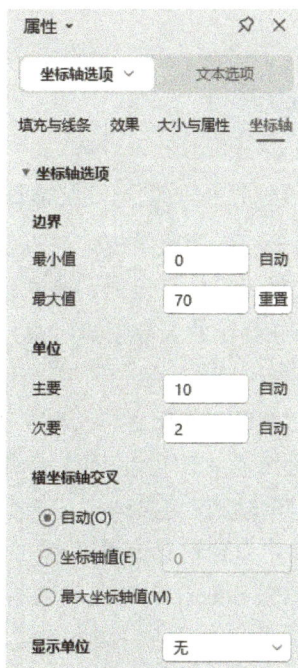

(4) 设置图例位置：选择图表中的"图例"对象，单击【图表工具】→【属性设置】→【设置格式】，展开【属性】窗格的【图例选项】面板；单击【图例】选项卡，选择"图例位置"中的"靠右"选项。

(5) 添加标题：选择图表中的图表标题，修改图表标题为"单科成绩分析图表"，并将图表标题文字设置为微软雅黑、加粗、14 磅；单击【图表工具】→【图表布局】→【添加元素】下拉列表按钮，选择【轴标题】→【主要横向坐标轴】，出现默认横坐标轴标题，修改横坐标标题名为"分数段"，将这几个文字设置为微软雅黑、12 磅；同样选择【添加元素】→【轴标题】→【主要纵向坐标轴】，出现默认纵坐标轴标题，修改纵坐标标题为"人数"，并将其设置为微软雅黑、12 磅；选择【图表工具】→【属性设置】→【设置格式】，展示【属性】窗格的【标题选项】面板，点击右侧【文本选项】面板的【文本框】选项卡，在"对齐方式"中的"文字方向"下拉列表中选择"竖排 (从右向左)"。

(6) 添加趋势线：在图表中选择"近代史"系列，单击【图表工具】→【图表布局】→【添加元素】下拉列表按钮，选择【趋势线】→【线性】，完成效果如图 2-2-4 所示。

(7) 移动图表：将图表放置到工作表 R18:Y32 单元格区域。

任务总结

通过本次任务的练习，全面理解单元格地址的引用，掌握如何插入函数、复制函数、运用函数，能高效、准确地计算和统计大量的数据。通过对图表的创建及格式化操作，又可使数据得以直观地呈现。

实践演练

入学新生信息统计表制作

小胡就职于一所职业学校，并担任班主任助理一职。他现在需要对班级新生的入学基本情况做相应统计，分析性别、生源地、平均分、男女生人数及投档成绩排位等数据，并对各省按不同分数段的人数创建"成绩分析图"。

1. 操作要求

(1) 打开"项目二\任务二\班级新生统计表（素材）"WPS 表格文件，将 Sheet1 工作表中表格标题区域 A1:I1、K1:L1 合并居中，把字体设置为宋体、28 磅；将表头 (A2:K2 单元格区域) 字体设置为黑体、12 磅；将单元格区域 A3:I26、K2:L6 的字体设置为微软雅黑、11 磅，字体颜色设置为深蓝色。

(2) 自动调整 Sheet1 工作表中表格的行高和列宽，将表格文字设置为水平居中格式。

(3) 为数据表添加黑色、细实线边框。

(4) 利用 MID 函数从考生号中提取出生源地代码。考生号中第 3、4 位代表生源地代码。

(5) 利用 IF、MOD、MID 函数从身份证号码中提取考生性别。身份证号第 17 位判断性别，单数为男，双数为女。

(6) 用排位函数 RANK 计算名次；用求和、求平均函数分别计算统计表中新生的总成绩及平均分，并保留一位小数；使用条件计数函数 COUNTIF 统计男女生的人数；用数字统计函数 COUNT 或数值统计函数 COUNTA 统计班级的总人数。

(7) 利用工作表中的姓名、投档成绩列，在该工作表中创建一个分离型立体饼图。删除图例，图表样式为"样式 5"，图表标题为"投档成绩"，字体为宋体、加粗、18 磅；添加数据标签为类别名称，显示位置在数据标签外；移动图表至新工作表 Chart1，设置图表高度 17 厘米、宽度 26 厘米。

(8) 将文件另存到 E 盘，修改文件名为"班级新生统计表 .et"。

2. 作品效果图

入学新生信息统计表的完成效果如图 2-2-19～图 2-2-21 所示。

班级新生统计表								
考生号	生源地代码	姓名	性别	联系电话	身份证号	录取专业	投档成绩	名次
16510803602017	51	许颖	女	15682516258	51092219970516266X	建筑工程技术	342.06815	15
16510803602038	51	陈冬	男	18048338728	51092219980902633X	建筑工程技术	343.04414	14
16510401602021	51	邓世林	男	18281234993	511528199708102417	建筑工程技术	343.06514	13
16510401602031	51	段海霞	女	18111520519	510504199804260666	建筑工程技术	346.08213	12
16511404602021	51	和乾	男	13548340046	51302219970108437X	建筑工程技术	355.09214	10
16500132660521	50	李飞	男	15023437413	500236199704243871	建筑工程技术	397.0922	2
16500115640109	50	梁硕	男	18832912059	500382199711308530	建筑工程技术	334.06714	17
16500129640338	50	刘思佳	男	18223523209	500234199603300017	建筑工程技术	335.09015	16
16500123640006	50	刘尧	女	15720438950	500231199605075281	建筑工程技术	362.09515	7
16500115640019	50	卢祥	男	18332126543	500382199710289075	建筑工程技术	363.09216	6
16500112640844	50	罗美林	女	15115218281	500222199711114321	建筑工程技术	389.09512	3

图 2-2-19　"班级新生统计表"效果图 (部分)

情况分析表	
总成绩	8099.1
平均分	337.5
男生人数	17
女生人数	7
班级总人数	24

图 2-2-20　"情况分析表"效果图

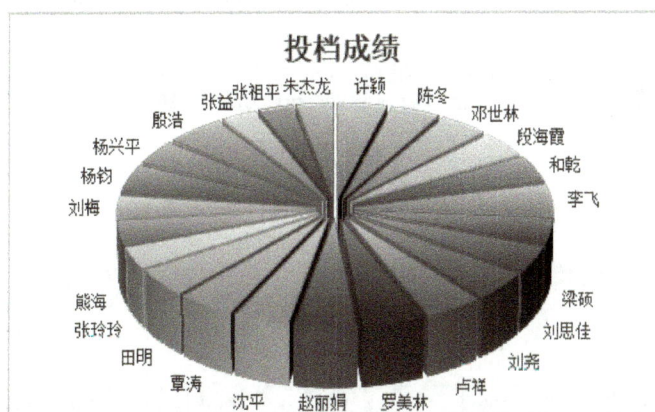

图 2-2-21　"投档成绩"图表效果图

任务三　制作车库收费情况统计表

任务简介

某停车场为了让利消费者，计划从 2019 年 7 月 1 日起从原来"不足 30 分钟按 30 分钟收费"调整为"不足 30 分钟不收费"的收费政策。停车场经理为了解实行优惠政策后停车场收入的减少情况，特要求办公室小李对 2019 年 5 月中的几天的收费数据按新旧政策标准进行比较分析。小李完成数据统计后的效果如图 2-3-1、图 2-3-2 所示。

序号	车牌号码	车型	车颜色	收费标准	进场日期	进场时间	出场日期	出场时间	停放时间	收费金额	拟收费金额	差值
1	渝D86761	大型车	银灰色	2.50	2019年5月26日	0:15:00	2019年5月26日	5:29:02	5时14分	¥27.50	¥25.00	¥2.50
2	渝DA7294	中型车	黑色	2.00	2019年5月26日	1:19:00	2019年5月26日	6:35:02	5时16分	¥22.00	¥20.00	¥2.00
3	渝F91R59	大型车	深蓝色	2.50	2019年5月26日	1:31:00	2019年5月26日	10:05:03	8时34分	¥45.00	¥42.50	¥2.50
4	渝DD2510	小型车	深蓝色	1.50	2019年5月26日	1:35:00	2019年5月26日	13:43:04	12时08分	¥37.50	¥36.00	¥1.50
5	川K47364	中型车	黑色	2.00	2019年5月26日	1:37:00	2019年5月26日	18:04:05	16时27分	¥66.00	¥64.00	¥2.00
6	渝F7L876	中型车	深蓝色	2.00	2019年5月26日	1:52:01	2019年5月26日	10:43:03	8时51分	¥36.00	¥34.00	¥2.00
7	渝B37606	中型车	黑色	2.00	2019年5月26日	2:00:01	2019年5月26日	15:02:04	13时02分	¥54.00	¥52.00	¥2.00
8	渝E20P70	中型车	白色	2.00	2019年5月26日	2:14:01	2019年5月26日	13:24:04	11时10分	¥46.00	¥44.00	¥2.00
9	渝D6Q864	大型车	黑色	2.50	2019年5月26日	2:21:01	2019年5月26日	18:28:05	16时07分	¥82.50	¥80.00	¥2.50
10	渝D1J892	小型车	银灰色	1.50	2019年5月26日	3:41:01	2019年5月26日	20:12:06	16时31分	¥51.00	¥49.50	¥1.50
11	渝A53Q90	中型车	白色	2.00	2019年5月26日	3:51:01	2019年5月26日	17:53:05	14时02分	¥58.00	¥56.00	¥2.00
12	渝A17178	中型车	深蓝色	2.00	2019年5月26日	4:20:01	2019年5月26日	17:48:05	13时28分	¥54.00	¥52.00	¥2.00
13	渝C2A232	小型车	深蓝色	1.50	2019年5月26日	5:00:01	2019年5月26日	13:35:04	8时35分	¥27.00	¥25.50	¥1.50
14	渝A2D013	小型车	银灰色	1.50	2019年5月26日	5:22:02	2019年5月26日	10:00:03	4时38分	¥15.00	¥13.50	¥1.50
15	渝AU2353	大型车	深蓝色	2.50	2019年5月26日	5:58:02	2019年5月26日	7:04:02	1时06分	¥7.50	¥5.00	¥2.50

图 2-3-1　"停车收费记录"工作表效果图 (部分)

	A	B	C	D	E
1	求和项:收费金额	进场日期			
2	车型	2019/5/26	2019/5/27	2019/5/28	总计
3	大型车	447.5	235	402.5	1085
4	小型车	303	220.5	85.5	609
5	中型车	708	334	408	1450
6	总计	1458.5	789.5	896	3144
7					
8					
9	求和项:拟收费金额	进场日期			
10	车型	2019/5/26	2019/5/27	2019/5/28	总计
11	大型车	415	220	377.5	1012.5
12	小型车	286.5	207	79.5	573
13	中型车	666	312	384	1362
14	总计	1367.5	739	841	2947.5
15					
16					
17	求和项:差值	进场日期			
18	车型	2019/5/26	2019/5/27	2019/5/28	总计
19	大型车	32.5	15	25	72.5
20	小型车	16.5	13.5	6	36
21	中型车	42	22	24	88
22	总计	91	50.5	55	196.5

图 2-3-2　"数据透视分析"工作表效果图

任务目标

进一步熟悉单元格格式设置、工作表格式化操作；了解 VLOOKUP 的主要功能、适用范围，掌握 VLOOKUP 的用法；掌握时间函数及 MOD、INT 函数的用法；熟悉数据透视表的应用。

知识点

- 单元格格式设置。
- 函数的使用：VLOOKUP、HOUR、MINUTE、SUM 函数和 & 运算符。
- 数据透视表的设置。
- 格式化工作表。

任务实施

1. 单元格格式设置

(1) 打开"项目二 \ 任务三 \ 车库收费情况统计表 (素材).et"文件，以"车库优惠数据分析 .et"为文件名将文件另存于 E 盘。

(2) 利用 Ctrl 键选中 E、K、L、M 四列不连续单元格，单击【开始】→【数字格式】功能组启动按钮 ⅟，打开如图 2-3-3 所示的【单元格格式】对话框，在【数字】选项卡中选择"货币"，在"小数位数"中输入"2"，单击【确定】按钮。

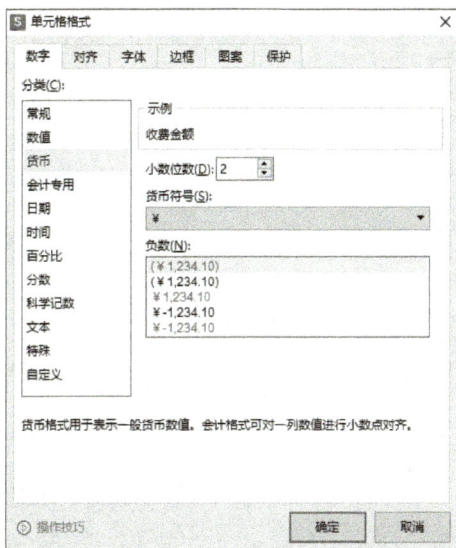

图 2-3-3　【单元格格式】对话框

2. 函数的应用

1) VLOOKUP 函数的使用

VLOOKUP 函数是 WPS 表格中的高级功能，通过 VLOOKUP 函数可以调用符合条件的数据，在大量调用时可以节省查找复制数据的时间，提高效率。

例如，图 2-3-4 所示的"停车收费记录"工作表中的记录较多，如果一一查找后粘贴，花费的时间较多，工作效率也低，使用 VLOOKUP 函数是最简单、最快捷的方法。"收费标准"，工作表如图 2-3-5 所示。

序号	车牌号码	车型	车颜色	收费标准	进场日期
1	渝D86761	大型车	银灰色		2019年5月26日
2	渝DA7294	中型车	黑色		2019年5月26日
3	渝F91R59	大型车	深蓝色		2019年5月26日
4	渝DD2510	小型车	深蓝色		2019年5月26日
5	川K47364	中型车	黑色		2019年5月26日
6	渝F7L876	中型车	深蓝色		2019年5月26日
7	渝B37606	中型车	黑色		2019年5月26日
8	渝E20P70	中型车	白色		2019年5月26日
9	渝D6Q864	大型车	黑色		2019年5月26日
10	渝D1J892	小型车	银灰色		2019年5月26日

图 2-3-4 "停车收费记录"工作表 (部分)

收费标准	
车型	元/30分钟
小型车	1.5
中型车	2.0
大型车	2.5

说明：不足30分钟按30分钟收费

图 2-3-5 "收费标准"工作表

要将"收费标准"工作表的数据通过 VLOOKUP 函数直接填入到"停车收费记录"工作表中的"收费标准"字段里面，操作步骤如下：

(1) 在"停车收费记录"工作表中选中 E2 单元格，单击【公式】→【快速函数】→【插入函数】功能按钮，弹出如图 2-3-6 所示的【插入函数】对话框；在"或选择类别"中选择"查找与引用"，在"选择函数"中选择"VLOOKUP"函数，单击【确定】按钮。

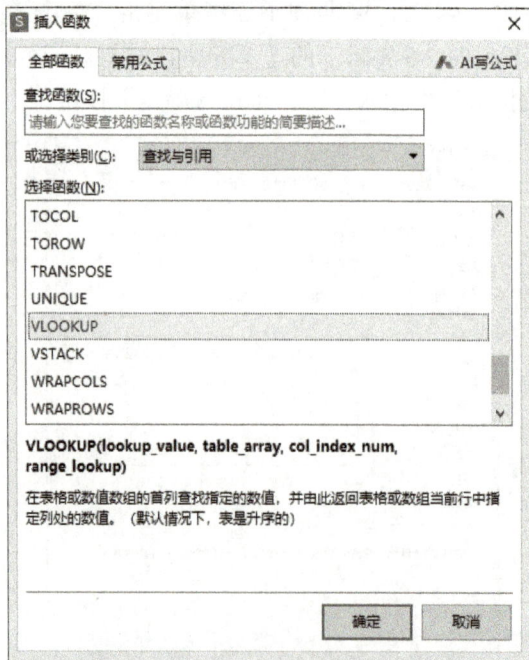

图 2-3-6 【插入函数】对话框

(2) 上一步操作后,出现 VLOOKUP 函数的【函数参数】对话框,如图 2-3-7 所示;在"查找值"中输入两个表中共有字段数据的引用"C2",光标定位在"数据表"输入框中,选择"收费标准"工作表的 A2:B5 单元格区域,并设置为绝对地址引用,在"列序数"输入框中输入要返回的数据列序号"2",在"匹配条件"输入框中输入"FALSE",单击【确定】按钮完成设置。

完成后的函数公式为"=VLOOKUP(C3, 收费标准 !$A$2:$B$5,2,FALSE)"。利用填充柄复制公式向下填充到 E101 单元格。

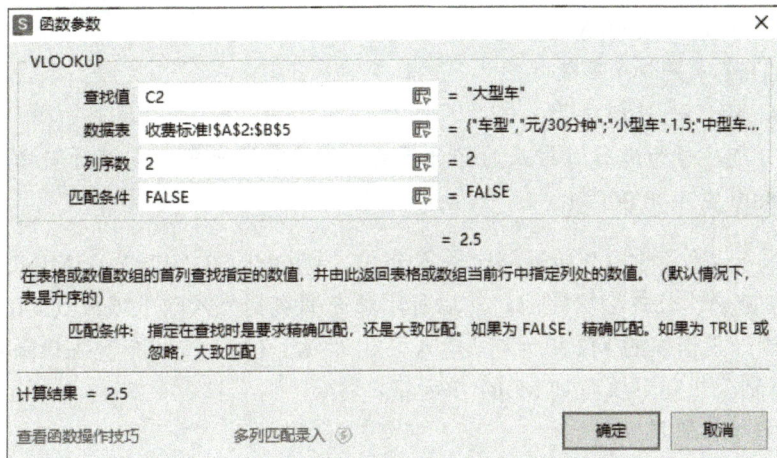

图 2-3-7 "VLOOKUP 函数"的【函数参数】对话框

VLOOKUP(纵向查找) 函数

语法:VLOOKUP (查找值 , 数据表 , 列序数 , 匹配条件)。

参数:查找值为需要在数据表第一列中查找的数值,可以为数值、引用或文本字符串;数据表是需要在其中查找信息的数据表,可以使用对区域或区域名称的引用;列序数为待返回的信息的列序号,为 1 时返回数据表第 1 列中的数值;匹配条件指定在查找时是要求精确匹配还是大致匹配,如果为 FALSE 表示精确匹配,为 TRUE 或忽略表示大致匹配,一般情况下都选择精确匹配,即输入"FALSE"或"0"。

2) 时间函数的使用

(1) 选中"停车收费记录"工作表的 J 列单元格,单击【开始】→【数字格式】功能组启动按钮,打开【单元格格式】对话框,在"分类"中选择"时间",在"类型"中选择"×× 时 ×× 分"样式,单击【确定】按钮。

(2) 选择"停车收费记录"工作表的 J2 单元格,输入公式"=(H2&I2)-(F2&G2)",按回车键确认函数编辑完成,然后利用填充柄复制公式向下填充到 J101 单元格。

1. "&" 是连接运算符,表示将两个单元格的内容合并到一个单元格。如有多个连接符,则将多个单元格内容合并到一个单元格。例如:单元格 1& 单元格 2& 单元格 3& 单元格 4,则表示将 4 个单元格的内容合并到一个单元格。H2&I2 表示日期连接时间,得到另一个日期。

2. 日期减日期得到两个日期相差的时间。

(3) 选择"停车收费记录"工作表的 K2 单元格，输入函数"=HOUR(J2)*E2*2+IF(MINUTE(J2)=0,0,IF(MINUTE(J2)

<=30,E2,E2*2))"，按回车键确认函数编辑完成，然后利用填充柄复制公式向下填充到 K101 单元格。

> 1. HOUR(求小时) 函数
> 语法：HOUR(日期序号)。
> 参数：日期序号为进行日期及时间计算的日期 - 时间代码，或以时间格式表示的文本，如 16:48:00 或 4:48:00PM。
> 2. MINUTE(求分钟) 函数
> 语法：MINUTE(日期序号)。
> 参数：日期序号为进行日期及时间计算的日期 - 时间代码，或以时间格式表示的文本，如 16:48:00 或 4:48:00PM。

(4) 选择同一工作表的 L2 单元格，输入公式"=HOUR(J2)*E2*2+IF(MINUTE(J2)<30,0,E2)"，按回车键确认公式编辑完成，然后利用填充柄复制公式向下填充到 L101 单元格。

(5) 选择同一工作表的 M2 单元格，输入公式"=K2-L2"，按回车键确认函数编辑完成。利用填充柄复制公式向下填充到 M101 单元格。

3) SUM 函数的使用

单击 A102 单元格，输入"总计"，选中 A102:B102 两个单元格，单击【开始】→【对齐方式】→【合并及居中】按钮。然后选择 K102 单元格，单击【公式】→【快速函数】→【自动求和】按钮，在 K102 单元格即显示公式"=SUM(K2:K101)"，接着利用填充柄复制公式向右填充到 M102 单元格。

3. 格式化工作表

(1) 选择"停车收费记录"工作表的 A1:M102 单元格区域，单击【开始】→【样式】→【套用表格样式】下拉列表按钮，如图 2-3-8 所示，在"主题颜色"中选择第六种颜色"矢车菊兰"，在"预设样式"中选择"表样式 2"，弹出【套用表格样式】对话框；如图 2-3-9 所示，确认表数据来源及选项没有问题，单击【确定】按钮。

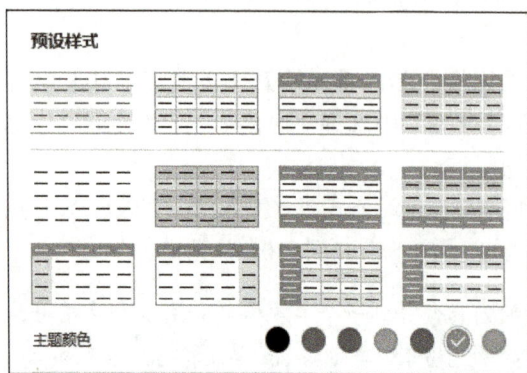

图 2-3-8【套用表格样式】下拉列表   图 2-3-9【套用表格样式】对话框

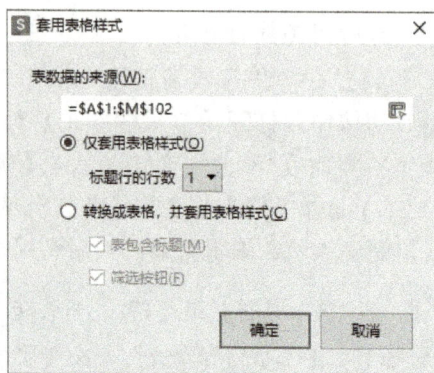

(2) 选中"收费金额""拟收费金额"和"差额"三列数据，单击【开始】→【数字】→【货

币】,然后单击【确认】按钮完成设置。

(3) 选择 K2:K101 单元格区域,单击【开始】→【样式】→【条件格式】→【新建规则】,弹出【新建格式规则】对话框,如图 2-3-10 所示,在"选择规则类型"中选择"只为包含以下内容的单元格设置格式"选项,在"编辑规则说明"中将"单元格值"设置为"大于或等于 50"的条件,然后单击【格式】按钮,在出现的【单元格格式】对话框中点击【字体】选项框,设置字体"颜色"为红色,接着点击【图案】选项卡将"单元格底纹"设置为黄色,点击【确定】按钮,回到【新建格式规则】对话框,再次单击【确定】按钮完成设置。

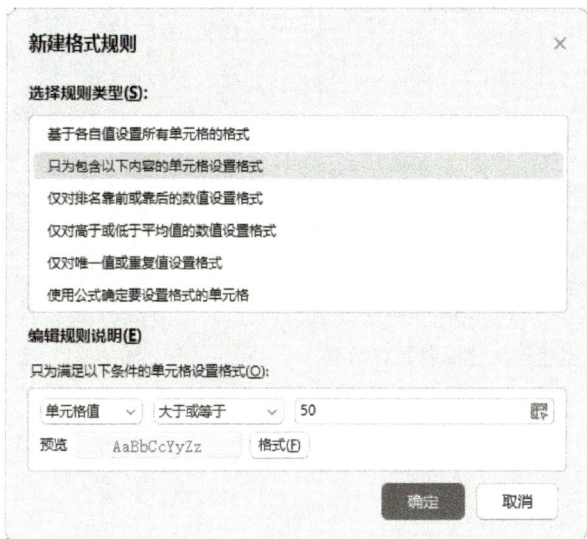

图 2-3-10　【新建格式规则】对话框

4. 创建数据透视表

(1) 选择 A1:M101 单元格区域,单击【插入】→【表格】→【数据透视表】,弹出如图 2-3-11 所示的【创建数据透视表】对话框,保持默认设置,单击【确定】按钮;在当前工作表左侧出现"Sheet1"工作表。

(2) 右键单击"Sheet1"工作表标签,选择【重命名】,输入"数据透视分析"后按回车键确定。

(3) 删除"数据透视分析"工作表打开前面两个空行,利用【数据透视表】的【字段列表】窗格进行布局,如图 2-3-12 所示。拖动"车型"到"行"区域,拖动"进场日期"到"列"区域,拖动"收费金额"到"值"区域。

(4) 鼠标定位到"停车收费记录"工作表的任意数据单元格,单击【插入】→【数据透视表】,弹出【创建数据透视表】对话框,在"请选择单元格区域"输入框中显示修改为"停车收费记录 !$A$1:$M$101",在"请选择放置数据透视表的位置"下的两个选项中,点击"现有工作表"选项,在输入框中选择"数据透视分析 !$A$9",单击【确定】按钮;然后利用与步骤 (3) 相同的方法按"车型"的"进场日期"统计出"拟收费金额"之和。

(5) 按同样的方法在"数据透视分析 !$A$17"单元格位置,利用数据透视表统计出按"车型"的"进场日期"的"差值"之和。设置完成后效果如图 2-3-2 所示。

以上任务完成后按原文件名保存。

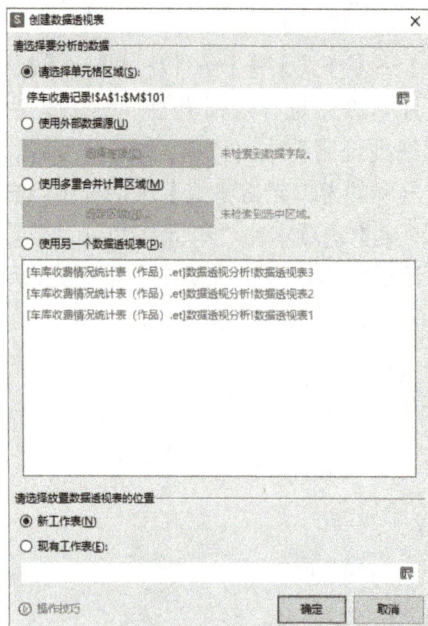

图 2-3-11　【创建数据透视表】对话框　　　　图 2-3-12　【字段列表】窗格

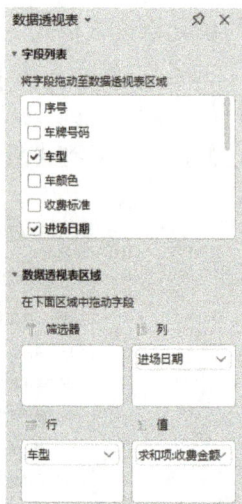

任务总结

　　本次任务主要学习了 VLOOKUP 函数的使用，VLOOKUP 函数要求两个工作表中必须要有相同的字段，主要是进行两个表格中间有比对源后相关资料的对比，以及把第二个表格中间有而第一个表格中间没有的信息整合到第一个表格中间。只有了解了该函数的功能，才能灵活运用。

　　关于时间函数需要注意的是几种算法，包括日期、数值之间的计算，还要注意最终得到的是什么类型的数据。

　　数据透视图和透视表的用处很大，对复杂的数据统计非常有效，它集合了分类汇总、筛选和排序三种数据处理方法，且统计方式和布局更加灵活。

实践演练

网吧收费情况统计表制作

　　大学生小刘暑假期间为了给家里减轻经济负担到网吧做兼职。网吧老板以前一直都是用人工登记时间并进行收费的。他问小刘有没有简便的办法减少计算的失误。小刘根据老板的要求设计了一个 WPS 表格，解决了老板的后顾之忧，提高了工作效率。

　　1. 操作要求

　　(1) 打开"项目二 \ 任务三 \ 网吧收费情况统计表 .et"表格文件。将 Sheet1 工作表重命名为“上网人员基本信息”，Sheet2 工作表重命名为“网吧月收入统计”，Sheet3 工作表重命名为“2019 年年卡名单”。

(2) 数据清单 (A2:I34 单元格) 区域设置居中对齐；外框线为黑色粗实线，内框线为绿色细实线；列宽为自动调整列宽。

(3) 将 E、F 两列设置成日期型数据，格式如样例“2019-7-22 13:30”。

(4) 利用“开始时间”列和“结束时间”列计算“上网时间”列，单元格格式为时间类型中的“×× 时 ×× 分”。

(5) 在“上网费用”列前插入一列，名为“是否年卡会员”，并用 XLOOKUP 函数求出此列数据，是的显示为“是”，不是的为空。

(6) 按要求计算出“上网费用”列的数据，规则为：如果是会员，则不收费；如果不是会员，则按 2 元 / 小时收费，30 分钟以下不计费用，30 分钟以上按 1 个小时计算。

(7) 在“备注”列前插入一列，输入列名称“月份”，并用 MOUNTH 函数计算本列数据。

(8) 在“网吧月收入统计”工作表中建立数据透视表，要求按月份统计出每月上网费用的总和。

(9) 其他操作按照图 2-3-13 设置，设置完成后按原文件名保存。

2. 作品效果图

“上网人员基本信息”工作表和“网吧月收入统计”工作表的制作效果分别如图 2-3-13 和图 2-3-14 所示。

序号	姓名	性别	身份证号	开始时间	结束时间	上网时间	是否年卡会员	上网费用（元）	月份	备注
1	佀林	男	511002198303030576	2019/7/1 11:30	2019/7/1 15:42	4时12分	是	0	7月	
2	蒋家睿	男	510003198105061356	2019/7/1 12:35	2019/7/1 22:07	9时32分	是	0	7月	
3	叶丹	女	510003197802031452	2019/7/1 21:30	2019/7/2 5:38	8时08分	是	0	7月	
4	杨西	女	510003198003051379	2019/7/1 22:35	2019/7/1 23:58	1时23分	是	0	7月	
5	周在敏	女	320001197509101080	2019/7/2 8:20	2019/7/2 12:00	3时40分		8	7月	
6	赵小凤	女	330123199001011142	2019/7/2 10:12	2019/7/3 7:00	20时48分		42	7月	
7	杨孟忻	女	32000119740705111X	2019/7/3 20:55	2019/7/3 23:58	3时03分	是	0	7月	
8	张印	男	410001198001031235	2019/7/3 10:00	2019/7/4 5:11	19时11分	是	0	7月	
9	陈袁	男	500001198105041246	2019/7/26 5:58	2019/7/26 6:44	0时46分	是	0	7月	
10	黄科	男	510003198506071248	2019/7/26 6:28	2019/7/26 15:01	8时33分	是	0	7月	
11	陈思静	女	510003198305151240	2019/7/26 7:31	2019/7/26 21:26	13时55分		28	7月	
12	雷豪	男	510002198002034568	2019/7/26 9:31	2019/7/26 16:32	7时01分	是	0	7月	
13	吴继苗	男	520001197904051270	2019/7/26 13:31	2019/7/27 0:03	10时31分	是	0	7月	
14	谭军	男	500012198104174570	2019/7/26 14:37	2019/7/26 19:32	4时55分	是	0	7月	
15	刘林	男	511002198102020763	2019/7/26 18:58	2019/7/27 6:48	11时49分	是	0	7月	
16	冯昊	男	513002198203051759	2019/7/26 19:09	2019/7/26 20:05	0时56分	是	0	7月	
17	李文霏	女	500023197004176751	2019/7/26 21:12	2019/7/27 12:11	14时58分		30	7月	

上网人员基本信息　网吧月收入统计　2019年年卡名单

图 2-3-13　“上网人员基本信息”工作表效果图 (部分)

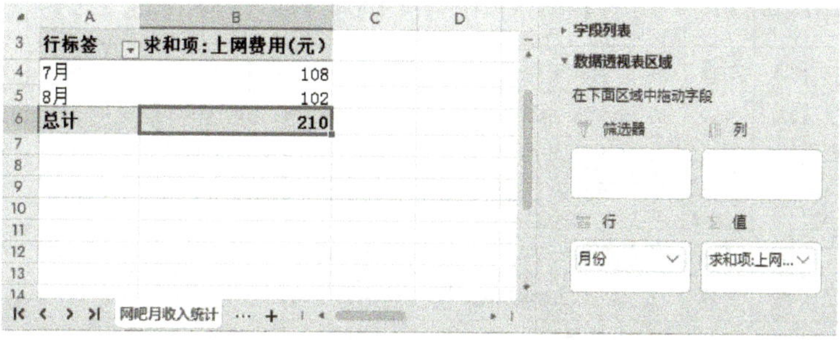

图 2-3-14　“网吧月收入统计”工作表效果图

任务四　教师档案管理

任务简介

小陶是某学校人事处干事，主要负责全校教职工人事档案的管理工作以及人事信息的管理和统计资料的上报工作。他需要对学校教职工的信息进行处理，处理后的效果如图 2-4-1 和图 2-4-2 所示。

序号	部门	工号	姓名	性别	身份证号	出生日期	年龄	来校时间	校龄	职务	职务级别	教师性质
						教师档案信息表						
8	教育技术信息中心.计算机中心	0269	刘栋	男	500233197708202010	1977年08月20日	46	2001-8-3	22	常务副主任	正科级	兼职
24	教育技术信息中心.计算机中心	0269	张栋	男	513023197708232511	1977年08月23日	46	2001-8-3	22	常务副主任	正科级	兼职
4	计算机学院	2271	冯院	男	230104197601153415	1976年01月15日	48	2008-2-19	15	副院长	副校级	兼职
20	计算机学院	2271	冯小刚	男	230104197601153415	1976年01月15日	48	2008-2-19	15	副院长	副校级	兼职
7	技能培训学院	0021	刘庆	男	511202197410252533	1974年10月25日	49	1998-9-11	25	副院长	副处级	兼职
23	技能培训学院	0021	刘大海	男	511202197410252533	1974年10月25日	49	1998-9-11	25	副院长	副处级	兼职
1	教育技术信息中心	0078	曹小平	男	51052319791221527X	1979年12月21日	44	2001-7-1	22	副主任	副处级	兼职
17	教育技术信息中心	0078	张平	男	51052319791221527X	1979年12月21日	44	2001-7-1	22	副主任	副处级	兼职
		8										兼职计数
11	计算机学院.网络教研室	0202	罗强	男	510229197504162114	1975年04月16日	48	2002-8-10	21	教师	正科级	专职
27	计算机学院.网络教研室	0202	张强	男	510229197504162114	1975年04月16日	48	2002-8-10	21	教师	正科级	专职

图 2-4-1　"教师档案信息表"效果图 (部分)

年龄	校龄
>45	
	>=25

序号	部门	工号	姓名	性别	身份证号	出生日期	年龄	来校时间	校龄	职务	职务级别	教师性质
8	教育技术信息中心.计算机中心	0269	刘栋	男	500233197708202010	1977年08月20日	46	2001-8-3	22	常务副主任	正科级	兼职
24	教育技术信息中心.计算机中心	0269	张栋	男	513023197708232511	1977年08月23日	46	2001-8-3	22	常务副主任	正科级	兼职
11	计算机学院.网络教研室	0202	罗强	男	510229197504162114	1975年04月16日	48	2002-8-10	21	教师	正科级	专职
27	计算机学院.网络教研室	0202	张强	男	510229197504162114	1975年04月16日	48	2002-8-10	21	教师	正科级	专职
4	计算机学院	2271	冯院	男	230104197601153415	1976年01月15日	48	2008-2-19	15	副院长	副校级	兼职
20	计算机学院	2271	冯小刚	男	230104197601153415	1976年01月15日	48	2008-2-19	15	副院长	副校级	兼职
7	技能培训学院	0021	刘庆	男	511202197410252533	1974年10月25日	49	1998-9-11	25	副院长	副处级	兼职
23	技能培训学院	0021	刘大海	男	511202197410252533	1974年10月25日	49	1998-9-11	25	副院长	副处级	兼职
9	计算机学院.网络教研室	0201	龙冰	女	510223197207110201	1972年07月11日	51	1998-5-8	25	教师		专职
25	计算机学院.网络教研室	0201	刘冰	男	510200197904282455	1979年04月28日	44	1998-5-8	25	教师		专职

图 2-4-2　"高级筛选"效果图

任务目标

本任务主要介绍将文本数据导入 WPS 表格中的方法及步骤，通过文本数据导入的讲解，自主学习并掌握从网站、数据库等获取数据的方法，同时掌握时间函数的计算，利用身份证号码计算性别、出生日期、年龄等，熟悉高级筛选的使用方法。

知识点

- 单元格格式设置。
- 获取外部数据的方式：自文本、自网络、自 Access、自其他来源。
- MID、DATEDIF、TODAY 函数的综合运用，利用身份证号码计算各种数据。
- 日期数据的计算。
- 数据处理：排序、筛选、高级筛选、分类汇总。
- 保护工作表、格式化工作表。

任务实施

1. 创建文档

新建一个空白的 WPS 表格文件，在 A1 单元格输入"教师档案信息表"作为表格标题。单击【保存】按钮，将文档以文件名"教师档案信息表 .et"保存。

2. 获取外部数据

(1) 将鼠标定位在 Sheet1 工作表的 A2 单元格，单击【数据】→【获取外部数据】→【获取数据】下拉列表中的【导入数据】，在出现的警示对话框中点击【确定】按钮，弹出如图 2-4-3 所示的【第一步：选择数据源】对话框，点击【下一步】按钮 (或点击【选择数据源】按钮)，出现文件的【打开】窗口，在其中找到"项目二 \ 任务四 \ 教师档案信息 (素材).txt"文件，点击【打开】按钮。

(2) 在弹出的【文件转换】对话框，保留"文本编码"里选中"其他编码"选项的默认设置，点击【下一步】按钮；弹出如图 2-4-4 所示的【文本导入向导 -3 步骤之 1】对话框，同样保留默认设置，单击【下一步】按钮。

(3) 上一步操作后，弹出【文本导入向导 -3 步骤之 2】对话框，如图 2-4-5 所示。因为文本文件是以逗号隔开的，所以在对话框的"分隔符号"中选中"逗号"选项，在数据预览中将文本数据分隔开，再单击【下一步】按钮。

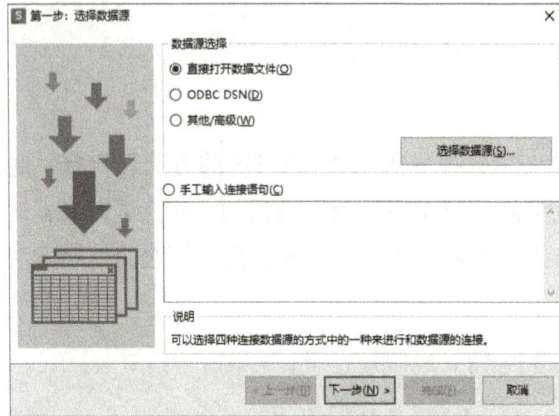

图 2-4-3 【第一步：选择数据源】对话框

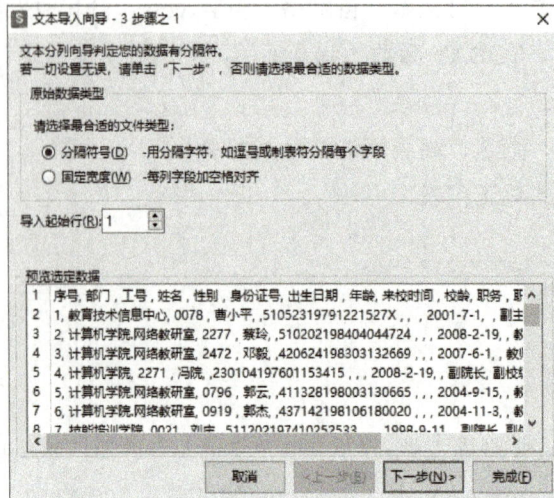

图 2-4-4 【文本导入向导 -3 步骤之 1】对话框

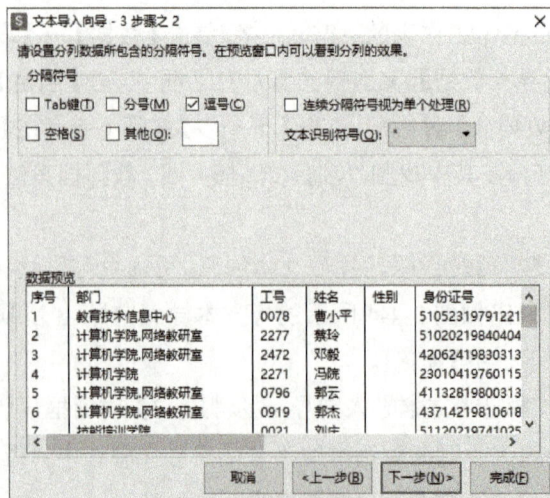

图 2-4-5 【文本导入向导 -3 步骤之 2】对话框

(4) 如图 2-4-6 所示，上一步操作后弹出【文本导入向导 -3 步骤之 3】对话框。在"数据预览"中选中"工号"列，在"列数据类型"中选择"文本"；同样选中"身份证号"列，在"列数据类型"中选择"文本"；分别选中"出生日期""来校时间"列，在"列数据类型"中选择"日期"，单击【完成】按钮。

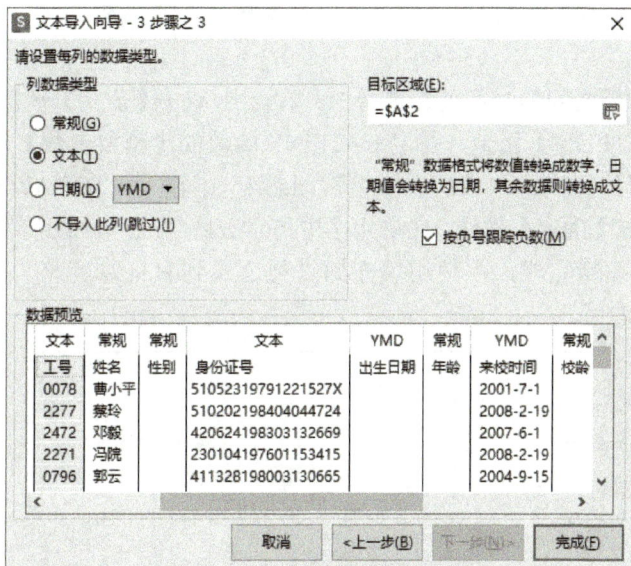

图 2-4-6 【文本导入向导 -3 步骤之 3】对话框

(5) 选择导入的 B2:M34 数据区域，点击区域左上角的【错误检查】下拉列表按钮 ，如图 2-4-7 所示，选择"清空前后空字符串"选项，即可将单元格中存在的空格字符删除。

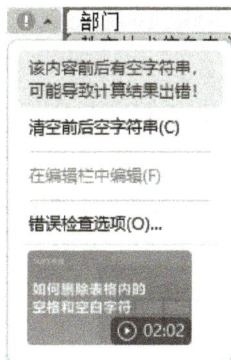

图 2-4-7 【错误检查】下拉列表

　1. 获取外部数据的渠道主要有从数据库文件中获取、从网站中获取、从文本中获取、从数据链接中获取。

　2. 导入数据时，可以用分隔符号和固定宽度两种方法进行数据分隔，固定宽度主要用于规则的数据。

　3. 获取外部数据均可根据导入向导进行操作。

3. 公式和函数的综合运用

(1) 根据身份证号计算性别：选择 E3 单元格，输入 "=IF(MOD(MID(F3,17,1),2)=0," 女 "," 男 ")"，按回车键确认函数编辑完成，再使用填充柄复制公式到 E34 单元格。

(2) 根据身份证号计算出生日期：选择 G3 单元格，输入 "=MID(F3,7,4)&" 年 "&MID(F3,11,2)&" 月 "&MID(F3,13,2)&" 日 ""，按回车键确认函数编辑完成，再使用填充柄复制公式到 G34 单元格。

(3) 计算两个时期之间的时间值：选择 H3 单元格，点击【公式】→【函数库】→【时间】下拉列表中的【DATEDIF】函数，弹出 DATEDIF 函数的【函数参数】对话框，如图 2-4-8 所示，在"开始日期"中输入"G3"，在"终止日期"中输入"TODAY()"，在"比较单位"中输入""Y""，点击【确定】按钮，在单元格中显示公式 "=DATEDIF(G3,TODAY(),"Y")"，按回车键确认函数编辑完成，再使用填充柄复制公式到 H34 单元格。运用相同的函数计算出 J3:J34 单元格的值。

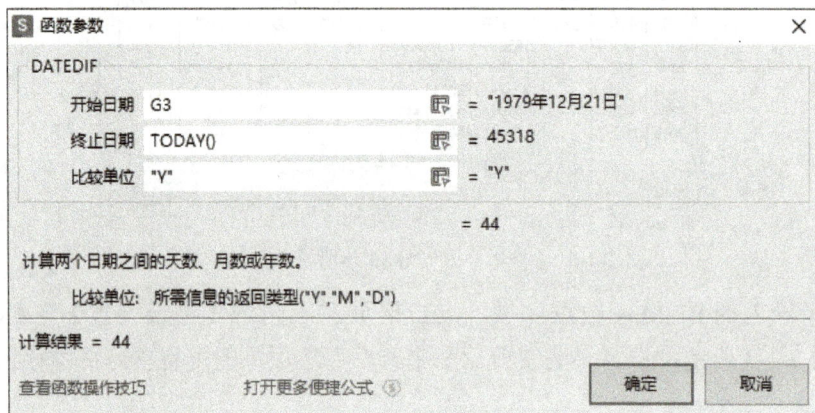

图 2-4-8 "DATEDIF" 函数的【函数参数】对话框

1. DATEDIF(日期间隔) 函数

语法：DATEDIF(开始日期，终止日期，比较单位)。

参数：开始日期是一串代表起始日期的日期数据，终止日期是一串代表终止日期的日期数据，比较单位是指所需信息的返回类型，各代码含义如下：

★ "Y" 表示返回时间段中的整年数；

★ "M" 表示返回时间段中的整月数；

★ "D" 表示返回时间段中的天数。

功能：计算两个日期之间的年数、月数或天数。

2. TODAY(当前日期) 函数

语法：TODAY()。

参数：无。

功能：返回计算机系统的当前日期。

4. 格式化工作簿

(1) 选择 A1:M1 单元格区域，单击【开始】→【对齐方式】→【合并及居中】按钮；

单击【开始】→【字体】功能组，设置字体为华文楷体、加粗、20 磅。

(2) 选中 A2:M34 单元格区域，选择【开始】→【字体】功能组，设置字体为宋体，字号为 12 磅；选择【开始】→【边框】下拉列表中【所有框线】按钮。选中表格第 2 行，单击【开始】→【字体】→【加粗】按钮。

(3) 选中 B 列，按住 Ctrl 键，继续单击 F、G 和 I 列，单击【开始】→【对齐方式】组→【左对齐】；用同样的方法设置其余列为居中对齐，使第 2 行居中对齐。选择 A:M 列，将光标置于其中两列之间，当指针变成"➕"时双击鼠标左键，列宽根据内容自动调整。

(4) 选择 M3:M34 单元格区域，单击【开始】→【样式】→【条件格式】→【突出显示单元格规则】→【等于】，弹出如图 2-4-9 所示的【等于】对话框，在"为等于以下值的单元格设置格式："下的输入框中输入"兼职"，在"设置为"中选择"红色文本"，单击【确定】按钮。

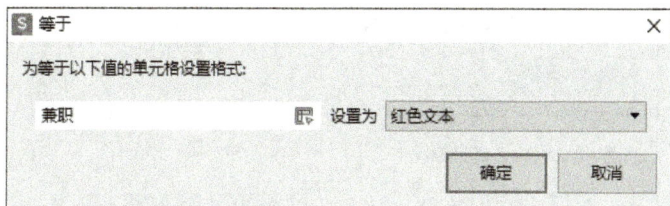

图 2-4-9 【等于】对话框

(5) 选择 Sheet1 工作表标签，单击鼠标右键，在弹出的快捷菜单中选择【重命名】，输入"教师档案信息表"，按回车键完成设置。再次单击鼠标右键，在弹出的快捷菜单中选择【工作表标签】→【标签颜色】→红色。

(6) 单击【页面】→【打印设置】，弹出如图 2-4-10 所示的【页面设置】对话框。在【页面】选项卡里将"方向"设置为横向，"纸张大小"设置为 A4。

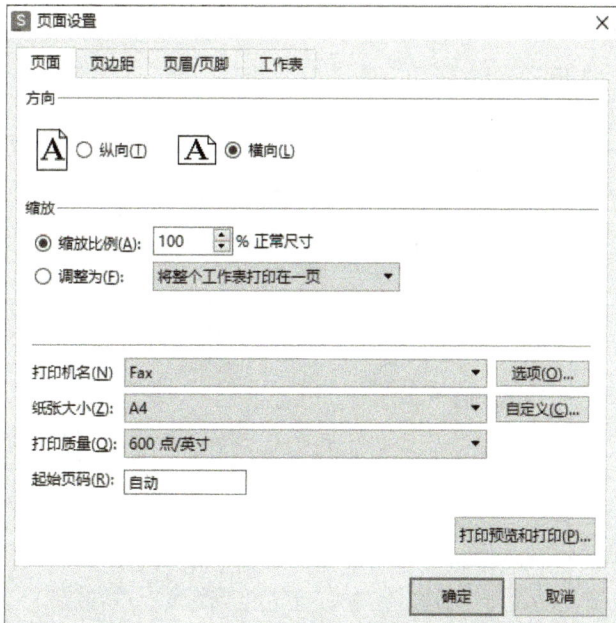

图 2-4-10 【页面设置】之【页面】选项卡

(7) 在图 2-4-10 所示的【页面设置】对话框中单击【页边距】选项卡，弹出如图 2-4-11 所示的对话框，左、右边距设置为 "1"，上、下边距设置为 "2"，"居中方式" 选择 "水平" 选项。

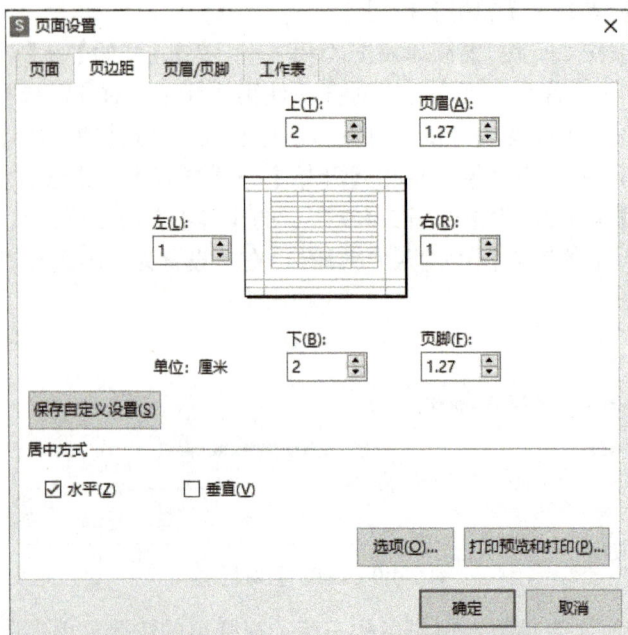

图 2-4-11　【页面设置】之【页边距】选项卡

(8) 在同一对话框中选择【页眉 / 页脚】选项卡，单击【自定义页眉】，弹出如图 2-4-12 所示的【页眉】对话框，在 "左" 文本框中输入 "教师档案信息表"，点击【字体】按钮 A，在【字体】对话框中设置文字为宋体、加粗、10 磅，依次单击【确定】按钮，返回到【页眉 / 页脚】选项卡。

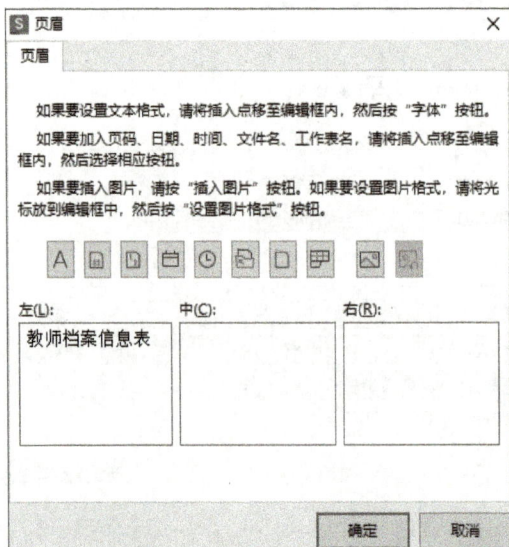

图 2-4-12　【页面设置】之【页眉】对话框

(9) 单击【自定义页脚】按钮，弹出如图 2-4-13 所示的【页脚】对话框，在"右"侧输入"第页，共页"，再设置字体为宋体、加粗、9 磅，将光标指针定位到"第"和"页"之间，单击【页码】按钮▣，将光标指针定位到"共"和"页"之间，单击【总页数】按钮▣，再单击【确定】按钮；返回到【页眉 / 页脚】选项卡，完成页眉 / 页脚设置，效果如图 2-4-14 所示。

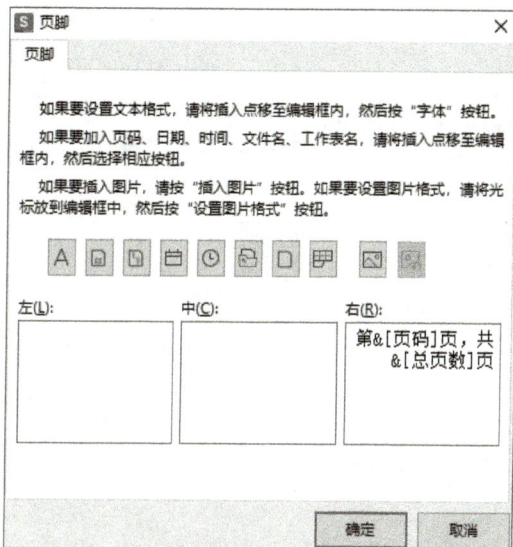

图 2-4-13　【页面设置】之【页脚】对话框

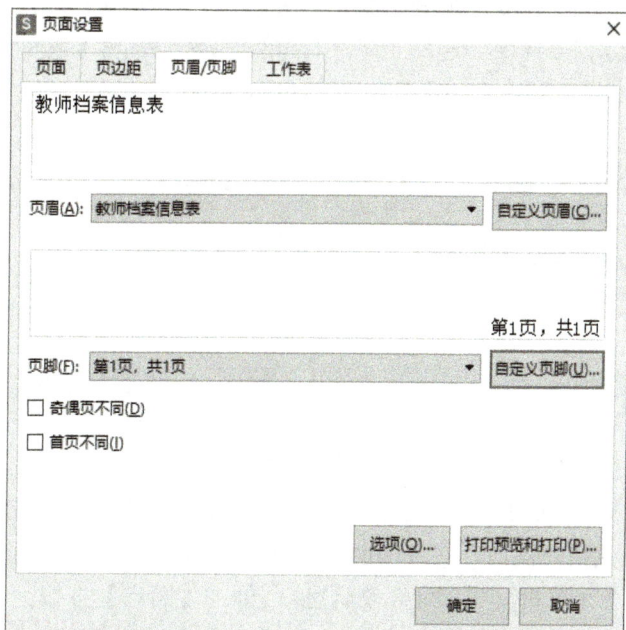

图 2-4-14　【页面设置】之【页眉 / 页脚】选项卡

(10) 单击【工作表】选项卡，如图 2-4-15 所示，光标定位在"顶端标题行"的输入框中，鼠标拖动选择教师档案信息表的第一行和第二行即"$1:$2"，单击【确定】按钮完成所有页面设置。

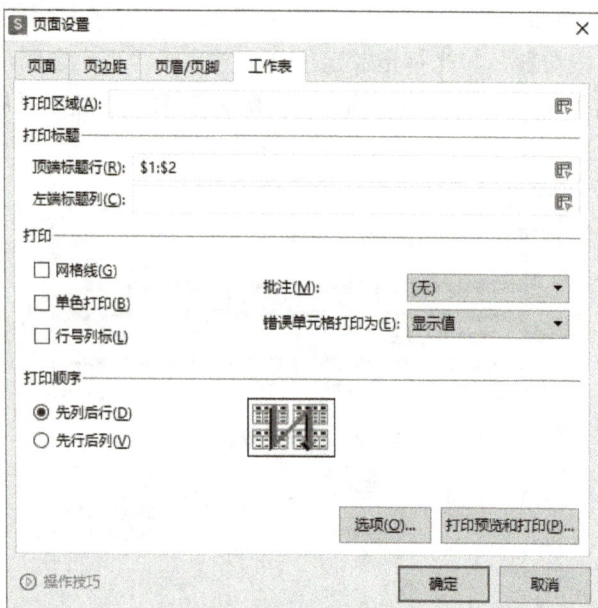

图 2-4-15 【页面设置】之【工作表】选项卡

5. 数据处理

(1) 排序：选择 A2:M34 单元格区域，单击【数据】→【筛选排序】→【排序】下拉列表中【自定义排序】命令项，弹出如图 2-4-16 所示的【排序】对话框；在"主要关键字"栏选择"职务级别"，"次序"选择"降序"；单击【添加条件】按钮，在"次要关键字"处选择"校龄"，"次序"中选择"降序"，然后单击【确定】按钮。

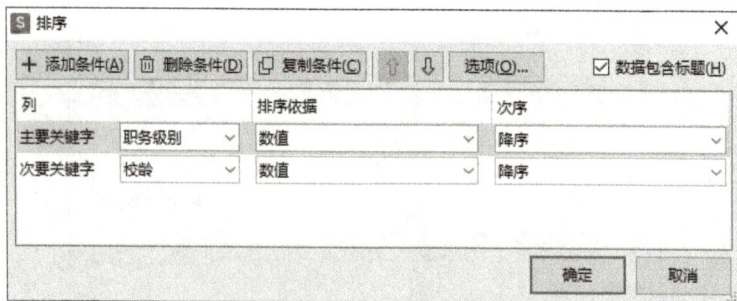

图 2-4-16 【排序】对话框

(2) 自动筛选：选择 A2:M34 单元格区域，单击【数据】→【筛选排序】→【筛选】按钮▽，单击 B2 单元格"部门"右上角的自动筛选查询按钮，弹出如图 2-4-17 所示页面，在下拉列表中勾选"计算机学院.网络教研室"，单击【确定】按钮；得到的数据表只显示部门为"计算机学院.网络教研室"的数据记录，其余记录行自动隐藏。查看数据后单击【数据】→【筛选排序】→【筛选】按钮▽，即可取消自动筛选状态。

(3) 高级筛选：将列标题中的"年龄"和"校龄"两个单元格内容复制到任意空白单元格，在"年龄"的下一行输入">45"，在"校龄"下面的下两行输入">=25"，如图 2-4-18 所示，完成条件区域的建立。选择 A2:M34 单元格区域，单击【数据】→【筛选排序】→【筛选】下拉列表中的【高级筛选】，弹出如图 2-4-19 所示的对话框，"列表区域"是参加筛选的 \$A\$2:\$M\$34 单元格区域，"条件区域"选择刚刚建立的单元格区域 (本书以 \$C\$36:\$D\$38 为例)，选中"将筛选结果复制到其它位置"，在"复制到"中选择结果区域的开始单元格 \$A\$41(注意"复制到"的结果区域右方和下方均为空白区才能筛选成功)，单击【确定】按钮完成筛选。

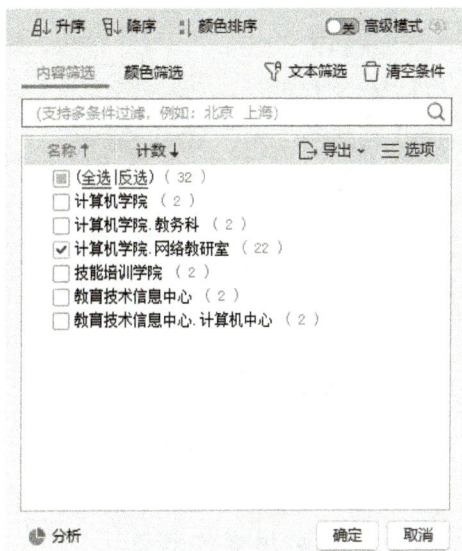

图 2-4-17　自动筛选设置

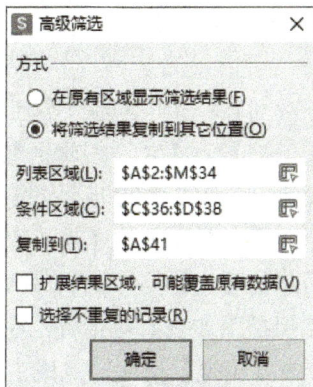

图 2-4-18　条件区域

图 2-4-19　【高级筛选】对话框

高级筛选条件区域建立的两个要点如下：

(1) 复制列标题。

(2) 筛选条件：

①"与"或"且"：写在同一行，表示同时满足。

②"或者"：不同行，表示只满足其中一个条件。

(4) 分类汇总：选择 A2:M34 单元格区域，单击【数据】→【筛选排序】→【排序】→【自定义排序】,在对话框中设置"主要关键字"为"教师性质","次序"选择"升序",单击【确定】按钮;单击【数据】→【分级显示】→【分类汇总】按钮,弹出如图 2-4-20 所示的对话框,在"分类字段"下拉列表中选择"教师性质",在"汇总方式"下拉列表中选择"计数",在"选定汇总项"中选择"姓名",单击【确定】按钮;单击工作表的左上角 2 级按钮 ②,显示如图 2-4-21 所示的分类汇总统计数据。

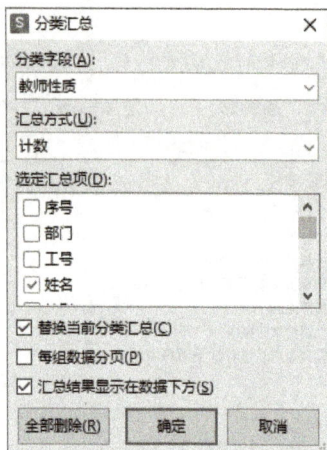

图 2-4-20 【分类汇总】对话框

图 2-4-21 分类汇总统计效果图

　　(5) 工作表保护:利用 Ctrl 键选择不连续的"工号""姓名""身份证号"三列数据,单击【审阅】→【保护】→【允许编辑区域】,在弹出的【允许用户编辑区域】对话框中单击【新建】按钮,弹出如图 2-4-22 所示的【新区域】对话框,在"区域密码"处输入"123",然后单击【确定】按钮,在弹出的【确认密码】页再次确认密码并单击【确定】按钮,返回到如图 2-4-23 所示的【允许用户编辑区域】对话框;单击【保护工作表】按钮,弹出如图 2-4-24 所示的【保护工作表】对话框,在"密码"中输入"456"后单击【确定】按钮。再次确认密码并单击【确定】按钮,完成工作表保护设置。最后按原文件名保存文件。

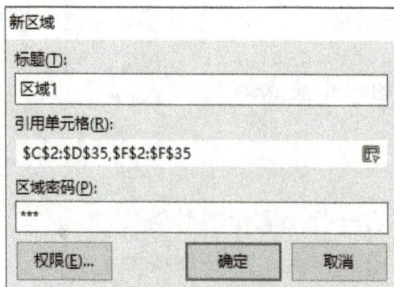

图 2-4-22 【新区域】对话框

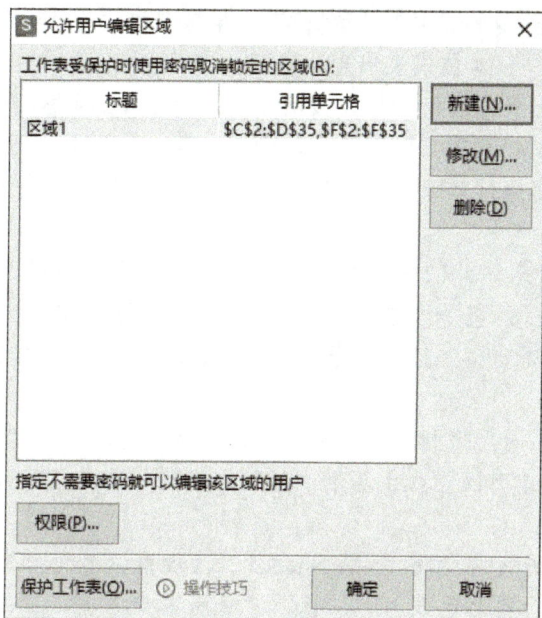

图 2-4-23 【允许用户编辑区域】对话框

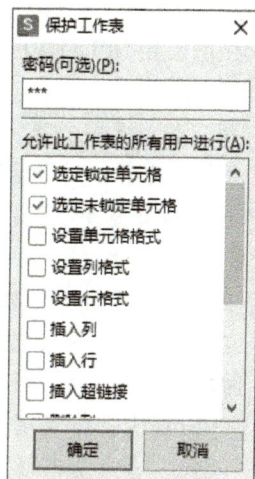

图 2-4-24【保护工作表】对话框

任务总结

本任务主要介绍了函数嵌套及多个函数的综合运用。在学习的过程中要注意函数的灵活运用，比如在项目二的任务二中用 IF 函数来判断成绩的等级，而在本次任务中则是用 IF 函数判断教师的性别，通过两个任务便可以了解 IF 函数的主要用途。

进行数据处理时，要注意选择数据区域时一定要选择规则的二维表格区域。

实践演练

公司客户信息处理

小刘是某公司销售部主管，各业务员将客户信息交给小刘后，小刘需要在客户生日的时候根据客户的性别、年龄、地区、合作年限等信息给客户邮寄礼品。小刘收到基础数据以后，将对数据进行进一步处理。

1. 操作要求

(1) 打开"项目 \ 任务四 \ 公司客户信息 .et"文件，在"客户姓名"列的右侧插入"性别"列；在"身份证号"列后插入"出生日期""年龄"两列；在"建立关系时间"列后插入"合作时间 (年)"列；在"邮寄地址"列后插入"邮寄省市"列。

(2) 用公式与函数计算：

① 利用公式及函数依次计算"性别"为"男"或"女"，其中身份证号的倒数第 2 位用于判断性别，奇数为男性，偶数为女性。

②"出生日期"使用公式和函数根据"身份证号"自动提取,出生日期格式为"××××年××月××日","身份证号"的第7～14位代表出生年月日。

③"年龄"使用公式和函数根据出生日期自动计算,按满1年才计1年的要求计算。

④"合作时间"使用公式和函数根据建立关系时间计算,须满1年才计为1年。

⑤利用函数MID()、LEFT()从"邮寄地址"列中提取省名和市名(或县名),格式如"重庆永川区"。

(3)将工作表第一行单元格设置为"宋体、12磅、加粗、居中"。将"邮寄地址"列设置为左对齐,其余各列均设置为居中对齐。整个表格使用任意一种表格套用格式。

(4)根据邮寄需要,主要关键字"邮寄省市"按"升序"排列,次要关键字"合作时间"按"降序"排列。

(5)由于不同合作期限邮寄的礼品不同,需利用条件格式,将"合作时间"为"0"的设置为"黄填充色,深黄色文本","合作时间"大于等于"10"的设置为浅矢车菊蓝填充色、红色加粗文本。

(6)将Sheet1工作表重命名为"客户基本信息"。将Sheet2工作表重命名为"资深客户名单"。将"客户基本信息"工作表标签颜色改为"紫色","资深客户名单"工作表标签颜色改为"红色"。

(7)打开"资深客户名单"工作表,利用高级筛选筛选出"客户基本信息"工作表中职位是"总经理"或"副总经理",并且"合作时间"均超过10年的数据。

(8)将整个工作簿文件进行加密,密码为"123",设置后保存。

2. 作品效果图

公司客户信息处理后的效果如图2-4-25和图2-4-26所示。

	A	B	C	D	E	F	G	H	I	J
1	序号	客户姓名	性别	职位	联系方式	身份证号	出生日期	年龄	建立关系时间	合作时间(年)
2	78	唐嫣儿	女	总经理	18710917034	5109021992110311011	1992年11月03日	31	2013/9/19	10
3	65	卢鹏	男	副总经理	13294290328	6204221991062541X	1991年06月25日	32	2015/12/21	8
4	16	丁宇铖	男	副总经理	18888734481	6227221993110244 1X	1993年11月02日	30	2023/12/10	0
5	25	白锦丽	女	副总经理	18294077894	6228221990122707 4X	1990年12月27日	33	2015/12/19	8
6	6	郑磊	男	干事	18783098141	5227011993040952 39	1993年04月09日	30	2022/6/10	1
7	7	杨雅梅	女	总经理	13319478821	5227011994031653 24	1994年03月16日	29	2013/7/18	10
8	8	肖旺	男	总经理	13117887732	5227291992100212 15	1992年10月02日	31	2013/7/18	10
9	5	宋中平	女	干事	18783473208	5227241993012903 20	1993年10月29日	30	2023/11/7	0
10	28	邓羽婕	女	副总经理	13180782212	5201231993072204 87	1993年07月22日	31	2015/12/10	8
11	88	王红霞	女	副总经理	18788307483	5221271993011810 21	1993年01月18日	31	2015/12/13	8
12	74	敖佩丽	男	副总经理	13187773728	5221261993061701 16	1993年06月17日	30	2015/11/9	8
13	103	曹操	女	总经理	13117384347	5224231993020540 21	1993年02月05日	30	2014/1/17	9
14	13	陈珀	女	助理	13078307878	5226011994082103 24	1994年08月21日	29	2018/12/15	5
15	12	董清	男	副总经理	18393378247	5226301994050406 31	1994年05月04日	29	2015/9/5	8
16	34	陈丹丹	女	副总经理	13983408278	5227281993082523 20	1993年06月25日	31	2015/12/14	8
17	66	罗睿	女	副总经理	13883403394	5221281992101639 22	1992年11月16日	31	2015/12/10	8
18	81	邓旭	男	副总经理	18984247388	5221281991111941 39	1991年11月19日	32	2015/8/26	8
19	67	韩满	男	总经理	18787948740	5221301991070408 38	1991年07月04日	32	2010/7/18	13

图2-4-25 "客户基本信息"工作表效果图(部分)

职位	合作时间(年)
总经理	>10
副总经理	>10

序号	客户姓名	性别	职位	联系方式	身份证号	出生日期	年龄	建立关系时间	合作时间(年)
67	韩满	男	总经理	18787948740	5221301991070408 38	1991年07月04日	32	2010/7/18	13
29	陈虹	女	总经理	18773244071	5221321994102313 28	1994年10月23日	29	2011/7/19	12
95	肖留念	男	总经理	13028428171	5002361992102012 57	1992年10月20日	32	2011/5/9	12
10	彭楠	男	副总经理	18228378777	5002311994100320 3X	1994年10月03日	29	2009/6/14	14

图2-4-26 "资深客户名单"工作表效果图(部分)

任务五 制作公司图书销售数据统计分析表

任务简介

明日之星公司是一家从事计算机图书销售的公司，拥有多个书店。小杨毕业后在该公司担任市场部助理，他的主要工作职责是为部门经理提供销售信息的分析和汇总。2017年初，经理要求小杨把2016年的订单数据统计出来，并进行分类汇总和数据筛选，还需按要求做出各类统计报告。

本任务的主要数据工作表(部分)及完成效果图如图 2-5-1～图 2-5-5 所示。

明日之星公司销售订单明细表

订单编号	日期	书店名称	图书名称	单价	销量(本)	发货地址	所属区域	销售额小计
CQS-05123	2016年5月19日，星期四	惠民书店	《Access数据库管理》	¥ 36.80	3	山东省济南市历城区	北区	¥ 110.40
CQS-05185	2016年7月21日，星期四	惠民书店	《Access数据库管理》	¥ 36.80	33	上海市徐汇区沪闵路	东区	¥1,214.40
CQS-05207	2016年8月12日，星期五	惠民书店	《Access数据库管理》	¥ 36.80	28	河南省郑州市二七区	北区	¥1,030.40
CQS-05231	2016年9月9日，星期五	惠民书店	《Access数据库管理》	¥ 36.80	24	辽宁省大连市甘井子	北区	¥ 883.20
CQS-05259	2016年10月7日，星期五	惠民书店	《Access数据库管理》	¥ 36.80	17	吉林省长春市宽城区	北区	¥ 625.60
CQS-05301	2016年11月23日，星期三	惠民书店	《Access数据库管理》	¥ 36.80	7	江苏省徐州市泉山区	东区	¥ 257.60
CQS-05318	2016年12月12日，星期一	惠民书店	《Access数据库管理》	¥ 36.80	48	广东省深圳市罗湖区	南区	¥1,642.75
CQS-05340	2017年1月3日，星期二	惠民书店	《Access数据库管理》	¥ 36.80	18	天津市西青区柳静路	北区	¥ 662.40
CQS-05351	2017年1月14日，星期六	惠民书店	《Access数据库管理》	¥ 36.80	20	安徽省合肥市瑶海区	东区	¥ 736.00
			《Access数据库管理》 汇总					¥7,162.75
CQS-05032	2016年2月10日，星期三	惠民书店	《JAVA程序设计》	¥ 39.60	35	河南省郑州市二七区	北区	¥1,386.00
CQS-05054	2016年3月7日，星期一	惠民书店	《JAVA程序设计》	¥ 39.60	15	江西省南昌市西湖区	东区	¥ 594.00
CQS-05065	2016年3月19日，星期六	惠民书店	《JAVA程序设计》	¥ 39.60	24	江苏省南京市雨花台	东区	¥ 950.40

北区 东区 南区 西区 订单明细 统计报告 城市对照 图书定价

图 2-5-1 “订单明细”工作表效果图(部分)

明日之星公司销售统计报告

统计项目	销售额
2016年志翔书店所有图书订单的总销售额	¥ 122,167.81
《汇编语言》图书在2016年下半年的总销售额	¥ 5,350.46
新星书店在2016年第2季度（4月1日~6月30日）的总销售额	¥ 20,981.20
惠民书店在2016年的每月平均销售额	¥ 5,699.70
2016年新星书店销售额占公司全年销售总额的百分比（保留2位小数）	30.02%

南区 西区 订单明细 统计报告 城市对照 图书定价

图 2-5-2 “统计报告”工作表效果图

图 2-5-3 "图书定价"工作表

图 2-5-4 "城市对照"工作表

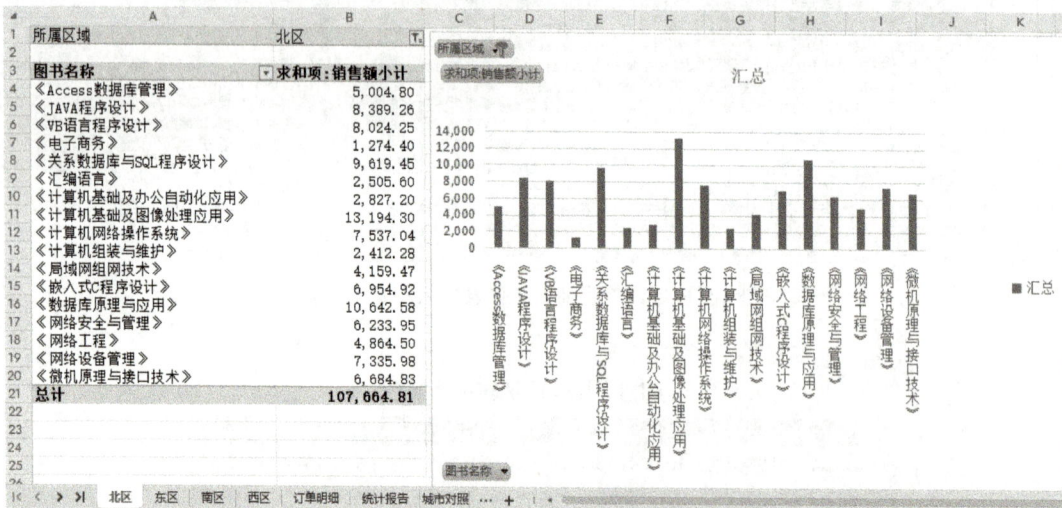

图 2-5-5 "北区"工作表效果图

任务目标

本任务要求熟练掌握 WPS 表格的套用表格格式、数字格式等基本操作；熟悉 VLOOKUP、LEFT、IF、SUMIF、SUMIFS 等函数的应用；熟悉排序、筛选、分类汇总、数据透视表和透视图等数据处理方法的使用。

知识点

- 基本操作：条件格式、套用表格格式、数字格式的设置。
- 函数应用：VLOOKUP、LEFT、IF、SUMIF、SUMIFS 等函数的应用。
- 数据处理：排序、筛选、分类汇总、数据透视表及透视图的制作。

任务实施

1. 格式化并计算"订单明细"工作表

(1) 打开"项目二\任务五\书店销售数据统计分析表 .et"文件，选择"订单明细"工作表，如图 2-5-6 所示，该文件只录入了订单的相关信息，没有进行表格格式化和计算。

图 2-5-6　"订单明细"工作表 (部分)

(2) 选择 A 列单元格，单击【开始】→【样式】→【条件格式】→【突出显示单元格规则】→【重复值】，弹出如图 2-5-7 所示的【重复值】对话框，单击【确定】按钮；"订单编号"列中相同编号的记录会以"浅红填充色深红色文本"格式显示出来，然后逐一删除多余的订单记录行。

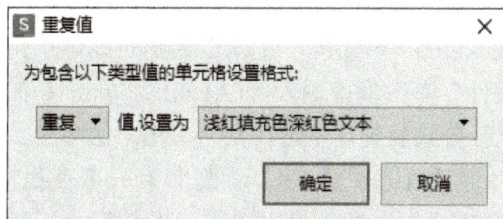

图 2-5-7　【重复值】对话框

(3) 选择 B 列的日期数据区域,单击【开始】→【数字格式】→【常规】下拉列表,选择【长日期】格式;然后单击【开始】→【数字格式】功能组启动按钮,打开【单元格格式】对话框,如图 2-5-8 所示;在【数字】选项卡的"分类"中选择"自定义",在"类型"中修改日期域的代码为 "yyyy" 年 "m" 月 "d" 日 ",[$-804]aaaa;@",在"示例"中即显示带星期 × 的长日期格式,点击【确定】按钮。

图 2-5-8 【单元格格式】之【数字】选项卡

(4) 选择数据表 A2:I354 单元格区域,单击【开始】→【样式】→【套用表格样式】下拉列表,在【主题颜色】中选择第六种颜色"矢车菊兰",选择【预设样式】中的"表样式 4",弹出【套用表格样式】对话框,单击【确定】按钮。

(5) 选择数据表第 2 行,设置文字为居中对齐,单击【开始】→【对齐方式】→【换行】;分别选中 A～C 列、F 列、H 列单元格,将其设置为居中对齐;再分别选择 E 列、I 列单元格,单击【开始】→【数字格式】→【常规】下拉列表,选择【会计专用】格式。

(6) 选择 E3 单元格,单击【编辑栏】左侧的【插入函数】按钮 *fx*,弹出如图 2-5-9 所示的【插入函数】对话框,在"或选择类别"下拉列表中选择"查找与引用",在"选择函数"列表框中选择"VLOOKUP"函数;单击【确定】按钮,弹出如图 2-5-10 所示的【函数参数】对话框,在"查找值"参数框中选择"订单明细"表的 D3 单元格,在"数据表"参数框中选择"图书定价"表的 A2:B19 单元格,并锁定为绝对地址引用,在"列序数"参数框中输入"2",在"匹配条件"参数框中输入"FALSE",单击【确定】按钮;然后双击 E3 单元格右下角的填充柄进行公式复制,即可得到所有图书的单价。

(7) 选择 H3 单元格,单击【公式】→【函数库】→【查找与引用】下拉列表按钮 查找与引用 ,选择"VLOOKUP"函数,弹出【函数参数】对话框,在"查找值"参数框中输入"LEFT(G3,3)",在"数据表"参数框中选择"城市对照"表的 A2:B25 单元格区域,并锁定为绝对地址引用，在"列序数"参数框中输入"2"，在"匹配条件"参数框中输入"FALSE"，单击【确定】按钮；然后双击 H3 单元格右下角的填充柄进行公式复制，即可得到所有省市所属的区域。

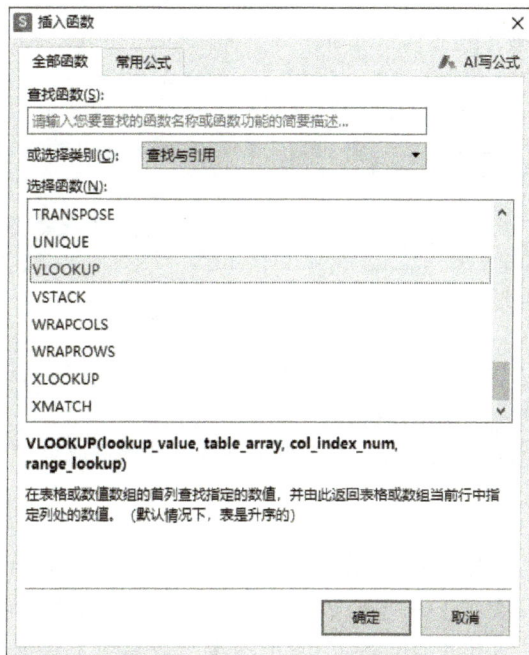

图 2-5-9　【插入函数】对话框

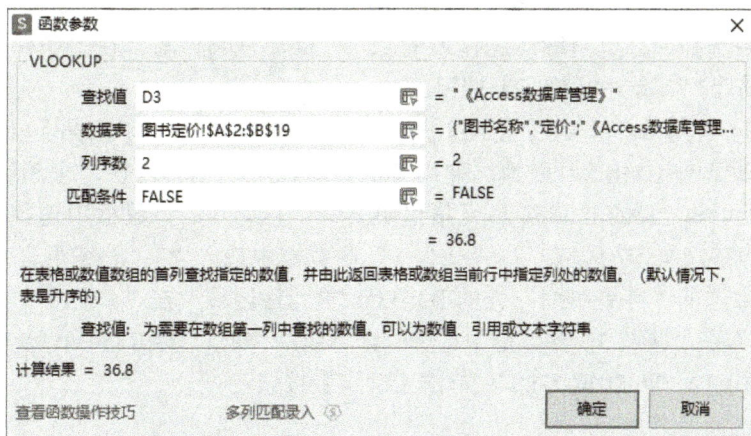

图 2-5-10　VLOOKUP 函数的【函数参数】对话框

(8) 选择 I3 单元格，单击【公式】→【函数库】→【逻辑】下拉列表按钮，选择"IF"函数，弹出如图 2-5-11 所示的【函数参数】对话框，在"测试条件"参数框中输入"F3>=40"，在"真值"参数框中输入"E3*F3*0.93"，在"假值"参数框中输入"E3*F3"，单击【确定】按钮；然后双击 I3 单元格右下角的填充柄进行公式复制，即可得到每笔订单的销售额小计。

计算完成的效果如图 2-5-1 所示。

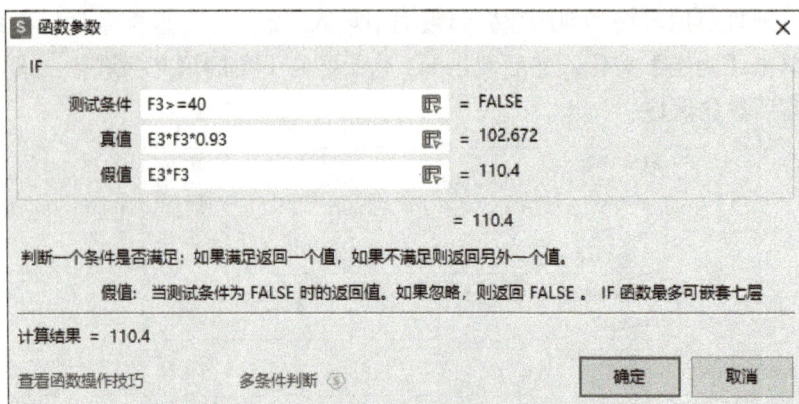

图 2-5-11 IF 函数的【函数参数】对话框

> LEFT 取左侧字符函数
>
> 语法：LEFT(字符串 , 字符个数)。
>
> 参数：字符串为要提取字符的字符串；字符个数是需要提取的字符数，如果忽略则为 1。

2. 计算"统计报告"工作表

(1) 打开"统计报告"工作表，如图 2-5-12 所示，表中已经列出重点关注的统计项目；选择 B3 单元格，单击【公式】→【函数库】→【数学和三角】下拉列表按钮 数学和三角，选择"SUMIFS"函数，弹出如图 2-5-13 所示的【函数参数】对话框，在"求和区域"参数框中选择"订单明细"工作表的 I3:I354 单元格区域，在"区域 1"参数框中选择"订单明细"工作表的 B3:B354 单元格区域，在"条件 1"参数框中输入""<2017-1-1""，在"区域 2"参数框中选择"订单明细"工作表的 C3:C354 单元格区域，在"条件 2"参数框中输入"" 志翔书店 ""，单击【确定】按钮。

(2) 选择 B4 单元格，单击【公式】→【函数库】→【数学和三角】下拉列表按钮 数学和三角，选择"SUMIFS"函数，弹出【函数参数】对话框，在"求和区域"参数框中选择"订单明细"表的 I3:I354 单元格区域，在"区域 1"参数框中选择"订单明细"工作表的 D3:D354 单元格区域，在"条件 1"参数框中输入""《汇编语言》""，在"区域 2"参数框中选择"订单明细"表的 B3:B354 单元格区域，在"条件 2"参数框中输入"">=2016-7-1""，在"区域 3"参数框中选择"订单明细"表的 B3:B354 单元格区域，在"条件 3"参数框中输入""<2017-1-1""，单击【确定】按钮。

图 2-5-12 "统计报告"工作表

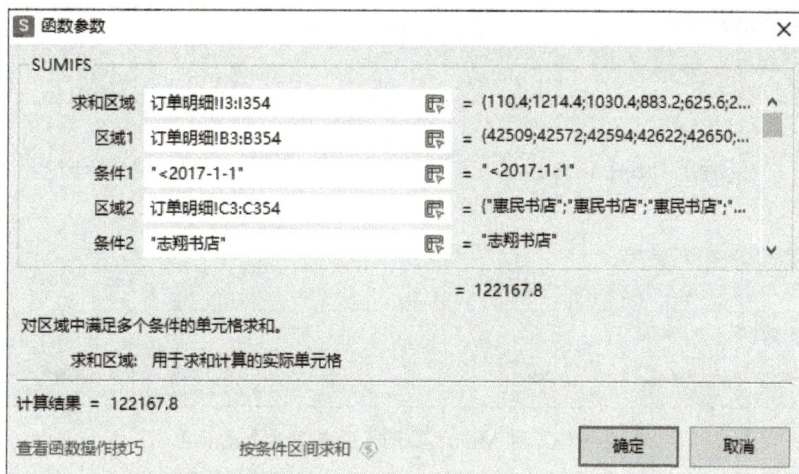

图 2-5-13　SUMIFS 函数的【函数参数】对话框

(3) 选择 B5 单元格，单击【公式】→【函数库】→【数学和三角】下拉列表按钮 ，选择 "SUMIFS" 函数，弹出【函数参数】对话框，在 "求和区域" 参数框中选择 "订单明细" 表的 I3:I354 单元格区域，在 "区域 1" 参数框中选择 "订单明细" 工作表的 C3:C354 单元格区域，在 "条件 1" 参数框中输入 ""新星书店""，在 "区域 2" 参数框中选择 "订单明细" 表的 B3:B354 单元格区域，在 "条件 2" 参数框中输入 "">=2016-4-1""，在 "区域 3" 参数框中选择 "订单明细" 表的 B3:B354 单元格区域，在 "条件 3" 参数框中输入 ""<2016-7-1""，单击【确定】按钮。

(4) 选择 B6 单元格，单击【公式】→【函数库】→【数学和三角】下拉列表按钮 ，选择 "SUMIFS" 函数，弹出【函数参数】对话框，在 "求和区域" 参数框中选择 "订单明细" 工作表的 I3:I354 单元格区域，在 "区域 1" 参数框中选择 "订单明细" 工作表的 B3:B354 单元格区域，在 "条件 1" 参数框中输入 ""<2017-1-1""，在 "区域 2" 参数框中选择 "订单明细" 工作表的 C3:C354 单元格区域，在 "条件 2" 参数框中输入 ""惠民书店""，单击【确定】按钮，然后在编辑栏的函数后面输入 "/12" 即可。

(5) 选择 B7 单元格，单击【公式】→【函数库】→【数学和三角】下拉列表按钮 ，选择 "SUMIFS" 函数，弹出【函数参数】对话框，在 "求和区域" 参数框中选择 "订单明细" 工作表的 I3:I354 单元格区域，在 "区域 1" 参数框中选择 "订单明细" 工作表的 B3:B354 单元格区域，在 "条件 1" 参数框中输入 ""<2017-1-1""，在 "区域 2" 参数框中选择 "订单明细" 工作表的 C3:C354 单元格区域，在 "条件 2" 参数框中输入 ""新星书店""，单击【确定】按钮；然后在编辑栏的函数后面输入 "/" 运算符，再单击【公式】→【函数库】→【数学和三角】下拉列表按钮 ，选择 "SUMIF" 函数，弹出如图 2-5-14 所示的【函数参数】对话框，在 "区域" 参数框中选择 "订单明细" 工作表的 B3:B354 单元格区域，在 "条件" 参数框中输入 ""<2017-1-1""，在 "求和区域" 参数框中选择 "订单明细" 工作表的 I3:I354 单元格区域，单击【确定】按钮。

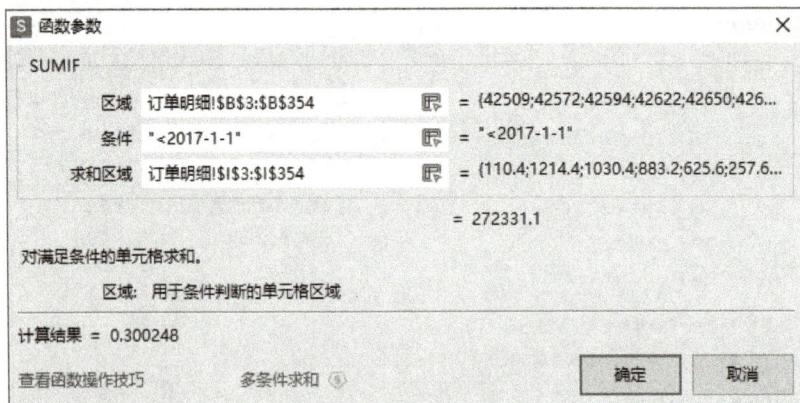

图 2-5-14　SUMIF 函数的【函数参数】对话框

(6) 选择 B3:B6 单元格区域,单击【开始】→【数字格式】→【常规】下拉列表,选择"会计专用"格式;选择 B7 单元格,单击【开始】→【数字格式】→【常规】下拉列表,选择"百分比"格式,再单击【开始】→【数字格式】→【增加小数位数】按钮 ⁂,使结果保留 2位小数。计算完成的效果如图 2-5-2 所示。

> 1. SUMIFS 多条件求和函数
> 语法:SUMIFS(求和区域,区域 1,条件 1,[区域 2,条件 2],…)。
> 参数:求和区域是用于求和计算的实际单元格;区域和条件为 1 对条件,用序号1、2、…表示,最多可以输入 127 个区域 / 条件对;区域是用于条件判断的单元格区域,条件是数字、表达式或文本形式定义的条件。
> 2. SUMIF 条件求和函数
> 语法:SUMIF(区域,条件,求和区域)。
> 参数:区域是用于条件判断的单元格区域;条件是数字、表达式或文本形式定义的条件;求和区域是用于求和计算的实际单元格,如果省略将使用区域中的单元格。

3. 创建各销售区的透视表和透视图

(1) 创建透视表和透视图:打开"订单明细"工作表,使光标位于数据表区域内,单击【插入】→【表格】→【数据透视图】按钮,弹出如图 2-5-15 所示的【创建数据透视图】对话框,确认"请选择单元格区域"框中已自动选择"订单明细"工作表的 A2:I354 单元格区域,并选中"新工作表"选项,单击【确定】按钮,会在此工作表的左侧增加一个"Sheet1"工作表。

(2) 布局透视表和透视图:"Sheet1"工作表中有一个空白的"数据透视表 1"和"图表 1",当前已选中"图表 1";单击【分析】→【显示】→【字段列表】按钮,右侧显示【数据透视图】窗格的【字段列表】面板;拖曳"所属区域"字段到"筛选器"区域,选中"图书名称"字段显示于"行"区域中,拖曳"销售额小计"字段到"值"区域中。

(3) 将"Sheet1"工作表名称改为"北区",单击数据透视表"所属区域"右侧的【自动筛选】按钮,展开如图 2-5-16 所示的下拉列表,选择"北区",单击【确定】按钮;选择 B4:B21 单元格区域,单击【开始】→【数字格式】组启动器,弹出【单元格格式】对话框,在"分类"中选择"数值",选中"使用千位分隔符"选项,单击【确定】按钮。完成后的效果如图 2-5-15 所示。

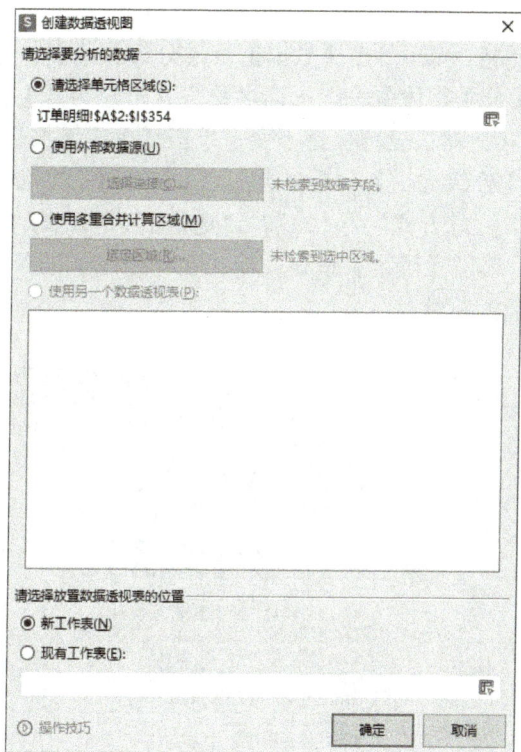

图 2-5-15　【创建数据透视图】对话框

图 2-5-16　数据透视表"所属区域"的"自动筛选"下拉列表

(4) 右键单击"北区"工作表标签,选择【创建副本】即在右侧出现"北区 (2)"工作表;将工作表名称改为"东区",选择"所属区域""自动筛选"列表中的"东区"即可。"南区"和"西区"的数据透视表和透视图均可按此步骤完成。

4. 对"订单明细"表进行嵌套分类汇总

(1) 打开"订单明细"工作表,选择数据表中某一个数据,单击【数据】→【筛选排序】→

【排序】下拉列表中的【自定义排序】,弹出【排序】对话框,在"主要关键字"中选择"书店名称";单击【添加条件】按钮,在出现的"次要关键字"中选择"图书名称",单击【确定】按钮。

(2) 选择 A2:I354 单元格区域,单击【数据】→【分级显示】→【分类汇总】,弹出【分类汇总】对话框;选择【分类字段】为"书店名称",【汇总方式】为"求和",【选定汇总项】为"销售额小计",其他默认设置保持不变,单击【确定】按钮。

(3) 单击【数据】→【分级显示】→【分类汇总】,弹出【分类汇总】对话框;选择"分类字段"为"图书名称","汇总方式"为"求和","选定汇总项"为"销售额小计",取消"替换当前分类汇总"选项,单击【确定】按钮;单击工作表左侧的级别按钮【3】,即显示如图 2-5-17 所示的嵌套分类汇总结果。

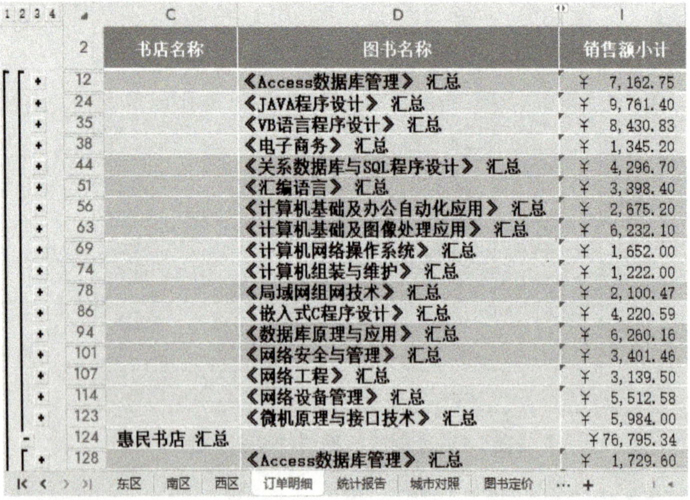

	C	D	I
2	书店名称	图书名称	销售额小计
12		《Access数据库管理》 汇总	￥ 7,162.75
24		《JAVA程序设计》 汇总	￥ 9,761.40
35		《VB语言程序设计》 汇总	￥ 8,430.83
38		《电子商务》 汇总	￥ 1,345.20
44		《关系数据库与SQL程序设计》 汇总	￥ 4,296.70
51		《汇编语言》 汇总	￥ 3,398.40
56		《计算机基础及办公自动化应用》 汇总	￥ 2,675.20
63		《计算机基础及图像处理应用》 汇总	￥ 6,232.10
69		《计算机网络操作系统》 汇总	￥ 1,652.00
74		《计算机组装与维护》 汇总	￥ 1,222.00
78		《局域网组网技术》 汇总	￥ 2,100.47
86		《嵌入式C程序设计》 汇总	￥ 4,220.59
94		《数据库原理与应用》 汇总	￥ 6,260.16
101		《网络安全与管理》 汇总	￥ 3,401.46
107		《网络工程》 汇总	￥ 3,139.50
114		《网络设备管理》 汇总	￥ 5,512.58
123		《微机原理与接口技术》 汇总	￥ 5,984.00
124	惠民书店 汇总		￥76,795.34
128		《Access数据库管理》 汇总	￥ 1,729.60

东区　南区　西区　订单明细　统计报告　城市对照　图书定价 … +

图 2-5-17 "订单明细"表嵌套分类汇总结果 (部分)

当数据清单作为一个数据库的表格时,是不能进行分类汇总操作的,需要将数据库的表格转换为区域后才可以进行分类汇总操作。

任务总结

本任务对图书销售数据进行重复记录行的显示和处理,学习了常用数字格式的设置、常用函数的应用和函数嵌套以及常用的数据处理方法,包括排序、筛选、分类汇总、数据透视表和透视图的应用等内容。

实践演练

制作公司差旅报销统计分析工作簿

小赵是东方科技公司财务部助理。公司员工因业务需要经常出差,现在小赵需要向主管汇报 2017 年度的公司差旅报销情况。

1. 操作要求

(1) 打开"项目二\任务五\公司差旅报销统计分析"表格文件，在"费用报销管理"工作表"日期"列的所有单元格中，标注每个报销日期属于星期几。例如，日期为"2017-1-20"的单元格应显示为"2017 年 1 月 20 日星期日"，日期为"2017-1-21"的单元格应显示为"2017 年 1 月 21 日星期一"。

(2) 如果"日期"列中的日期为星期六或星期日，则在"是否加班"列的单元格中显示"是"，否则显示"否"，必须使用公式或函数计算。

(3) 使用公式统计每个活动地点所在的省份或直辖市，并将其填写在"地区"一列所对应的单元格中，如"北京市""浙江省"等。

(4) 依据"费用类别编号"列内容，使用 VLOOKUP 函数，生成"费用类别"列内容。对照关系参考"费用类别"工作表。

(5) 在"差旅成本分析报告"工作表 B3 单元格中，统计 2017 年第二季度发生在北京市的差旅费用总金额。

(6) 在"差旅成本分析报告"工作表 B4 单元格中，统计 2017 年员工刘延安报销的火车票费用总额。

(7) 在"差旅成本分析报告"工作表 B5 单元格中，统计 2017 年差旅费用中，飞机票费用占所有报销费用的比例，并保留 2 位小数。

(8) 在"差旅成本分析报告"工作表 B6 单元格中，统计 2017 年发生在周末 (星期六和星期日) 时间里的通信补助总金额。

(9) 根据"费用报销管理"工作表中的数据记录，创建数据透视表和透视图，放置于"透视表和图"工作表中；透视表的报表筛选字段为"费用类别"，统计出所有报销人的差旅费用金额；其金额设置为带千分位分隔符的、保留 2 位小数的数值格式，并筛选"费用类别"为"酒店住宿"的差旅费用金额。

(10) 根据"费用报销管理"工作表中的数据记录，依次按"报销人"和"费用类别"升序排序；然后进行嵌套分类汇总，统计所有报销人报销的各种类别的差旅费用金额。

(11) 按照原文件名保存文件。

2. 作品效果图

制作完成的公司差旅报销统计分析工作簿的效果图如图 2-5-18～图 2-5-22 所示。

图 2-5-18 "费用报销管理"工作表效果图 (部分)

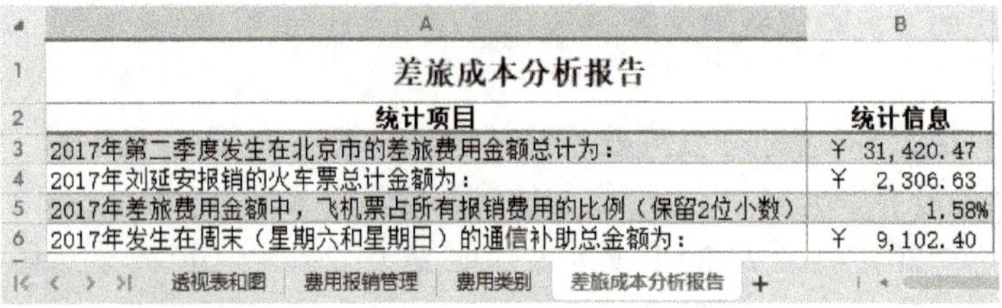

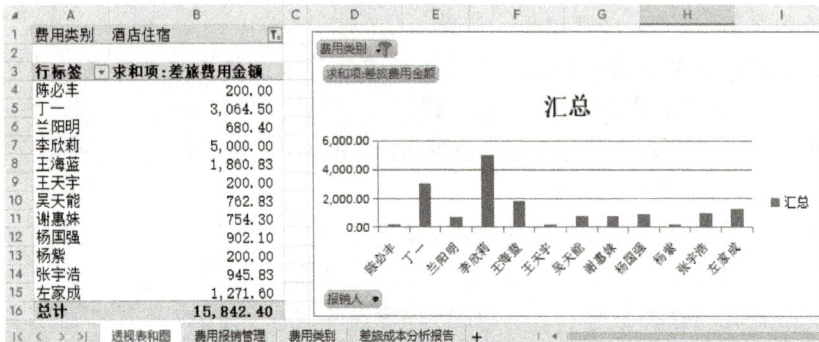

图 2-5-19 "差旅成本分析报告"工作表效果图

图 2-5-20 "透视表和图"工作表效果图

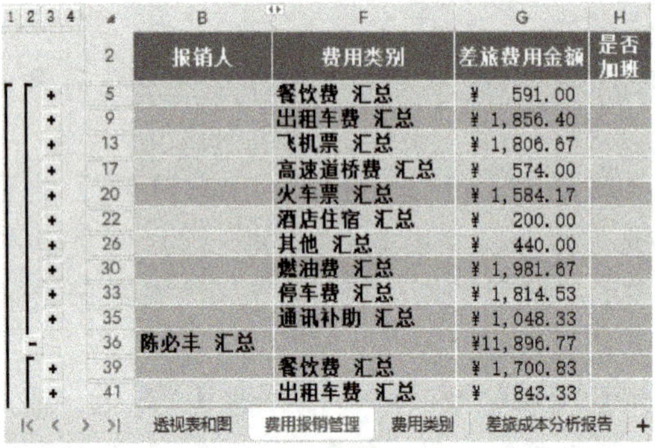

图 2-5-21 "费用报销管理"嵌套分类汇总效果图(部分) 图 2-5-22 "费用类别"工作表

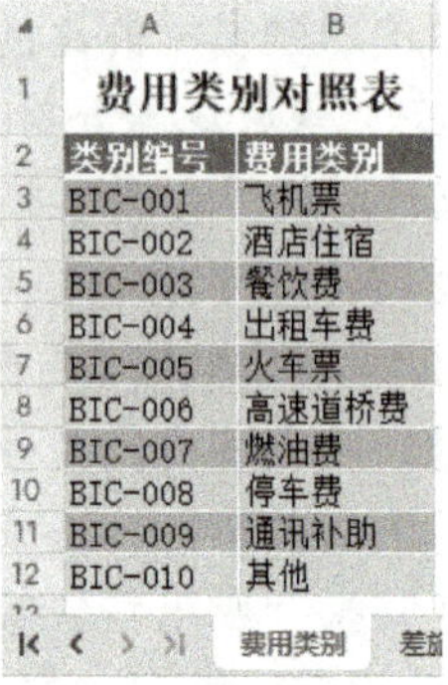

任务六　制作全国人口普查数据统计分析表

任务简介

中国人口发展形势非常严峻，为此国家统计局每十年进行一次全国人口普查，以掌握全国人口的增长速度及规模。吴强作为国家统计局的一名工作人员，已下载第五、六次人口普查相关网页资料并将其放在"人口普查资料"文件夹中，现在他需要按要求对人口普查数据进行统计和分析。

本任务的主要数据表及完成效果如图 2-6-1 至图 2-6-4 所示。

地区	2000年人数（万人）	2000年比重
安徽省	5,986	4.73%
北京市	1,382	1.09%
福建省	3,471	2.74%
甘肃省	2,562	2.02%
广东省	8,642	6.83%
广西壮族自治区	4,489	3.55%
贵州省	3,525	2.78%
海南省	787	0.62%
河北省	6,744	5.33%
河南省	9,256	7.31%
黑龙江省	3,689	2.91%
湖北省	6,028	4.76%
湖南省	6,440	5.09%
吉林省	2,728	2.16%
江苏省	7,438	5.88%
江西省	4,140	3.27%
辽宁省	4,238	3.35%
难以确定常住地	105	0.08%
内蒙古自治区	2,376	1.88%
宁夏回族自治区	562	0.44%
青海省	518	0.41%
山东省	9,079	7.17%
山西省	3,297	2.60%
陕西省	3,605	2.85%
上海市	1,674	1.32%
四川省	8,329	6.58%
天津市	1,001	0.79%
西藏自治区	262	0.21%
新疆维吾尔自治区	1,925	1.52%
云南省	4,288	3.39%
浙江省	4,677	3.69%
中国人民解放军现役军人	250	0.20%
重庆市	3,090	2.44%

图 2-6-1　"第 5 次人口普查数据"工作表

地区	2010年人数（万人）	2010年比重
北京市	1,961	1.46%
天津市	1,294	0.97%
河北省	7,185	5.36%
山西省	3,571	2.67%
内蒙古自治区	2,471	1.84%
辽宁省	4,375	3.27%
吉林省	2,746	2.05%
黑龙江省	3,831	2.86%
上海市	2,302	1.72%
江苏省	7,866	5.87%
浙江省	5,443	4.06%
安徽省	5,950	4.44%
福建省	3,689	2.75%
江西省	4,457	3.33%
山东省	9,579	7.15%
河南省	9,402	7.02%
湖北省	5,724	4.27%
湖南省	6,568	4.90%
广东省	10,430	7.79%
广西壮族自治区	4,603	3.44%
海南省	867	0.65%
重庆市	2,885	2.15%
四川省	8,042	6.00%
贵州省	3,475	2.59%
云南省	4,597	3.43%
西藏自治区	300	0.22%
陕西省	3,733	2.79%
甘肃省	2,558	1.91%
青海省	563	0.42%
宁夏回族自治区	630	0.47%
新疆维吾尔自治区	2,181	1.63%
中国人民解放军现役军人	230	0.17%
难以确定常住地	465	0.35%

图 2-6-2　"第 6 次人口普查数据"工作表

地区	求和项:2010年人数（万人）	求和项:2010年比重	求和项:人口增长数
浙江省	5443	4.06%	766
四川省	8042	6.00%	-287
山东省	9579	7.15%	500
江苏省	7866	5.87%	428
湖南省	6568	4.90%	128
湖北省	5724	4.27%	-304
河南省	9402	7.02%	146
河北省	7185	5.36%	441
广东省	10430	7.79%	1788
安徽省	5950	4.44%	-36
总计	76189	56.86%	3570

图 2-6-3　"透视分析"工作表效果图

地区	2000年人数（万人）	2000年比重	2010年人数（万人）	2010年比重	人口增长数	比重变化
安徽省	5986	4.73%	5950	4.44%	-36	-0.29%
北京市	1382	1.09%	1961	1.46%	579	0.37%
福建省	3471	2.74%	3689	2.75%	218	0.01%
甘肃省	2562	2.02%	2558	1.91%	-4	-0.11%
广东省	8642	6.83%	10430	7.79%	1788	0.96%
广西壮族自治区	4489	3.55%	4603	3.44%	114	-0.11%
贵州省	3525	2.78%	3475	2.59%	-50	-0.19%
海南省	787	0.62%	867	0.65%	80	0.03%
河北省	6744	5.33%	7185	5.36%	441	0.03%
河南省	9256	7.31%	9402	7.02%	146	-0.29%
黑龙江省	3689	2.91%	3831	2.86%	142	-0.05%
湖北省	6028	4.76%	5724	4.27%	-304	-0.49%
湖南省	6440	5.09%	6568	4.90%	128	-0.19%
吉林省	2728	2.16%	2746	2.05%	18	-0.11%
江苏省	7438	5.88%	7866	5.87%	428	-0.01%
江西省	4140	3.27%	4457	3.33%	317	0.06%
辽宁省	4238	3.35%	4375	3.27%	137	-0.08%
难以确定常住地	105	0.08%	465	0.35%	360	0.27%

统计项目	2000年	2010年
总人数（万人）	126583	133973
总增长数（万	-	7390
人口最多的地区	河南省	广东省
人口最少的地区	西藏自治区	西藏自治区
人口增长最多的地区	-	广东省
人口增长最少的地区		湖北省
人口为负增长的地区数		7

注意：进行地区统计时，统计范围不包含"中国人民解放军现役军人"及"难以确定常住地"两类地区

图 2-6-4　"比较数据"工作表效果图（部分）

本任务要求熟练掌握 WPS 表格的套用表格样式、数字格式等基本操作，熟悉 SUM、INDEX、MATCH、MIN、IF、MAX、COUNTIF 等函数的应用；理解数组公式，熟悉合并计算、数据透视表等数据处理方法的使用。

- 基本操作：单元格大小、套用表格格式、数字格式、创建批注的操作。
- 函数应用：SUM、INDEX、MATCH、MIN、IF、MAX、COUNTIF 等函数的应用。
- 公式应用：数组公式的使用方法。
- 数据处理：导入外部数据、合并计算、筛选、数据透视表的制作。

1. 导入人口普查数据进行合并及计算

(1) 新建一个 WPS 表格文件，将 Sheet1 工作表重命名为"第 5 次人口普查数据"；点击工作表标签栏中的【新建工作表】按钮 +，将新工作表重命名为"第 6 次人口普查数据"；再新建一个工作表并重命名为"比较数据"，保存 WPS 表格文件并重命名为"全国人口普查数据分析 .et"。

(2) 打开"项目二 \ 任务 6\ 人口普查资料"文件夹中的"第五次全国人口普查公报 .htm"网页文件，拖拽右侧垂直滑块显示"2000 年第五次全国人口普查主要数据 (大陆)"表格，选择表格标题以下的表格数据，点击鼠标右键，在菜单中选择【复制】，选择"第 5 次人口普查数据"工作表的 A1 单元格，点击【粘贴】按钮。以同样的方法打开"第六次全国人口普查公报 .htm"网页文件，选择"2010 年第六次全国人口普查主要数据 (大陆)"表格的数据，复制到"第 6 次人口普查数据"工作表 A1 单元格开始的位置。

(3) 选择"第 5 次人口普查数据"工作表的 A1:C34 单元格区域，设置文字为宋体、12 磅，取消"自动换行"，调整列宽为"最适合的列宽"；选择 B2:B34 单元格区域，点击【开始】→【数字格式】→【千位分隔样式】按钮 ⁰⁰⁰，再调整小数位为 0；以同样的方法设置"第 6 次人口普查数据"工作表的 A1:C34 单元格区域。

(4) 打开"比较数据"工作表，选择 A1 单元格，单击【数据】→【数据工具】→【合并计算】，弹出如图 2-6-5 所示的【合并计算】对话框；单击"引用位置"的折叠按钮 🔲，选择"第 5 次人口普查数据"工作表的 A1:C34 单元格区域，单击展开按钮 🔲 展开对话框，单击【添加】按钮使其显示在"所有引用位置"列表中；然后选择"第 6 次人口普查数据"

工作表的 A1:C34 单元格区域，单击【添加】按钮使其显示在"所有引用位置"列表中；选中"标签位置"中的"首行"和"最左列"选项，单击【确定】按钮。

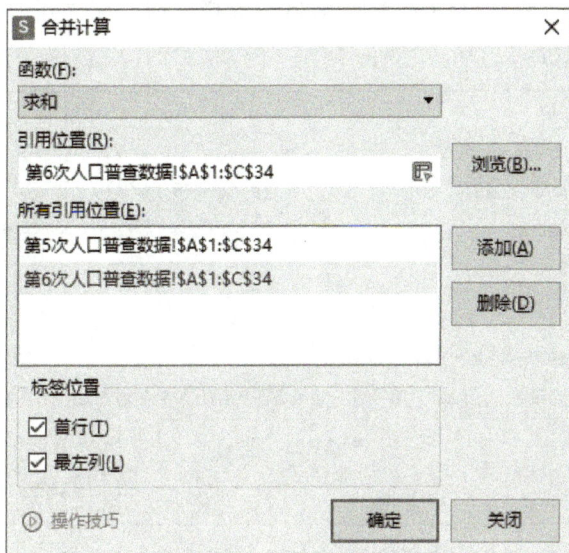

图 2-6-5 【合并计算】对话框

(5) 选择"比较数据"工作表，在 A1 单元格输入"地区"，在 F1 单元格输入"人口增长数"，在 G1 单元格输入"比重变化"；选择 F2 单元格，输入公式"=D2-B2"；选择 G2 单元格，输入公式"=E2-C2"；选择 F2:G2 单元格区域，双击右下角的填充柄，复制公式完成其他记录行的计算。

(6) 选择 A1:G1 单元格区域，点击【开始】→【对齐方式】→【换行】，同样将 A 列单元格也设置为"自动换行"；选择 A1:G34 单元格区域，单击【开始】→【单元格】→【行和列】下拉列表，选择【最适合的列宽】；单击【开始】→【样式】→【套用表格样式】下拉列表，选择主题颜色为蓝色系列的【表样式 2】；设置 C、E、G 三列数据为百分比样式，保留两位小数；除 A 列数据外，其余数据均居中对齐。

> 导入数据：对于未下载的网页中的表格，也可以打开网页将其中的表格进行复制，粘贴到 WPS 表格中。
>
> 合并计算：将多个数据表区域、多张工作表进行计算，并将结果放在另一数据区域或新工作表中，是数组公式的一种使用方法。

2. 导入"统计指标"数据并计算

(1) 打开素材文档"人口普查资料"文件夹中的"统计指标 .et"文件，复制其中的统计表到"比较数据"工作表的 I1 单元格开始的位置，统计表中有"—"符号的单元格为不需要统计的项目。

(2) 计算总人数和总增长数：打开"比较数据"工作表，选择 J2 单元格，输入公式"=SUM(B2:B34)"；选择 K2 单元格，输入公式"=SUM(D2:D34)"；选择 K3 单元格，输入公式"=K2-J2"。

(3) 选择 J4 单元格,单击【公式】→【函数库】→【查找与引用】下拉列表,选择"MATCH"
函数,弹出如图 2-6-6 所示的【函数参数】对话框;在"查找值"参数框中输入"MAX(B2:
B34)",在"查找区域"参数框中选择 B2:B34 单元格区域,在"匹配类型"参数框中输入
"0",单击【确定】按钮。

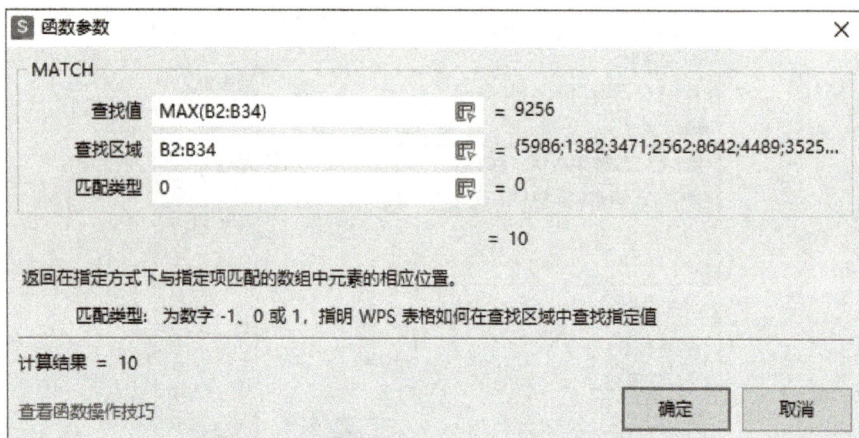

图 2-6-6　MATCH 函数的【函数参数】对话框

(4) 在编辑栏中选择此函数公式 (不包括 "=" 符号),单击【开始】→【剪贴板】→【剪
切】按钮;单击【公式】→【函数库】→【查找与引用】下拉列表,选择"INDEX"函数,
弹出如图 2-6-7 所示的【函数参数】对话框;在"数组"参数框中选择 A2:A34 单元格区域,
右击"行序数"参数框,在出现的快捷菜单中选择【粘贴】,单击【确定】按钮。

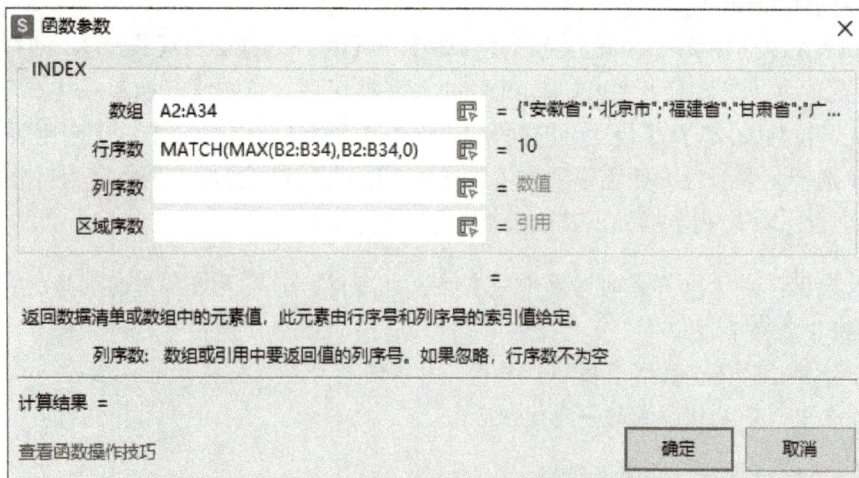

图 2-6-7　INDEX 函数的【函数参数】对话框

(5) 选择 K4 单元格,按照步骤 (3)、(4) 完成对 2010 年人口最多的地区的计算。
(6) 计算人口最少的地区的人口数 (排除 "难以确定常住地" "中国人民解放军现役军
人"的人口数):选择 J5 单元格,单击【公式】→【函数库】→【逻辑】下拉列表,选择"IF"
函数,弹出如图 2-6-8 所示的【函数参数】对话框,在"测试条件"参数框中输入"(A2:A34=
A19)+(A2:A34=A33)",在"真值"参数框中输入"FALSE",在"假值"参数框中输

入"B2:B34"，单击【确定】按钮；然后在编辑栏中选择整个 IF 函数 (不包括左侧的 "=" 符号)，点击【开始】→【剪贴板】→【剪切】；然后输入"MIN()"，在这对圆括号中进行粘贴，使公式变为"=MIN(IF((A2:A34=A19)+(A2:A34=A33),FALSE,B2:B34))"，再按 Ctrl+Shift+Enter 组合键得到一个数组公式，计算结果为"262"。

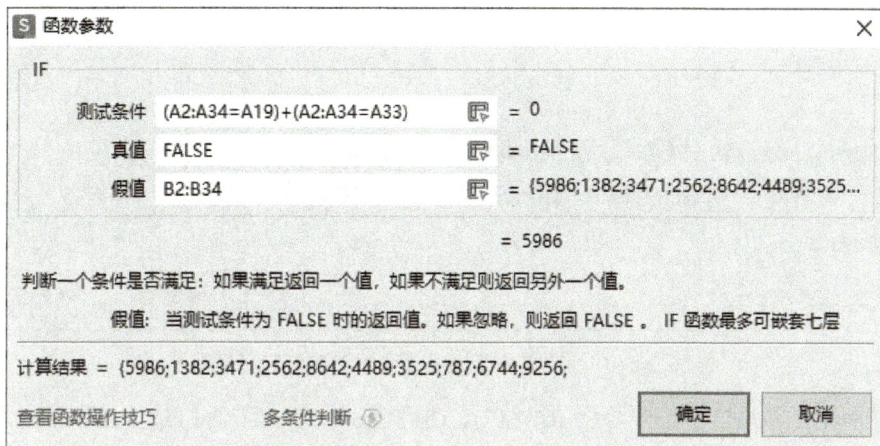

图 2-6-8　IF 函数的【函数参数】对话框

(7) 计算此人口数所在的位置：在编辑栏中选择整个公式 (不包括左侧的 "=" 符号) 进行剪切，然后输入"MATCH()"，单击编辑栏左侧的【插入函数】按钮，弹出如图 2-6-9 所示的【函数参数】对话框；光标定位在"查找值"输入框，点击鼠标右键，在出现的快捷菜单中选择【粘贴】，在"查找区域"参数框中选择 B2:B34 单元格区域，在"匹配类型"参数框中输入"0"，单击【确定】按钮。

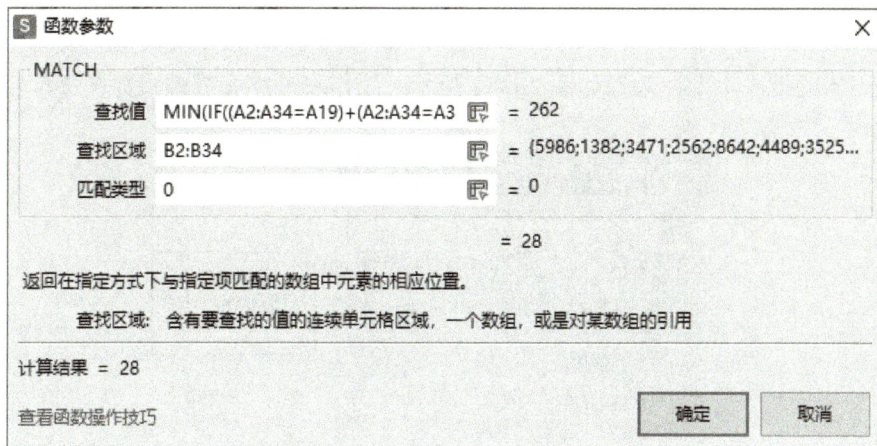

图 2-6-9　MATCH 函数的【函数参数】对话框

(8) 计算此位置所对应的地区：在编辑栏中选择整个公式 (不包括左侧的 "=" 符号) 进行剪切，然后输入"INDEX()"，单击编辑栏左侧的【插入函数】按钮，弹出如图 2-6-10 所示的【函数参数】对话框；在"数组"参数框中选择 A2:A34 单元格区域，右击"行序数"参数框，在出现的快捷菜单中选择【粘贴】，单击【确定】按钮。

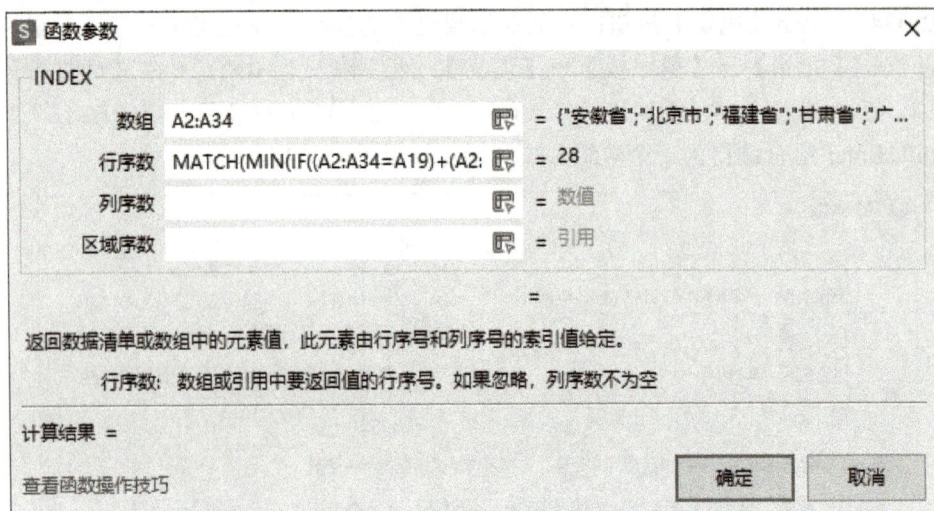

图 2-6-10　INDEX 函数的【函数参数】对话框

(9) 选择 K5 单元格，按照步骤 (6)、(7)、(8) 完成对 2010 年人口最少地区的计算。

(10) 计算人口增长最多的地区：选择 K6 单元格，输入公式 "=INDEX(A2:A34,MATCH(MAX(F2:F34),F2:F34,0))" 即可完成计算。

(11) 计算人口增长最少的地区：选择 K7 单元格，输入公式 "=INDEX(A2:A34,MATCH(MIN(F2:F34),F2:F34,0))" 即可完成计算。

(12) 计算人口为负增长的地区数：选择 K8 单元格，输入公式 "=COUNTIF(F2:F34,"<0")" 即可完成计算。

(13) 选择 J5 单元格，单击【审阅】→【批注】→【新建批注】，在出现的批注编辑框中输入 "此处为数组公式，须按 Ctrl + Shift + Enter 组合键确认公式编辑完成"，K5 单元格也设置同样的批注，批注效果如图 2-6-11 所示；工作表最终完成效果如图 2-6-4 所示。

图 2-6-11　单元格批注效果图

1. MATCH(获取元素位置) 函数

语法：MATCH(查找值，查找区域，匹配类型)。

参数：查找值是在数组中所要查找匹配的值，可以是数值、文本、逻辑值，或者对上述类型的引用。查找区域为含有要查找的值的连续单元格区域、一个数组或是对某数组的引用。匹配类型为数字 -1、0 或 1，指明 WPS 表格如何在查找区域中查找指定值；取 1 或省略时，查找小于或等于匹配值的最大值，但要求搜索区域需先按升序排序；取 0 时查找等于匹配值的第一值；取 -1 时查找大于或等于匹配值的最小值，但要求搜索区域需先按降序排列。

2. INDEX(获取特定位置值) 函数

语法：INDEX(array，row_num，[column_num])。

参数：array 为单元格区域或数组常量；row_num 为特定值的行序号；column_num 为可选项，为特定值的列序号。

3. 数组公式

数组公式是数组进行运算的等式。在 Excel 中要将一个公式设置为数组公式，只需单击编辑栏中的公式，按下 Ctrl + Shift + Enter 组合键，即可出现一对"{}"这样的花括号，将整个公式置于其中，表示为数组公式。

3. 创建"透视分析"工作表

(1) 打开"比较数据"工作表，选择 A1:G34 单元格，单击【插入】→【表格】→【数据透视表】，在弹出的【创建数据透视表】对话框中单击【确定】按钮，在"比较数据"工作表左侧出现 Sheet4 工作表。

(2) 将 Sheet4 工作表重命名为"透视分析"，拖曳右侧【数据透视表】窗格【字段列表】面板中的"地区"到"行"区域中，拖曳"2010 年人口数 (万人)""2010 年比重""人口增长数"三个字段到"值"区域中。

(3) 单击透视表中【地区】的【自动筛选】按钮，在展开的下拉列表中选择【值筛选】→【大于】，弹出如图 2-6-12 所示的【值筛选 (地区)】对话框，在右侧的文本框中输入"5000"，单击【确定】按钮。

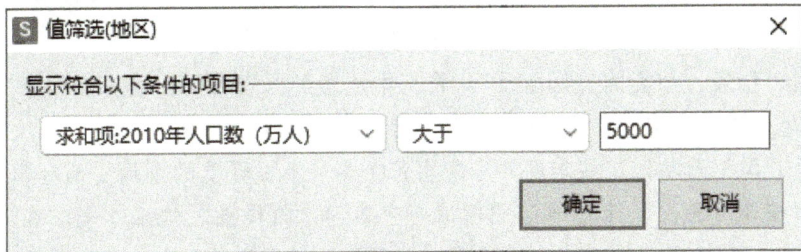

图 2-6-12 【值筛选 (地区)】对话框

(4) 再次单击【行标签】的【自动筛选】按钮，在展开的下拉列表中选择【降序】，选择 C4:C14 单元格区域，单击【开始】→【数字格式】→【百分比】，并保留 2 位小数。完成效果如图 2-6-3 所示。

任务总结

本任务利用人口普查数据介绍网页数据导入、常用函数的应用和函数嵌套、数组公式的使用方法，以及合并计算、数据透视表等数据处理方法的应用等。

实践演练

制作生活开支明细表数据分析表

小美是一名参加工作不久的女大学生，她习惯使用 WPS 表格来记录每月的个人开支情况。2018 年底，小美将每个月各类支出的明细数据录入了名为"生活开支明细表 .et"的 WPS 表格文件中，根据要求对明细表进行整理和分析。

1. 操作要求

(1) 在工作表文件"项目二\任务六\小美的美好生活 .et"的第一行添加表标题"小美 2018 年开支明细表"，并通过合并单元格，使标题置于整个表的上端、居中。

(2) 将工作表应用一种主题，并增大字号，适当加大行高和列宽，设置居中对齐方式，除表标题"小美 2018 年开支明细表"外，为工作表分别增加适当的边框和底纹以使工作表更加美观。

(3) 将每月各类支出及总支出对应的单元格数据类型都设为"货币"类型，无小数、有人民币货币符号。

(4) 通过函数计算每个月的总支出、各个类别月均支出、每月平均总支出；并按每个月总支出升序对工作表进行排序。

(5) 利用"条件格式"功能，将月单项开支金额中大于 1000 元的数据所在单元格以红色字体与黄色底纹显示；将月总支出额中大于月均总支出 110% 的数据所在单元格以绿色底纹显示，所用颜色深浅以不遮挡数据为宜。

(6) 在"年月"与"服装服饰"列之间插入新列"季度"，根据月份由函数计算出结果。例如：1～3 月对应"1 季度"，4～6 月对应"2 季度"，依此类推。

(7) 复制工作表"小美的美好生活"，将副本放置到原表右侧；改变该副本工作表标签的颜色为橙色，并重命名为"按季度汇总"；删除"月均开销"对应行。

(8) 通过分类汇总功能，按季度升序求出每个季度各类开支的月均支出金额。

(9) 在"按季度汇总"工作表后面新建一个名为"折线图"的工作表，在该工作表中以分类汇总结果为基础，创建一个折线图，水平轴标签为各类开支，对各类开支的季度平均支出进行比较，给每类开支的最高季度月均支出值添加数据标签。

(10) 以原文件名保存文件。

2. 作品效果图

制作好的生活开支明细表数据分析表的效果如图 2-6-13～图 2-6-15 所示。

年月	季度	服装服饰	饮食	水电气房租	交通	通信	阅读培训	社交应酬	医疗保健	休闲旅游	个人兴趣	公益活动	总支出
										小美2018年开支明细表			
2018年11月	4季度	¥200	¥900	¥1,000	¥120	¥0	¥50	¥100	¥100	¥0	¥420	¥66	¥2,956
2018年4月	2季度	¥100	¥900	¥1,000	¥300	¥100	¥80	¥300	¥0	¥100	¥450	¥66	¥3,396
2018年3月	1季度	¥50	¥750	¥1,000	¥300	¥200	¥60	¥200	¥200	¥300	¥350	¥66	¥3,476
2018年6月	2季度	¥200	¥850	¥1,050	¥200	¥100	¥100	¥200	¥230	¥0	¥500	¥66	¥3,496
2018年5月	2季度	¥150	¥800	¥1,000	¥150	¥200	¥0	¥600	¥100	¥230	¥300	¥66	¥3,596
2018年10月	4季度	¥100	¥900	¥1,000	¥280	¥0	¥0	¥500	¥0	¥400	¥350	¥66	¥3,596
2018年1月	1季度	¥300	¥800	¥1,100	¥260	¥0	¥0	¥300	¥50	¥180	¥350	¥66	¥3,606
2018年9月	3季度	¥1,100	¥850	¥1,000	¥220	¥0	¥0	¥200	¥130	¥80	¥350	¥66	¥4,046
2018年12月	4季度	¥300	¥1,050	¥1,100	¥350	¥0	¥80	¥500	¥60	¥200	¥400	¥66	¥4,106
2018年8月	3季度	¥300	¥900	¥1,100	¥180	¥0	¥80	¥300	¥50	¥100	¥1,200	¥66	¥4,276
2018年7月	3季度	¥100	¥750	¥1,100	¥250	¥900	¥2,600	¥200	¥100	¥0	¥350	¥66	¥6,416
2018年2月	1季度	¥1,200	¥600	¥900	¥1,000	¥300	¥0	¥2,000	¥0	¥500	¥400	¥66	¥6,966
月均开销		¥342	¥838	¥1,029	¥301	¥158	¥271	¥450	¥85	¥174	¥448	¥66	¥4,161

图 2-6-13 "小美的美好生活"工作表

季度	服装服饰	饮食	水电气房租	交通	通信	阅读培训	社交应酬	医疗保健	休闲旅游	个人兴趣	公益活动	总支出
1季度 平均值	¥517	¥717	¥1,000	¥520	¥200	¥53	¥833	¥83	¥327	¥367	¥66	
2季度 平均值	¥150	¥850	¥1,017	¥217	¥133	¥60	¥367	¥110	¥110	¥417	¥66	
3季度 平均值	¥500	¥833	¥1,067	¥217	¥300	¥927	¥233	¥93	¥60	¥617	¥66	
4季度 平均值	¥200	¥950	¥1,033	¥250	¥0	¥43	¥367	¥53	¥200	¥390	¥66	
总计平均值	¥342	¥838	¥1,029	¥301	¥158	¥271	¥450	¥85	¥174	¥448	¥66	

图 2-6-14 "按季度汇总"工作表

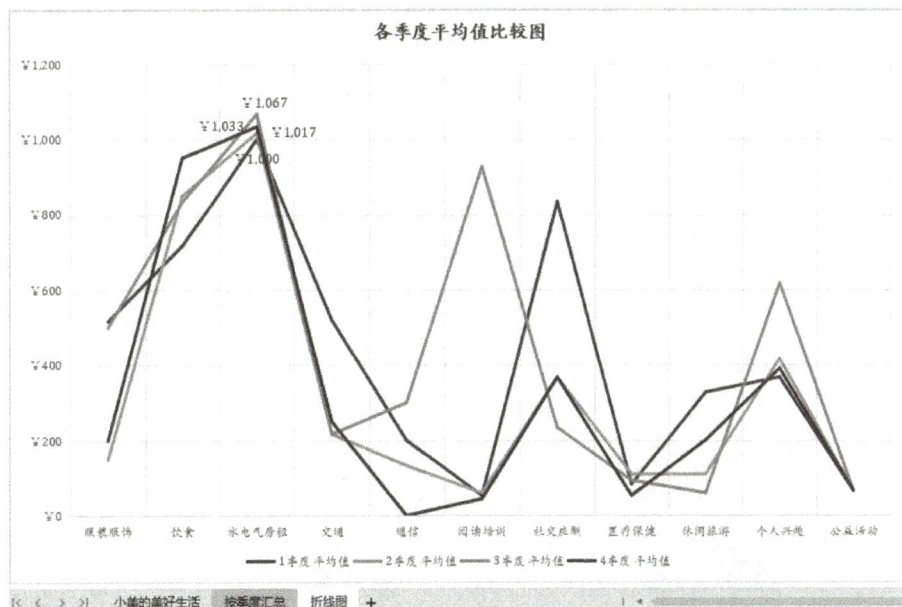

图 2-6-15 "折线图"工作表

任务七　制作员工工资及奖金发放表

任务简介

　　每年年终，阳光公司都会给在职员工发放年终奖金，公司会计小颜已从人事处获取了员工的档案资料，现在他需要利用其中的数据计算年终奖金的个人所得税及 12 月工资，并为每位员工制作工资条，完成一个工资账套文件的制作。

　　工资、奖金的计算及工资条制作的效果如图 2-7-1～图 2-7-5 所示。

	A	B	C	D	E	F	G	H	I	J	K
1	工号	姓名	部门	职务	身份证号	性别	出生日期	年龄	学历	入职时间	工龄
2	YG001	许明理	管理	总经理	110108196301020119	男	1963年1月2日	56	博士	1981年2月	37
3	YG002	赵春秋	行政	文秘	110105198903040128	女	1989年3月4日	29	大专	2012年3月	6
4	YG003	唐丰收	管理	研发经理	310108197712121139	男	1977年12月12日	41	硕士	2003年7月	15
5	YG004	张祥瑞	研发	员工	372208197910090512	男	1979年10月9日	39	本科	2003年7月	15
6	YG005	马明德	人事	员工	110101197209021144	女	1972年9月2日	46	本科	2001年6月	17
7	YG006	李明启	研发	员工	110108198812120129	女	1988年12月12日	30	本科	2005年9月	13
8	YG007	石中天	管理	部门经理	410205197412278211	男	1974年12月27日	44	硕士	2001年3月	17
9	YG008	邓纳川	管理	销售经理	110102197305120123	女	1973年5月12日	45	硕士	2001年10月	17
10	YG009	唐瑛	行政	员工	551018198607301126	女	1986年7月30日	32	本科	2010年5月	8
11	YG010	甘甜	研发	员工	372208197510070512	男	1985年10月7日	33	本科	2009年5月	9
12	YG011	李嫣然	研发	员工	410205197908278231	男	1979年8月27日	39	本科	2011年4月	7
13	YG012	费婉约	销售	员工	110106198504040127	女	1985年4月4日	33	大专	2013年1月	6
14	YG013	孙锦鸣	研发	项目经理	370108197802203159	男	1978年2月20日	40	硕士	2003年8月	15
15	YG014	吴天语	行政	员工	610308198111020379	男	1981年11月2日	37	本科	2009年5月	9
16	YG015	钱无尘	管理	人事经理	420316197409283216	男	1974年9月28日	44	硕士	2006年12月	12

员工基础档案　年终奖金　12月工资表　个人所得税税率

图 2-7-1　"员工基础档案"工作表效果图 (部分)

	A	B	C	D	E	F	G	H
1	阳光公司2018年度年终奖金计算表							
2								
3	员工编号	姓名	部门	基本月工资	应发奖金	月应税所得额	应交个税	实发奖金
4	YG001	许明理	管理	40,050.00	72,090.00	6,007.50	7,758.00	64,332.00
5	YG002	赵春秋	行政	4,820.00	8,676.00	723.00	260.28	8,415.72
6	YG003	唐丰收	管理	12,030.00	21,654.00	1,804.50	905.40	20,748.60
7	YG005	马明德	人事	6,230.00	11,214.00	934.50	336.42	10,877.58
8	YG006	李明启	研发	5,530.00	9,954.00	829.50	298.62	9,655.38
9	YG008	邓纳川	管理	18,030.00	32,454.00	2,704.50	1,985.40	30,468.60
10	YG010	甘甜	研发	6,020.00	10,836.00	903.00	325.08	10,510.92
11	YG011	李嫣然	研发	5,020.00	9,036.00	753.00	271.08	8,764.92
12	YG012	费婉约	销售	4,520.00	8,136.00	678.00	244.08	7,891.92
13	YG014	吴天语	行政	5,720.00	10,296.00	858.00	308.88	9,987.12
14	YG015	钱无尘	管理	15,030.00	27,054.00	2,254.50	1,445.40	25,608.60
15	YG017	石蜿蜒	研发	18,030.00	32,454.00	2,704.50	1,985.40	30,468.60

员工基础档案　年终奖金　12月工资表　个人所得税税率

图 2-7-2　"年终奖金"工作表效果图 (部分)

阳光公司2018年12月份员工工资表												
员工编号	姓名	部门	基本工资	应发年终奖金	补贴	扣除病事假	应发工资奖金合计	扣除社保	应纳税所得额	工资个税	奖金个税	实发工资奖金
YG001	许明理	管理	40,050.00	72,090.00	260.00	230.00	112,170.00	460.00	36,580.00	8,219.00	7,758.00	95,733.00
YG002	赵春秋	行政	4,820.00	8,676.00	260.00	352.00	13,404.00	309.00	1,228.00	36.84	260.28	12,797.88
YG003	唐丰收	管理	12,030.00	21,654.00	260.00	-	33,944.00	289.00	8,790.00	1,203.00	905.40	31,546.60
YG005	马明德	人事	6,230.00	11,214.00	260.00	130.00	17,574.00	360.00	2,860.00	181.00	336.42	16,696.58
YG006	李明启	研发	5,530.00	9,954.00	260.00	-	15,744.00	289.00	2,290.00	124.00	298.62	15,032.38
YG008	邓纳川	管理	18,030.00	32,454.00	260.00	-	50,744.00	289.00	14,790.00	2,692.50	1,985.40	45,777.10
YG010	甘甜	研发	6,020.00	10,836.00	260.00	-	17,116.00	206.00	2,780.00	173.00	325.08	16,411.92
YG011	李嫣然	研发	5,020.00	9,036.00	260.00	155.00	14,161.00	308.00	1,625.00	57.50	271.08	13,524.42
YG012	费婉约	销售	4,520.00	8,136.00	260.00	-	12,916.00	289.00	1,280.00	38.40	244.08	12,344.52
YG014	吴天语	行政	5,720.00	10,296.00	260.00	25.00	16,251.00	289.00	2,455.00	140.50	308.88	15,512.62

员工基础档案　年终奖金　12月工资表　个人所得税税率

图 2-7-3　“12 月工资表”工作表效果图 (部分)

个人所得税税率表 (含税级距，工资、薪金所得适用)			
级数	月应税所得额	税率%	速算扣除数
1	不超过1500元的	3%	0
2	超过1500元至4500元的部分	10%	105
3	超过4500元至9000元的部分	20%	555
4	超过9000元至35000元的部分	25%	1005
5	超过35000元至55000元的部分	30%	2755
6	超过55000元至80000元的部分	35%	5505
7	超过80000元的部分	45%	13505
	个人所得税费用减除标准	3500	

12月工资表　个人所得税税率　工资条　工资条样

图 2-7-4　“个人所得税税率”工作表

员工编号	姓名	部门	基本工资	应发年终奖金	补贴	扣除病事假	应发工资奖金合计	扣除社保	应纳税所得额
YG001	许明理	管理	40050	72090	260	230	112170	460	36580
员工编号	姓名	部门	基本工资	应发年终奖金	补贴	扣除病事假	应发工资奖金合计	扣除社保	应纳税所得额
YG002	赵春秋	行政	4820	8676	260	352	13404	309	1228
员工编号	姓名	部门	基本工资	应发年终奖金	补贴	扣除病事假	应发工资奖金合计	扣除社保	应纳税所得额
YG003	唐丰收	管理	12030	21654	260	0	33944	289	8790
员工编号	姓名	部门	基本工资	应发年终奖金	补贴	扣除病事假	应发工资奖金合计	扣除社保	应纳税所得额
YG005	马明德	人事	6230	11214	260	130	17574	360	2860
员工编号	姓名	部门	基本工资	应发年终奖金	补贴	扣除病事假	应发工资奖金合计	扣除社保	应纳税所得额
YG006	李明启	研发	5530	9954	260	0	15744	289	2290

年终奖金　12月工资表　个人所得税税率　工资条　工资条样例

图 2-7-5　“工资条”工作表效果图 (部分)

任务目标

本任务要求熟练掌握 WPS 表格的套用表格样式、单元格格式、页面布局等基本操作，熟悉外部数据的导入方法，熟悉 LEFT、MID、DATE、INT、IF、VLOOKUP、ROUND、ROW、COLUMN、INDEX 等函数的应用。

知识点

• 基本操作：单元格大小、套用表格样式、单元格格式、页面布局的设置。

• 函数应用：LEFT、MID、DATE、INT、IF、VLOOKUP、ROUND、ROW、COLUMN、INDEX 等函数的应用。

任务实施

1. 导入"员工档案"数据并计算

(1) 打开"项目二\任务七\阳光公司员工工资及奖金发放表 .et"文件，右击"年终奖金"工作表标签，选择【插入工作表】；如图 2-7-6 所示，在弹出的【插入工作表】对话框中选择"当前工作表之前"选项，单击【确定】按钮，即在左侧出现"Sheet1"空白工作表，将其重命名为"员工基础档案"；右击"员工基础档案"工作表标签，选择【工作表标签】→【标签颜色】下拉列表"标准色"中的"红色"。

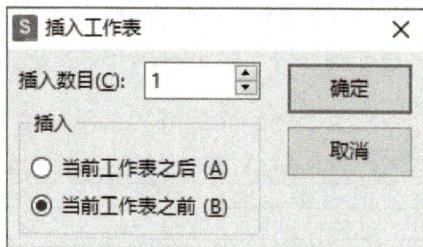

图 2-7-6　【插入工作表】对话框

(2) 选择"员工基础档案"工作表的 A1 单元格，单击【数据】→【获取外部数据】→【导入数据】，在出现的警示对话框中点击【确定】按钮，弹出【第一步：选择数据源】对话框，点击【选择数据源】按钮 (或点击【下一步】按钮)，出现文件的【打开】窗口，在其中找到"员工档案 (素材).csv"文件，点击【打开】按钮；弹出【文件转换】对话框，保留默认设置，单击【下一步】按钮。

(3) 上一步操作后弹出如图 2-7-7 所示的【文本导入向导 -3 步骤之 1】对话框，在"原始数据类型"中选择"分隔符号"选项，单击【下一步】按钮；弹出如图 2-7-8 所示的【文本导入向导 -3 步骤之 2】对话框，选择"分隔符号"中的"逗号"选项，单击【下一步】按钮。

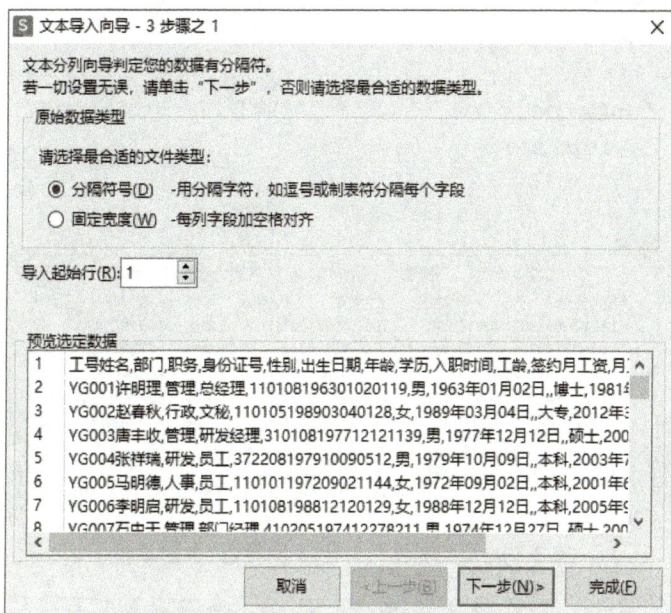

图 2-7-7　【文本导入向导 -3 步骤之 1】对话框

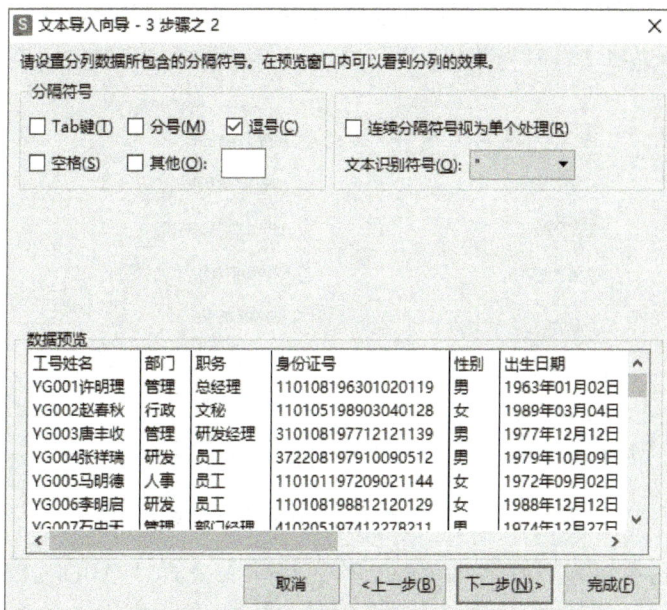

图 2-7-8　【文本导入向导 -3 步骤之 2】对话框

　　(4) 上一步操作后弹出如图 2-7-9 所示的【文本导入向导 -3 步骤之 3】对话框，在"数据预览"列表中单击"身份证号"所在的第 4 列，选择"列数据类型"中的"文本"选项；单击"出生日期"所在的第 6 列，选择"列数据类型"中的"日期"选项，同样选择"入职时间"所在的第 9 列并在"列数据类型"中将其设置为"日期"类型，单击【完成】按钮即可。

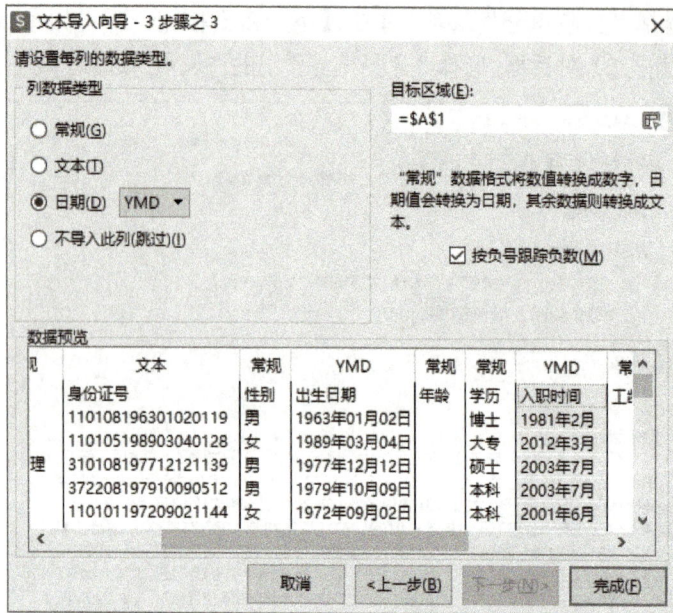

图 2-7-9　【文本导入向导 -3 步骤之 3】对话框

（5）在工作表的 B 列前插入两个空列，在 B1 单元格中输入"工号"，选择 B2 单元格输入公式"=LEFT(A2,5)"，双击填充柄进行公式复制；然后选择 B2:B102 单元格区域进行复制操作，再右键单击 B2 单元格，出现如图 2-7-10 所示的菜单，在右键菜单的【粘贴选项】级联菜单中选择【粘贴为数值】命令项，从而保留公式计算的结果而删除公式。

图 2-7-10　右键菜单中的【粘贴选项】级联菜单

（6）在 C1 单元格输入"姓名"，在 C2 单元格输入公式"=MID(A2,6,4)"，双击填充柄进行公式复制；然后选择 C2:C102 单元格区域进行复制操作，点击【开始】→【剪贴板】→【粘贴】下拉列表中的【值】选项，再右击 A 列并在快捷菜单中选择【删除】。

（7）选择"签约月工资""月工龄工资""基本月工资"三列的数据区域，单击【开始】→【数字格式】功能组启动器按钮，弹出【单元格格式】对话框，在【数字】选项卡的"分类"列表中选择"会计专用"，"货币符号"中选择"无"，单击【确定】按钮。

(8) 选择 H2 单元格，点击【公式】→【函数库】→【时间】下拉列表中的"DATE"
函数，弹出如图 2-7-11 所示的【函数参数】对话框，在"年"参数框中输入"2018"，在"月"
参数框中输入"12"，在"日"参数框中输入"31"，单击【确定】按钮。

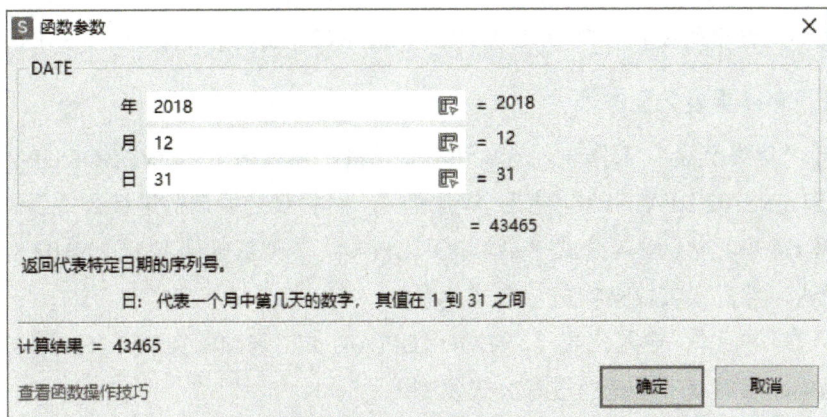

图 2-7-11　DATE 函数的【函数参数】对话框

(9) 单击编辑栏输入框，将公式修改为"=INT((DATE(2018,12,31)-G2)/365)"，单击编
辑栏左侧的输入按钮 ✓，设置数字格式为常规和居中对齐，再双击填充柄进行公式复制。

(10) 选择 K2 单元格，输入公式"=INT((DATE(2018,12,31)-J2)/365)"，单击编辑栏左
侧的输入按钮 ✓，设置数字格式为常规及居中对齐，双击填充柄进行公式复制。

(11) 选择 M2 单元格，输入公式"=IF(K2>=30,50,IF(K2>=10,30,IF(K2>=1,20,0)))"；选
择 N2 单元格，输入公式"=L2+M2"；然后选择 M2:N2 单元格，双击填充柄进行公式复制。

(12) 选择整个数据表，单击【开始】→【样式】→【套用表格样式】下拉列表，选择
主题颜色为绿色系列的【表样式 1】样式，弹出如图 2-7-12 所示的【套用表格样式】对话框，
选中"转换成表格，并套用表格样式"选项，单击【确定】按钮；点击【表格工具】→【属
性】→【表名称：】下的输入框，将默认的"表 1"修改为"档案"；再设置整个数据表
自动调整列宽。完成效果如图 2-7-1 所示。

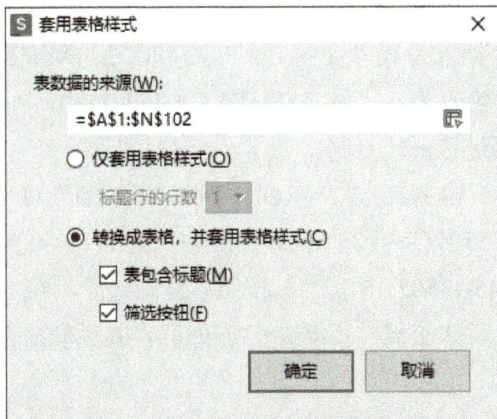

图 2-7-12　【套用表格样式】对话框

1. DATE(日期) 函数

语法：DATE(年，月，日)。

参数：年为年份数值；月为月份数值；日为日数值。

2. M2 单元格中的公式可改为 "=IF(K2<1,0,IF(K2<10,20,IF(K2<30,30,50)))"。

2. 完成 "年终奖金" 工作表

(1) 打开 "年终奖金" 工作表，选择 B4 单元格，输入公式 "=VLOOKUP(A4, 员工基础档案 !$A$1:$N$102,2,FALSE)"，按回车键确认，然后双击填充柄进行公式复制。

(2) 选择 C4 单元格，输入公式 "=VLOOKUP(A4, 员工基础档案 !A1:N102,3,FALSE)"，按回车键确认，然后双击填充柄进行公式复制。

(3) 选择 D4 单元格，输入公式 "=VLOOKUP(A4, 员工基础档案 !A1:N102,14,FALSE)"，按回车键确认，然后双击填充柄进行公式复制。

(4) 选择 E4 单元格，输入公式 "=D4*12*15%"，按回车键确认，然后双击填充柄进行公式复制。

(5) 选择 F4 单元格，输入公式 "=E4/12"，按回车键确认，然后双击填充柄进行公式复制。

(6) 选择 G4 单元格，输入公式 "=IF(F4<=1500,F4*0.03,IF(F4<=4500,F4*0.1-105,IF(F4<=9000,F4*0.2-555,IF(F4<=35000,F4*0.25-1005,IF(F4<=55000,F4*0.3-2755,IF(F4<=80000,F4*0.35-5505,F4*0.45-13505))))))*12"，按回车键确认，然后双击填充柄进行公式复制。

(7) 选择 H4 单元格，输入公式 "=E4-G4"，按回车键确认，然后双击填充柄进行公式复制。完成效果如图 2-7-2 所示。

3. 完成 "12 月工资表" 工作表

(1) 打开 "年终奖金" 工作表，选择 A4:E71 单元格区域进行复制，打开 "12 月工资表" 工作表，选择 A4 单元格，点击【开始】→【剪贴板】→【粘贴】下拉列表中的【选择性粘贴】；打开如图 2-7-13 所示的【选择性粘贴】对话框，保存默认设置，然后点击对话框左下角的【粘贴链接】按钮。

(2) 选择 H4 单元格，输入公式 "=D4+E4+F4-G4"，双击填充柄进行公式复制。

(3) 选择 J4 单元格，输入公式 "=IF((D4+F4-G4-3500)>=0，D4+F4-G4-3500,0)"，按回车键确认后，双击填充柄进行公式复制。

(4) 选择 K4 单元格，输入公式 "=ROUND(IF(J4<=1500,J4*0.03,IF(J4<=4500,J4*0.1-105,IF(J4<=9000,J4*0.2-555,IF(J4<=35000,J4*0.25-1005,IF(J4<=55000,J4*0.3-2755,IF(J4<=80000,J4*0.35-5505,J4*0.45-13505)))))),2)"，按回车键确认后，双击填充柄进行公式复制。

(5) 选择 L4 单元格，输入公式 "= 年终奖金 !G4"，按回车键确认后，双击填充柄进行公式复制。

(6) 选择 M4 单元格，输入公式 "=H4-I4-K4-L4"，按回车键确认后，双击填充柄进行公式复制。完成效果如图 2-7-3 所示。

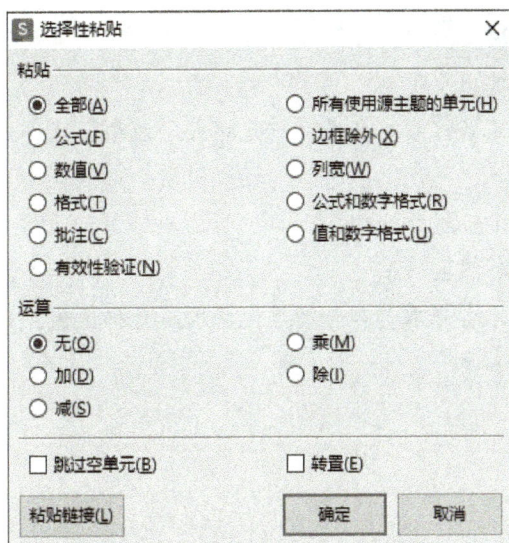

图 2-7-13　【选择性粘贴】对话框

1. ROUND(四舍五入) 函数

语法：ROUND(数值，小数位数)。

参数：数值为需要四舍五入的数值；小数位数为执行四舍五入时采用的位数，如果此参数为负数，则取整到小数点左边，如果此参数为 0 则取整到最接近的整数。

2. 粘贴链接

粘贴链接是选择性粘贴的一种应用，等同一个三维公式，如 L4 单元格中的公式 "=年终奖金 !G4"，在账套中可确保数据的正确性和唯一性；修改原始数据时其他粘贴链接的位置自动修改数据，不需要人工检查修改。

4. 设计"工资条"工作表

(1) 从图 2-7-5 可知，每一个工资条需要占三行，前面两行的内容一致，第 3 行为某员工 12 月的工资数据。打开"工资条"工作表，选择 A1 单元格，输入公式 "=IF(MOD(ROW(),3)=1,"",IF(MOD(ROW(),3)=2,INDEX('12 月工资表 '! \$A\$3:\$M\$3,1,COLUMN()),INDEX('12 月工资表 '!\$A\$4:\$M\$71,ROW()/3,COLUMN())))" 按回车键确认，然后将 A1 单元格的公式横向填充到 M1 单元格，接着选择 A1:M1 单元格区域，利用填充柄竖向填充公式到 204 行，即可得到如图 2-7-5 所示的工资条效果。

(2) 工作表所有单元格均设置为居中对齐，第 1 行行高设置为 20 磅；选择 A2:M3 单元格区域加实线边框，行高设置为 15 磅；然后选择前 3 行利用格式刷复制格式到 204 行。

(3) 单击【页面】→【打印设置】→【纸张方向】下拉列表中的【横向】；单击【页面】→【打印设置】→【打印缩放】下拉列表，选择【将所有列打印在一页】；点击【页面】→【页边距】→【自定义页边距】，打开【页面设置】对话框的【页边距】选项卡，其中"居中方式"选择"水平"，单击【确定】按钮。

1. ROW(行号) 函数

语法：ROW(参照区域)。

参数：参照区域为准备求取其行号的单元格或单元格区域，如果忽略，则返回当前行的行号。

2. COLUMN(列号) 函数

语法：COLUMN(参照区域)。

参数：参照区域为准备求取其列号的单元格或单元格区域，如果忽略，则返回当前列的列号。

任务总结

本任务通过制作公司员工基础档案工作表及工资、奖金相关工作表学习了外部数据导入的方法、常用函数的应用和函数嵌套以及账套工作簿的制作方法。

实践演练

制作高一学生成绩统计分析工作簿

期末考试结束了，高一 (3) 班的班主任助理陈老师需要对本班学生的各科考试成绩进行统计分析，并按原文件名对学生成绩表进行保存，以备制作成绩通知单时使用。

1. 操作要求

(1) 打开 "项目二 \ 任务七 \ 学生成绩 .et" 文件，在最左侧插入一个空白工作表，重命名为 "高一学生档案"，并将该工作表标签颜色设为 "紫色 (标准色)"。

(2) 将以制表符分隔的文本文件 "学生档案 .txt" 自 A1 单元格开始导入工作表 "高一学生档案" 中，注意不得改变原始数据的排列顺序。将第 1 列数据从左到右依次分成 "学号" 和 "姓名" 两列显示。最后创建一个名为 "档案" 的、包含数据区域 A1:G56 以及包含标题的表，同时删除外部链接。

(3) 在工作表 "高一学生档案" 中，利用公式及函数依次输入每个学生的性别（"男" 或 "女"）、出生日期（"××××年××月××日"）和年龄。其中，身份证号的倒数第 2 位用于判断性别，奇数为男性，偶数为女性；身份证号的第 7～14 位代表出生年月日；年龄需要按周岁计算，满 1 年才能计 1 岁。最后，适当调整工作表的行高和列宽、套用表格格式、对齐方式等，以方便阅读。

(4) 参考工作表 "高一学生档案"，在工作表 "语文" 中利用 VLOOKUP 函数填入与学号对应的 "姓名"；按照平时、期中、期末成绩各占 30%、30%、40% 的比例计算每个学生的 "学期成绩" 并填入相应单元格中；按成绩由高到低的顺序统计每个学生的 "学期成绩"排名并按"第 n 名"的形式填入"班级名次"列中；按照表 2-7-1 所示条件填写"期末总评"。

表 2-7-1　评 级 条 件

语文、数学的学期成绩 / 分	其他科目的学期成绩 / 分	期末总评
≥105	≥90	优秀
≥85	≥75	良好
≥72	≥60	及格
＜72	＜60	不及格

(5) 将工作表"语文"套用表格格式，行高设置为 20 磅，列宽为 12 字符，将工作表"语文"的格式全部应用到其他科目工作表中。并按上述 (4) 中的要求统计其他科目的"姓名""学期成绩""班级名次"和"期末总评"。

(6) 分别将各科的"学期成绩"引入到工作表"期末总成绩"的相应列中，计算各科的平均分及每个学生的总分，并按成绩由高到低的顺序统计每个学生的总分排名，最后将所有成绩的数字格式设为数值、保留两位小数。

(7) 在工作表"期末总成绩"列中分别用红色 (标准色) 和加粗格式标出各科第一名的成绩。同时将前 10 名的总分成绩用浅蓝色填充。

(8) 在工作表"期末总成绩"列中的 L3:L47 单元格中，插入用于统计单科成绩趋势的迷你折线图，各单元格中迷你图的数据范围为所对应的单科成绩数据；并标记成绩最高点为红色，成绩最低点为紫色。

(9) 调整工作表"期末总成绩"的 A 到 K 列的列宽度为 8 字符，L 列的列宽为 14 字符；设置纸张方向为横向，缩减打印输出使所有列只占一个页面宽 (但不得缩小列宽)，水平居中并进行打印。

(10) 以原文件名保存文件。

2. 作品效果图

高一学生成绩统计分析工作簿制作效果如图 2-7-14～图 2-7-17 所示。

▲	A	B	C	D	E	F	G
1	学号	姓名	身份证号码	性别	出生日期	年龄	籍贯
2	G200317	马小军	110101200301051054	男	2003年01月05日	21	湖北
3	G200401	曾令铨	110102200212191513	男	2002年12月19日	21	北京
4	G200201	张国强	110102200203292713	男	2002年03月29日	21	北京
5	G200324	孙令煊	110102200204271532	男	2002年04月27日	21	北京
6	G200304	江晓勇	110102200205240451	男	2002年05月24日	21	山西
7	G201001	吴小飞	110102200205281913	男	2002年05月28日	21	北京
8	G200322	姚南	110103200203040920	女	2002年03月04日	21	北京
9	G200325	杜学江	110103200203270623	女	2002年03月27日	21	北京

|< < > >|　高一学生档案　语文　数学　英语　物理　化学　品德　历史　期末总成绩　… +

图 2-7-14　"高一学生档案"工作表效果图 (部分)

	A	B	C	D	E	F	G	H
1	学号	姓名	平时成绩	期中成绩	期末成绩	学期成绩	班级名次	期末总评
2	G200301	宋子丹	97.00	96.00	102.00	98.70	第11名	良好
3	G200302	郑菁华	99.00	94.00	101.00	98.30	第14名	良好
4	G200303	张雄杰	98.00	82.00	91.00	90.40	第28名	良好
5	G200304	江晓勇	87.00	81.00	90.00	86.40	第33名	良好
6	G200305	齐小娟	103.00	98.00	96.00	98.70	第11名	良好
7	G200306	孙如红	96.00	86.00	91.00	91.00	第26名	良好
8	G200307	甄士隐	109.00	112.00	104.00	107.90	第1名	优秀
9	G200308	周梦飞	81.00	71.00	88.00	80.80	第42名	及格
10	G200309	杜春兰	103.00	108.00	106.00	105.70	第2名	优秀

图 2-7-15 "语文"工作表效果图（部分）

	A	B	C	D	E	F	G	H
1	学号	姓名	平时成绩	期中成绩	期末成绩	学期成绩	班级名次	期末总评
2	G200301	宋子丹	82.00	89.00	83.00	84.50	第40名	良好
3	G200302	郑菁华	89.00	95.00	82.00	88.00	第35名	良好
4	G200303	张雄杰	92.00	99.00	95.00	95.30	第10名	优秀
5	G200304	江晓勇	97.00	92.00	95.00	94.70	第11名	优秀
6	G200305	齐小娟	85.00	88.00	90.00	87.90	第36名	良好
7	G200306	孙如红	96.00	92.00	94.00	94.00	第17名	优秀
8	G200307	甄士隐	93.00	94.00	87.00	90.90	第28名	优秀
9	G200308	周梦飞	96.00	98.00	95.00	96.20	第8名	优秀
10	G200309	杜春兰	92.00	95.00	96.00	94.50	第12名	优秀

图 2-7-16 "英语"工作表效果图（部分）

	A	B	C	D	E	F	G	H	I	J	K	L
1	高一（3）班第二学期期末成绩表											
2	学号	姓名	语文	数学	英语	物理	化学	品德	历史	总分	总分排名	单科成绩趋势
3	G200301	宋子丹	98.70	87.90	84.50	93.80	76.20	90.00	76.90	608.00	31	
4	G200302	郑菁华	98.30	112.20	88.00	96.60	78.60	90.00	93.20	656.90	3	
5	G200303	张雄杰	90.40	103.60	95.30	93.80	72.30	94.60	74.20	624.20	16	
6	G200304	江晓勇	86.40	94.80	94.70	93.50	84.50	93.60	86.60	634.10	10	
7	G200305	齐小娟	98.70	108.80	87.90	96.70	75.80	78.00	88.30	634.20	9	
8	G200306	孙如红	91.00	105.00	94.00	75.90	77.90	94.10	88.40	626.30	13	
9	G200307	甄士隐	107.90	95.90	90.90	95.60	89.60	90.50	84.40	654.80	4	
10	G200308	周梦飞	80.80	92.00	96.20	73.60	68.90	78.70	93.00	583.20	41	
11	G200309	杜春兰	105.70	81.20	94.50	96.80	63.70	77.40	67.00	586.30	40	
12	G200310	苏国强	89.60	80.10	77.90	76.90	80.50	75.60	67.10	547.70	43	

图 2-7-17 "期末总成绩"工作表效果图（部分）

项目三

WPS 演示文稿高级应用

项目分析

WPS 演示的应用领域非常广泛,如可应用于工作汇报、企业宣传、产品推介、婚礼庆典、项目竞标、管理咨询等领域。WPS 演示已逐渐成为各行各业都在使用的主流演示文稿处理工具。

本项目通过以下任务的练习,完成对 WPS 演示的学习。

(1) 制作魅力重庆电子画册。

(2) 制作审计业务档案管理实务培训课件。

(3) 制作科技馆"带你走进航空母舰"的演示文稿。

知识目标

(1) 掌握演示文稿的基本操作。

(2) 掌握演示文稿的外观设计。

(3) 重点掌握各种对象(如文本、图片、形状、SmartArt、艺术字、音频、视频等)的插入及格式设置。

(4) 熟练掌握演示文稿的动画及放映设置,包括对象动画设置、幻灯片切换、幻灯片放映等。

能力目标

通过对 WPS 演示文稿的学习,能够根据设计需要选择相应的模板、主题等进行幻灯片设计;能够插入对象和编辑对象;能设计出适合的动画与幻灯片的切换效果;能够综合运用演示文稿的各个知识点,完成各类演示文稿的制作。

任务一　制作魅力重庆电子画册

任务简介

小王是重庆某旅行社的员工，为加大对重庆的旅游宣传，公司要求小王制作"魅力重庆"电子画册，对重庆的网红景点进行宣传，要求图文并茂、动态展示。小王接到任务后，收集了重庆的许多素材资料，准备用 WPS 演示制作演示文稿，并保存为视频格式。

本任务的最终设计效果图如图 3-1-1 所示。

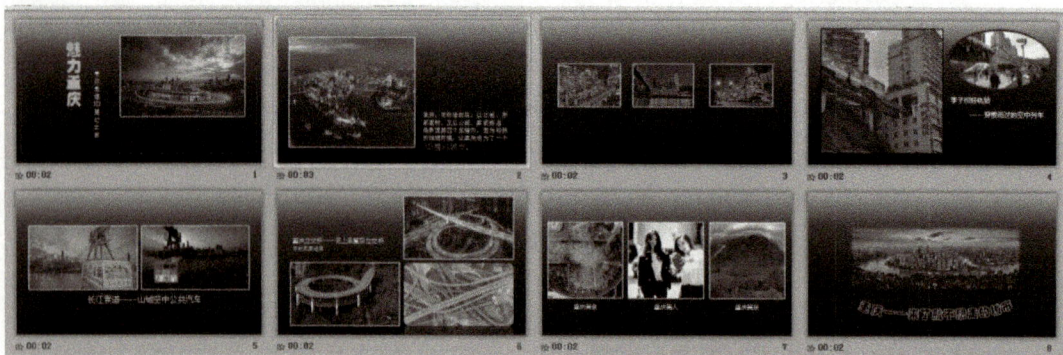

图 3-1-1　"魅力重庆"电子画册设计效果图

任务目标

了解 WPS 演示相册模板的应用范围、各视图界面组成及占位符，掌握幻灯片制作的基本操作，能够熟练地插入和更改图片、文本、形状、艺术字及其格式并进行动画设计。

知识点

- WPS 演示界面及视图的设置。
- 演示文稿的基本操作：新建、保存、关闭。
- 幻灯片的基本操作：新建、删除、移动、复制。
- 幻灯片中插入对象：插入文本、图片、艺术字、音频。
- 幻灯片中对象格式的设置：设置形状样式、填充、轮廓、效果、排列、大小。

- 幻灯片设计：设置页面、主题、背景。
- 幻灯片中对象的动画设置：进入、强调、退出动画及其属性设置。
- 幻灯片切换：切换动画、计时。
- 幻灯片放映：从头开始、当页开始、放映设置。

任务实施

1. 准备素材，创建演示文稿

启动 WPS Office 应用程序，单击【新建】→【演示】，显示如图 3-1-2 所示的模板列表，选择【空白演示文稿】。右击第一张幻灯片，在弹出的快捷菜单中选择【新建幻灯片】，建立总数为 8 张的演示文稿。

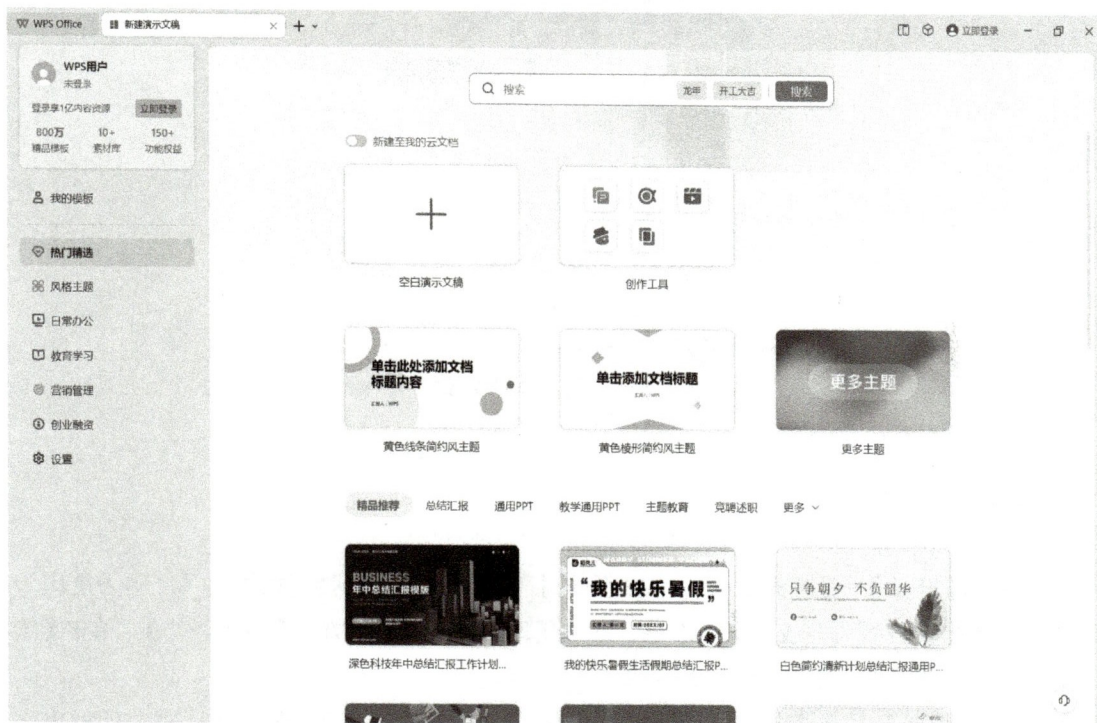

图 3-1-2　新建演示文稿界面

2. 幻灯片版面及总体设计

(1) 单击【设计】→【幻灯片大小】→【宽屏 (16∶9)】。

(2) 单击【设计】→【背景】→【背景填充】，弹出如图 3-1-3 所示的【对象属性】窗格。选择"渐变填充"，角度设置为 270.0°，色标颜色如图 3-1-3 所示 (也可根据自己的喜好设置)，其余为默认值，单击【全部应用】按钮，将设置的格式应用于所有幻灯片。

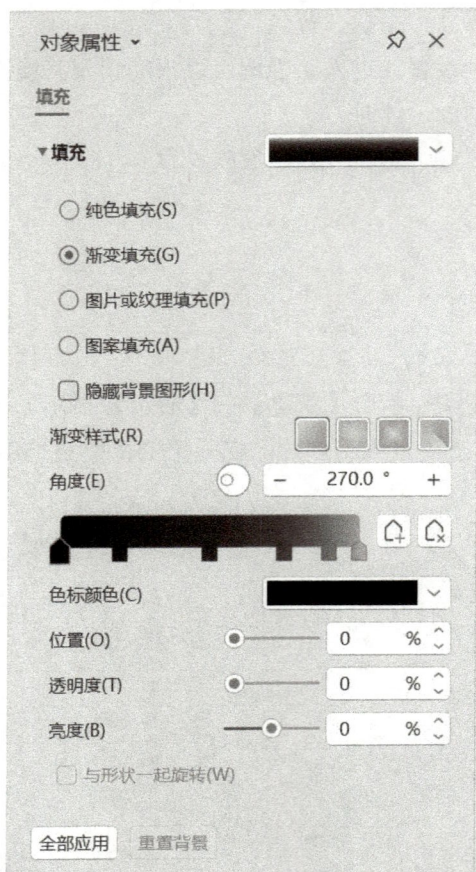

图 3-1-3 【对象属性】窗格

3. 设计幻灯片的内容

(1) 设计第 1 张幻灯片。

选中第 1 张幻灯片，在幻灯片编辑区进行如下操作：

① 单击【开始】→【版式】，选择空白版式，插入任意一种艺术字样式，输入"魅力重庆"，并将其字体格式设置为华文琥珀、48 磅；单击【段落】→【文字方向】→【竖排】；单击【绘图工具】→【大小】，将宽度设置为 3 厘米，高度设置为 10 厘米。

② 单击【插入】→【文本】→【文本框】→【横向文本框】，在幻灯片空白处拉出文本框，然后输入"带你走进 3D 魔幻之都"，并将其字体设置为微软雅黑、18 磅、加粗；单击【开始】→【段落】→【居中】。调整占位符大小，使文字最终成竖向排列，并将其移动至适合的位置。

③ 单击【插入】→【图形和图像】→【图片】→【本地图片】，选择"项目三\任务一\魅力重庆封面 (素材).jpg"完成插入；单击【图片工具】→【格式】→【大小】，将图片的高度设置为 7 厘米，宽度使用默认宽度，同时在【图片工具】中设置图片边框和效果 (样式自定)，拖动图片至合适位置。设置后的效果图如图 3-1-4 所示。

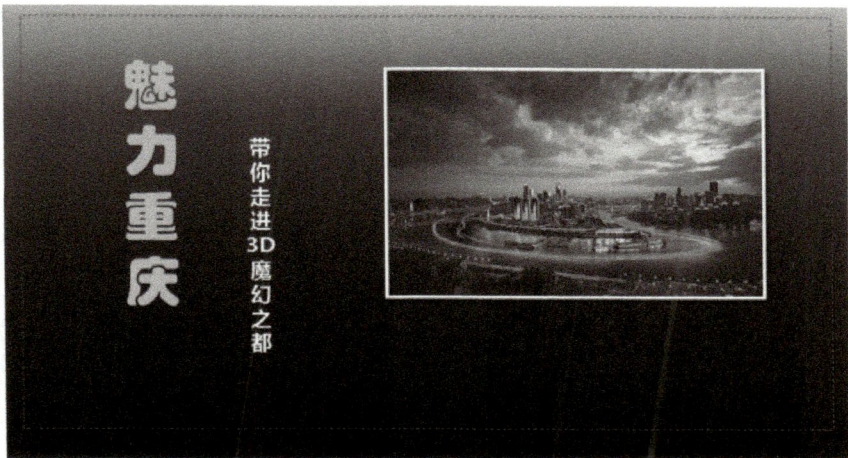

图 3-1-4　第 1 张幻灯片的效果图

(2) 设计第 2 张幻灯片。

选中第 2 张幻灯片，在幻灯片编辑区进行如下操作：

用设计第 1 张幻灯片的相同的方法在第 2 张幻灯片中插入图片 "2 全景 .jpg" 并将其放置到合适位置。插入横向文本框并输入文字 "重庆，简称渝或巴。以江城、桥都著称，又以山城、雾都扬名。是我国第四个直辖市。因为特殊的地理环境，让重庆成为了一个 3D 魔幻城市。" 选择 "3D 魔幻城市" 这几个字并设置其字体为 24 磅、加粗、红色，然后将文本框放置到合适位置。第 2 张幻灯片的设置效果图如图 3-1-5 所示。

图 3-1-5　第 2 张幻灯片的效果图

(3) 设计第 3 张幻灯片。

选中第 3 张幻灯片，在幻灯片编辑区进行如下操作：

① 单击【开始】→【版式】，选择空白版式，依次插入三张图片，即 "3 洪崖洞 1.jpg""3 洪崖洞 2.jpg""3 洪崖洞 3.jpg"。选中这三张图片，单击【图片工具】→【大小】，弹出如图 3-1-6 所示的【对象属性】窗格，取消 "锁定纵横比" 复选框，高度和宽度分别设置

为"5.00 厘米"和"7.00 厘米",单击【关闭】按钮；然后单击【图片工具】→【排列】→【对齐】，分别设置顶端对齐和横向分布，设置列表如图 3-1-7 所示。最后，将这三张图片同时选中并调整至合适位置。

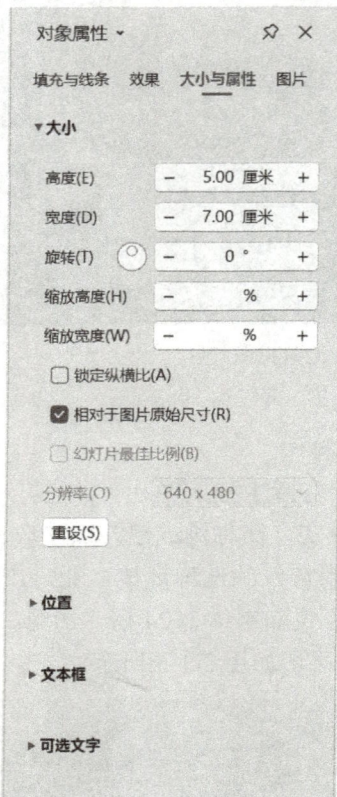

| 图 3-1-6　设置图片大小 | 图 3-1-7　设置对齐方式 |

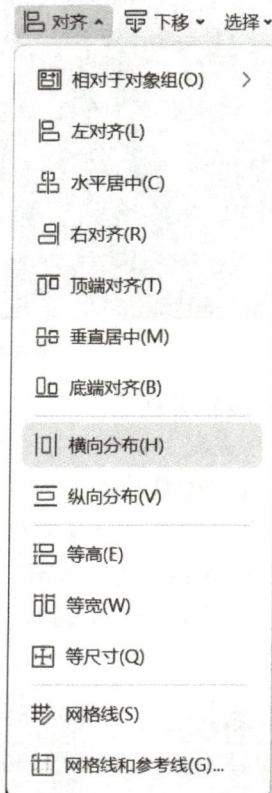

② 在图片下方插入横向文本框并输入文字"洪崖洞——立体式空中步行街"，然后将其字体设置为微软雅黑、32 磅。调整占位符大小并将其移动至合适的位置。设置后的效果图如图 3-1-8 所示。

图 3-1-8　第 3 张幻灯片的效果图

(4) 设计第 4 张幻灯片。

选中第 4 张幻灯片，在幻灯片编辑区进行如下操作：

① 单击【开始】→【版式】,选择空白版式,然后依次插入两张图片,即"4 轻轨 1.jpg""4 轻轨 2.jpg"。选中图片"4 轻轨 1.jpg",单击【图片工具】→【格式】→【图片样式】→【边框】,选择黑色边框;选中另一张图片,单击【图片工具】→【大小】→【裁剪】,在显示的快捷菜单中选择"椭圆"。

② 插入横向文本框并输入"李子坝轻轨站——穿楼而过的空中列车",设置其字体为微软雅黑、40 磅、加粗。设置后的效果图如图 3-1-9 所示。

图 3-1-9　第 4 张幻灯片的效果图

(5) 设计第 5 张幻灯片。

选中第 5 张幻灯片，在幻灯片编辑区进行如下操作：

首先，将幻灯片设置为空白版式，然后插入两张图片："5 索道 1.jpg""5 索道 2.jpg"。插入横向文本框并输入"长江索道——山城空中公共汽车",设置其字体格式为微软雅黑、24 磅、加粗。设置后的效果图如图 3-1-10 所示。

图 3-1-10　第 5 张幻灯片的效果图

(6) 设计第 6 张幻灯片。

选中第 6 张幻灯片，在幻灯片编辑区进行如下操作：

首先，将幻灯片设置为空白版式，然后插入 3 张图片："6 立交桥 1.jpg""6 立交桥 2.jpg""6 立交桥 3.jpg"，按照设置前几张图片的方法设置其样式。插入横向文本框并输入"重庆立交桥——史上最复杂的立交桥导航都要迷路"，设置其字体格式为微软雅黑、18 磅、加粗，选中"导航都要迷路"并更改其字号为 32 磅。设置后的效果图如图 3-1-11 所示。

图 3-1-11　第 6 张幻灯片的效果图

(7) 设计第 7 张幻灯片。

选中第 7 张幻灯片，在幻灯片编辑区进行如下操作：

首先，将幻灯片设置为空白版式，然后插入 3 张图片："7 重庆火锅 .gif""7 美女 .gif""7 重庆美景 .gif"。插入 3 个横向文本框并分别输入文字"重庆美食""重庆美人""重庆美景"，设置其字体为微软雅黑、20 磅、加粗。设置后的效果图如图 3-1-12 所示。

图 3-1-12　第 7 张幻灯片的效果图

(8) 设计第 8 张幻灯片。

选中第 8 张幻灯片，在幻灯片编辑区进行如下操作：

首先，将幻灯片设置为空白版式，然后插入图片"8 封底重庆 .jpg"。插入横向文本框并输入"重庆——来了就不想走的城市"。选中这几个文字，设置其字体为华文彩云、44 磅；如图 3-1-13 所示，在【文本工具】下方的【艺术字样式】中，单击【效果】→【转换】→【下弯弧】。调整艺术字位置及大小，设置后的效果图如图 3-1-14 所示。

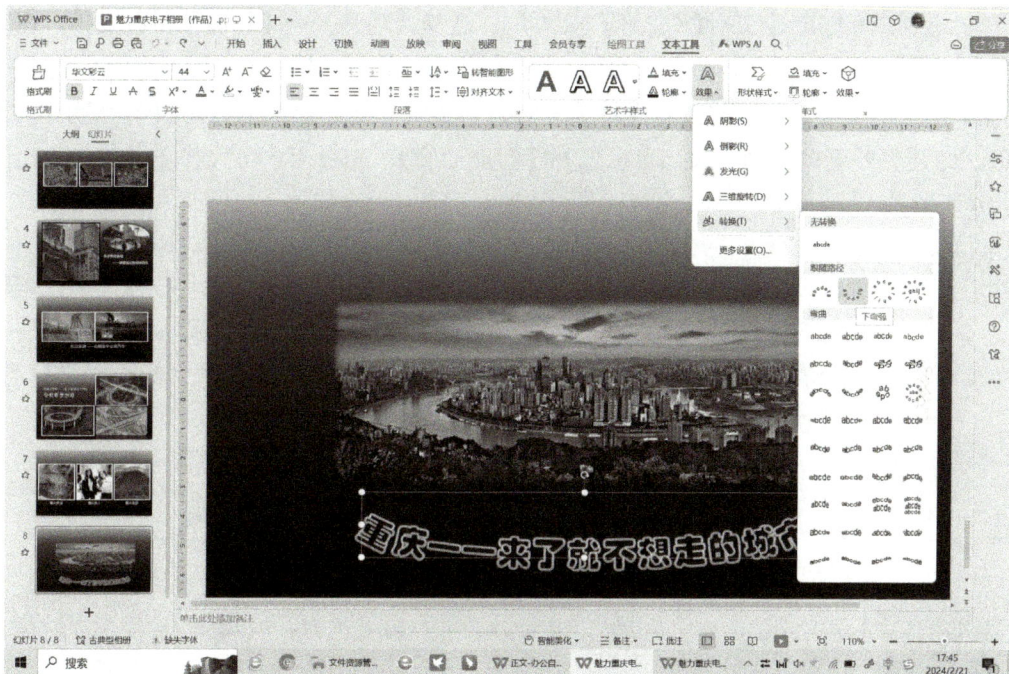

图 3-1-13 艺术字文字效果

图 3-1-14 第 8 张幻灯片的效果图

在设计幻灯片时，文本不宜过多，如果文字较多，可将关键字设置为不同字体和颜色，以重点提示。

在幻灯片中除可插入普通图片外，还可插入动画或视频等，包括 gif、avi、mpg、wmv 等格式的文件，在幻灯片播放时可查看播放效果。

4. 动画设置

单击【动画】→【动画工具】→【动画窗格】，打开【动画窗格】对话框，以便直观地进行动画设计。

(1) 设计第 1 张幻灯片中对象的动画效果。

① 选中"带你走进 3D 魔幻之都"文本框，选择【动画】→【动画】下拉按钮，在动画样式列表中选择【进入】→【飞入】，单击【动画属性】→【自顶部】。选择【计时】→【开始】→【与上一动画同时】，设置持续时间为"01.00"、延迟时间为"00.50"，如图 3-1-15 所示。如果想要更多动画效果，可以选择【智能动画】，一般用户可选择免费下载，如图 3-1-16 所示。

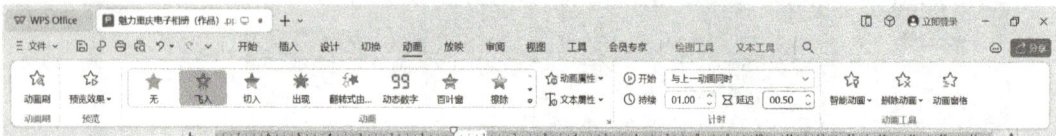

图 3-1-15　设置进入动画

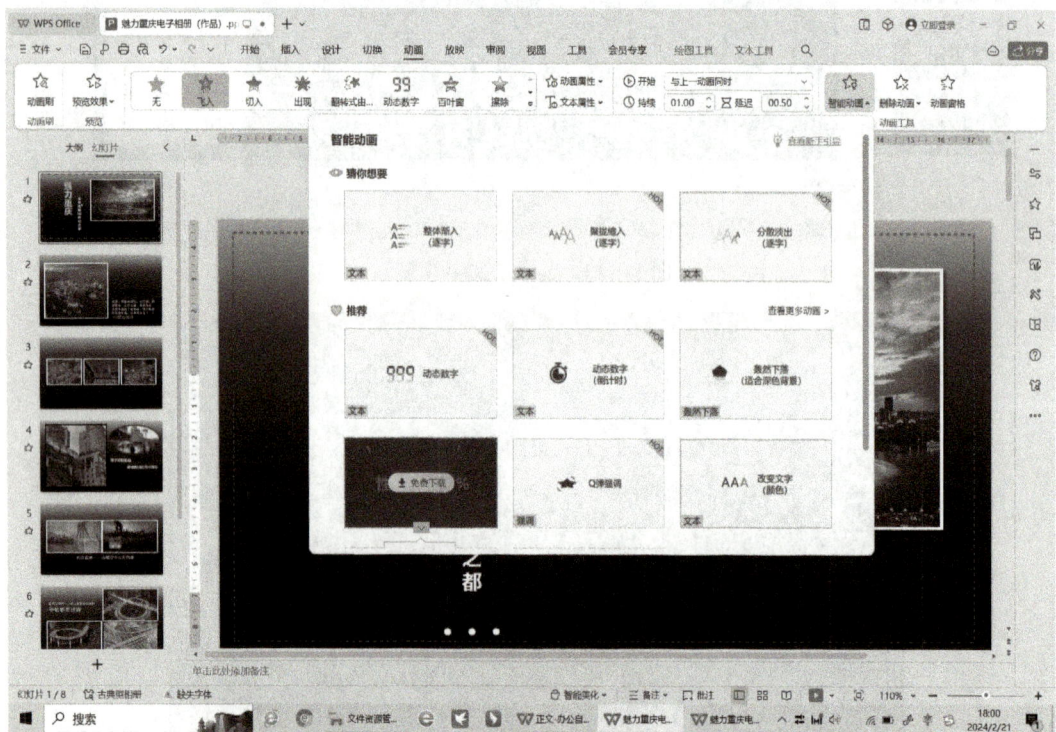

图 3-1-16　智能动画下载

② 选中"魅力重庆"文本框，用同样的方法设置其进入动画为"擦除"，动画属性为"自顶部"，开始方式为"与上一动画同时"，持续时间为"01.00"，延迟时间为"01.00"。

③ 选中图片，设置其进入动画为"翻转式由远及近"，开始方式为"与上一动画同时"，持续时间为"01.00"，延迟时间为"01.50"。

如图 3-1-17 所示，查看【动画窗格】中的各动画，可单击【播放】按钮查看动画效果。

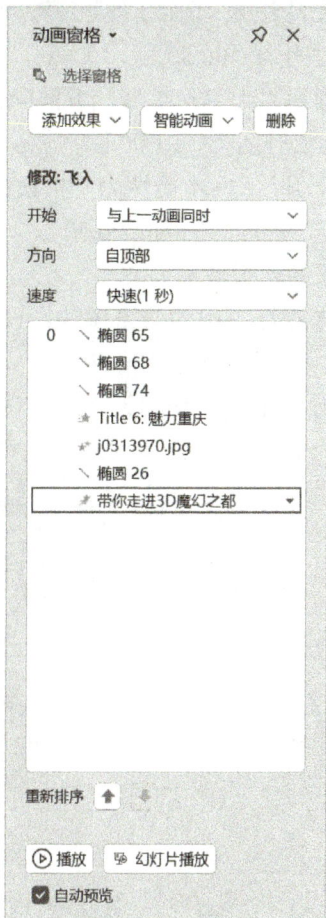

图 3-1-17 【动画窗格】

(2) 设计第 2 张幻灯片中对象的动画效果。

用设计第 1 张幻灯片的方法，设置第 2 张幻灯片的图片进入效果为"轮子"，动画属性为"4 轮辐图案"，开始方式为"在上一动画之后"，持续时间为"01.50"。设置文本进入效果为"渐变式缩放"，文本属性为"整体播放"，开始方式为"与上一动画同时"，持续时间为"00.50"。

(3) 设计第 3 张幻灯片中对象的动画效果。

① 选中第 2 张幻灯片中的图片，单击【动画】→【动画刷】，鼠标光标变为刷子状，再单击第 3 张幻灯片的第 1 张图片和第 3 张图片，快速实现动画效果设置。

② 选中第 3 张幻灯片的第 2 张图片，设置其进入效果为"圆形扩展"，动画属性为"外"。在【动画窗格】中根据需要调整出场顺序。

③ 选中第 3 张幻灯片的文本，单击【动画】→【动作路径】→【S 型曲线 1】。将文本向左拖动至幻灯片编辑区外，拖动动画路径的结束点 (红色) 到文本原位置处，设置开始方式为"与上一动画同时"，持续时间为"00.50"。

(4) 设计第 4 张幻灯片中对象的动画效果。

① 用上述方法，设置左侧图片进入动画为"飞入"，动画属性为"自左侧"，开始方式为"与上一动画同时"，持续时间为"00.50"。

② 设置右上方图片进入动画为"十字形扩展，方向向外"，开始方式为"与上一动画同时"，持续时间为"02.00"，延迟时间为"01.00"。

③ 设置文本进入动画为"上升"，文本属性为"按段落播放"，开始方式为"与上一动画同时"，持续时间为"01.00"，延迟时间为"00.50"。

(5) 设计第 5 张幻灯片中对象的动画效果。

① 按住 Ctrl 键，选中第 5 张幻灯片中的两张图片，设置其进入动画为"随机线条"，开始方式为"与上一动画同时"，持续时间为"00.50"。

② 选中文本，设置强调动画：单击【动画】→【强调】→【温合型】→【跷跷板】，如图 3-1-18 所示；设置其开始方式为"与上一动画同时"，持续时间为"01.00"。

图 3-1-18 【强调】动画列表

(6) 设计第 6 张幻灯片中对象的动画效果。

① 设置文本进入动画为"渐变式缩放"，文本属性为"整体播放"，开始方式为"与上一动画同时"，持续时间为"00.50"，延迟时间为"00.50"。

② 设置右下侧图片进入动画为"劈裂"，动画属性为"左右向中央收缩"，开始方式

为"与上一动画同时"，持续时间为"00.50"，延迟时间为"00.50"。

③ 设置右上侧图片进入动画为"**翻转式由远及近**"，开始方式为"与上一动画同时"，持续时间为"01.00"，延迟时间为"01.25"。

④ 设置左下侧图片进入动画为"浮入"，开始方式为"与上一动画同时"，持续时间为"01.00"，延迟时间为"01.25"。

(7) 设计第 7 张幻灯片中对象的动画效果。

① 选中左侧图片，选择【动画】→【进入动画】→【更多选项】→【华丽型】→【飞旋】，设置开始方式为"与上一动画同时"，持续时间为"01.25"，延迟时间为"00.50"。

② 设置右侧图片进入动画为"回旋"，开始方式为"与上一动画同时"，持续时间为"01.25"，延迟时间为"01.00"。

③ 设置中间图片进入动画为"翻转式由远及近"，开始方式为"与上一动画同时"，持续时间为"01.00"，延迟时间为"02.25"。

④ 设置三个文本框的进入动画为"上升"，开始方式为"与上一动画同时"，持续时间均为"01.00"，延迟时间分别为"00.00""01.00""02.25"，并在动画窗格中拖动文本的动画出场顺序，设置效果如图 3-1-19 所示。

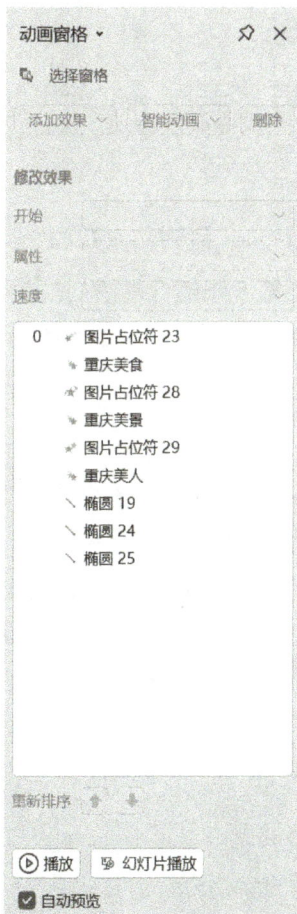

图 3-1-19　第 7 张幻灯片【动画窗格】的动画列表

(8) 设计第 8 张幻灯片中对象的动画效果。

① 选中文本，设置其进入动画为"渐变式缩放"，文本属性为"整体播放"，开始方式为"与上一动画同时"，持续时间为"01.50"，延迟时间为"00.50"。

② 为文本添加的强调效果为"波浪型"，开始方式为"与上一动画同时"，持续时间为"00.50"，延迟时间为"02.00"。

③ 设置图片进入动画为缩小的"形状"，开始方式为"与上一动画同时"，持续时间为"02.50"，延迟时间为"01.20"。

5. 切换方式设置

(1) 设计第 1 张幻灯片的切换效果：选中第 1 张幻灯片，单击【切换】→【切换方案】，在下拉列表中选择"棋盘"效果,如图 3-1-20 所示；单击【切换】→【速度和声音】→【速度】，设置速度为"02.00"。

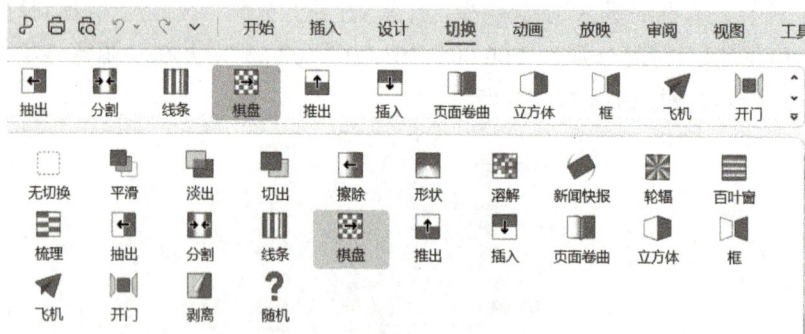

图 3-1-20　【切换方案】下拉列表

(2) 用上述方法,设计第 2 张至第 8 张幻灯片的切换效果,依次选择"棋盘""梳理""飞机""立方体""开门""新闻快报""框"等适合的切换效果。其他选项可根据自己的喜好自行设置。

6. 放映幻灯片及保存发布

(1) 单击【放映】→【设置】→【排练计时】→【排练全部】，让系统自动计时，播放完全部幻灯片后，在出现的【WPS 演示】提示框中，选择"是"，保留计时时间，确定每张幻灯片的时间；单击【放映】→【开始放映】→【从头开始】，观看放映效果。

(2) 将制作好的演示文稿另存为视频文件：单击【文件】→【另存为】，弹出【另存为】对话框，在【文件类型】下拉列表中选择"WEBM 视频 (.webm)"，单击【保存】，将文件另存为 webm 格式的文件。按相同的方法将文稿保存为 ppsx 的放映文件。

> (1) 常用的放映组合键如下：
>
> ① F5：从第一张幻灯片开始放映。
>
> ② Shift + F5：从当前幻灯片开始放映。
>
> ③ Esc：退出放映。

（2）要修改 ppsx 放映文件，可打开任意演示文稿。选择【文件】→【打开】，在弹出的对话框中找到放映文件，即可在 WPS 演示中打开及修改该文件。

任务总结

本任务以设计并制作"魅力重庆"电子画册为例，利用 WPS 演示创建演示文稿，进行图片的插入及文本输入等练习，进一步熟悉了幻灯片的基本操作，对图片、文本的版面设计有了基本的认识；通过多种动画的运用，了解了不同动画的效果及设置方法。通过本任务的学习，学生能够独立完成画册类演示文稿的设计及制作。

实践演练

介绍性演示文稿制作

操作要求：制作"我的……"画册演示文稿，如以"我的家乡""我的班级""我的学校""我的一家人"等为题制作演示文稿。

（1）准备素材：收集相关的图片素材，可以是人物、动物、风景、地区等。

（2）创建文稿：应用主题或模板创建演示文稿。

（3）设计内容：根据主题进行颜色风格的设计及制作，插入对象（如图片、文本框、艺术字等）并进行幻灯片内容及其格式的设置。

（4）应用要求：应用幻灯片的版式、动画、切换效果、排练计时等方法进行设计，能够实现幻灯片内容的自动放映。

（5）其他要求：保存源文稿，并将其另存为视频文件。

任务二　制作审计业务档案管理实务培训课件

任务简介

曹某是注册会计师协会培训部的老师，正在准备有关审计业务档案管理实务的培训课件，她的助手已搜集、整理了一份相关资料并将其存放在 WPS 文字文档"审计业务档案管理培训 .docx"中，现需要将素材整合并制作成 PPT 课件。

PPT 课件的设计效果图如图 3-2-1 所示。

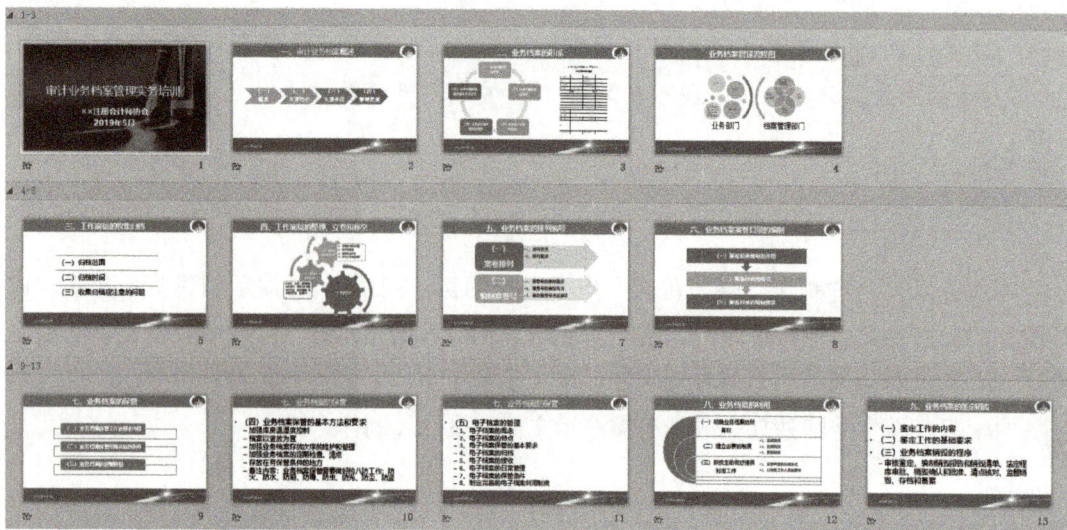

图 3-2-1 "审计业务档案管理培训"演示文稿效果图

任务目标

了解幻灯片母版的适用范围，能够通过 WPS 文字大纲快速制作 PPT，能够应用幻灯片母版进行幻灯片整体外观风格的设计，掌握 SmartArt 图形的创建及其格式、动画的设置，掌握幻灯片的分节方法。

知识点

- 插入对象：SmartArt 图形。
- 对象格式设置：设置形状样式、填充、轮廓、效果、排列、大小。
- 幻灯片母版设置。
- 超链接的创建与使用。
- 对象的动画：进入、强调、退出动画及其属性设置。
- 幻灯片切换：切换动画、计时。
- 幻灯片分节。

任务实施

1. 准备素材，创建演示文稿

(1) 打开"项目三\任务二\审计业务档案管理培训 .docx"文档，检查文档的大纲设置情况，应包含一级标题、二级标题、三级标题等大纲级别。大纲设置方式参见项目一任务四，设置后保存文件。

(2) 在目标文件夹中单击右键，在快捷菜单中选择【新建】→【PPTX 演示文稿】，输入文件名称为"项目 14　审计业务档案管理培训 .pptx"。

(3) 双击打开该演示文稿文件，单击【开始】→【新建幻灯片】→【从文字大纲导入】，如图 3-2-2 所示。在弹出的【插入大纲】对话框中选择"审计业务档案管理培训 .docx"文件，单击【打开】后快速创建了 11 张幻灯片。

图 3-2-2　新建幻灯片 (从文字大纲导入)

从大纲创建 PPT 适用于已设置大纲级别的 WPS 文字文件，根据文件内容的大纲级别创建演示文稿；在创建时，WPS 文字文件中设置为一级标题的文本作为每张幻灯片的标题，WPS 文字文件中的二级标题、三级标题、正文等内容将自动插入到该一级标题所属的那页幻灯片中。

也可将 WPS 文字文件直接发送到 PPT，方法是：打开要发送到 PPT 的 WPS 文字文件，单击【快速访问工具栏】→【自定义命令】→【其他命令】，在弹出的选项对话框 (如图 3-2-3 所示) 左侧选择【自定义功能区】，在【从下列位置选择命令】中选择"不在功能区中的命令"，找到并选中【输出为 PPT】命令，单击【新建组】按钮，然后单击【添加】按钮将【输出为 PPT】命令添加到右侧【开始】选项卡的【新建组】中，单击【确定】按钮后即可在【开始】选项卡中看到【输出为 PPT】图标，单击该图标便可将 WPS 文字文件中的内容创建演示文稿。

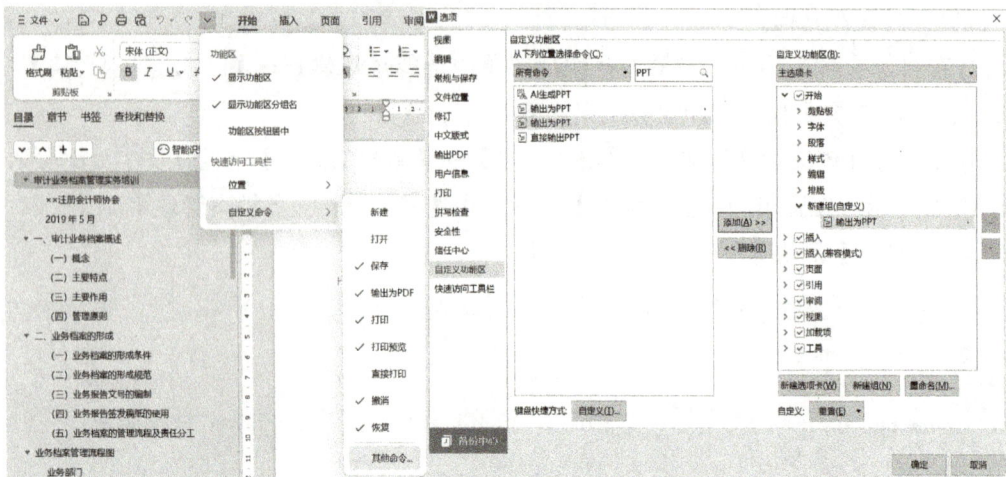

图 3-2-3 【选项】对话框

2. 幻灯片版面及总体设计

(1) 设置幻灯片的页面为【宽屏 (16：9)】(方法同任务一)。

(2) 设计幻灯片母版。

① 如图 3-2-4 所示，单击【视图】→【母版视图】→【幻灯片母版】，进入幻灯片母版视图；如图 3-2-5 所示，选择左侧窗格中的第一张主母版视图。

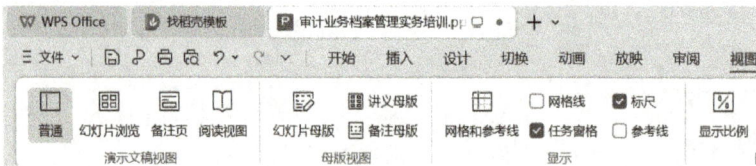

图 3-2-4 选择幻灯片母版视图

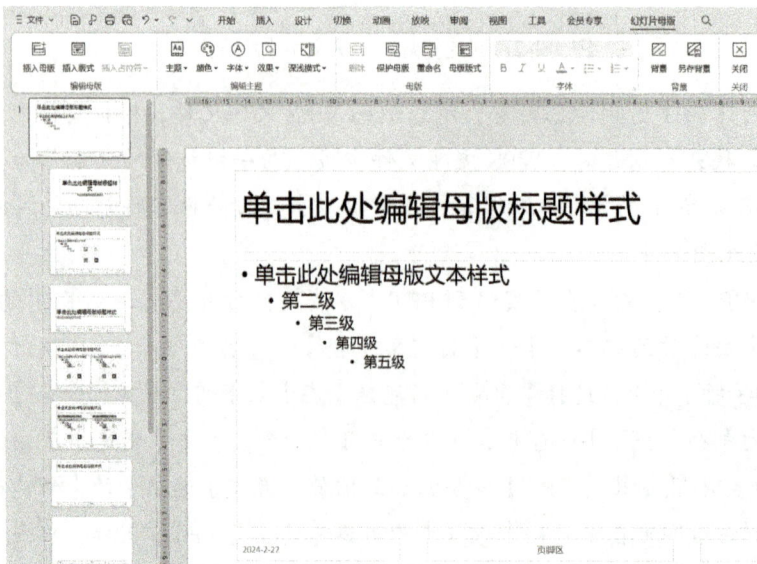

图 3-2-5 选择主母版视图

② 单击【插入】→【图形和图像】→【图片】→【本地图片】,在个人文件夹中选择"图片 1.png",放在幻灯片的下端。选中该图片,单击【图片工具】→【排列】→【下移】→【置于底层】,如图 3-2-6 所示。单击【颜色】→【重新着色】→【蓝色】。

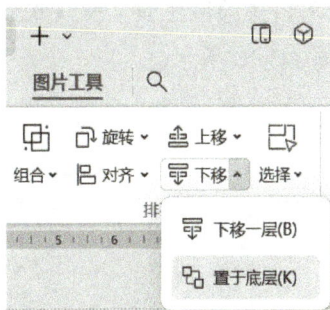

图 3-2-6 图片置于底层设置

③ 单击【插入】→【形状】→【矩形】,单击鼠标左键,在幻灯片上端插入一个高为 1.61 厘米、宽为 25.4 厘米的矩形;如图 3-2-7 所示,单击【形状样式】→【轮廓】→【无边框颜色】。使用同样的方法插入高度为 1.61 厘米的椭圆形,并将其放置在矩形右侧内部,如图 3-2-8 所示。

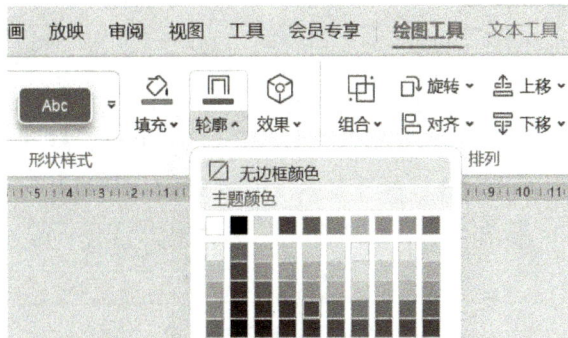

图 3-2-7 更改形状轮廓

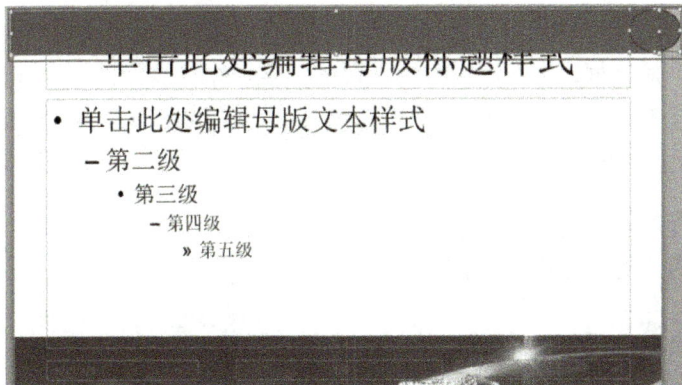

图 3-2-8 矩形和椭圆形位置

④ 单击【快速访问工具栏】→【自定义命令】→【其他命令】,打开如图 3-2-9 所示的【选

项】对话框，选择【自定义功能区】，在【从下列位置选择命令】中选择"不在功能区中的命令"，找到并选中【剪除】命令；在【自定义功能区】中选择"工具"，选择【绘图工具】，单击【新建组】；然后单击【添加】按钮，单击【确定】按钮。在幻灯片母版中依次选择之前插入的矩形和椭圆形，单击【绘图工具】→【形状编辑】→【合并形状】→【剪除】。形状剪除前后对比效果如图 3-2-10 所示。

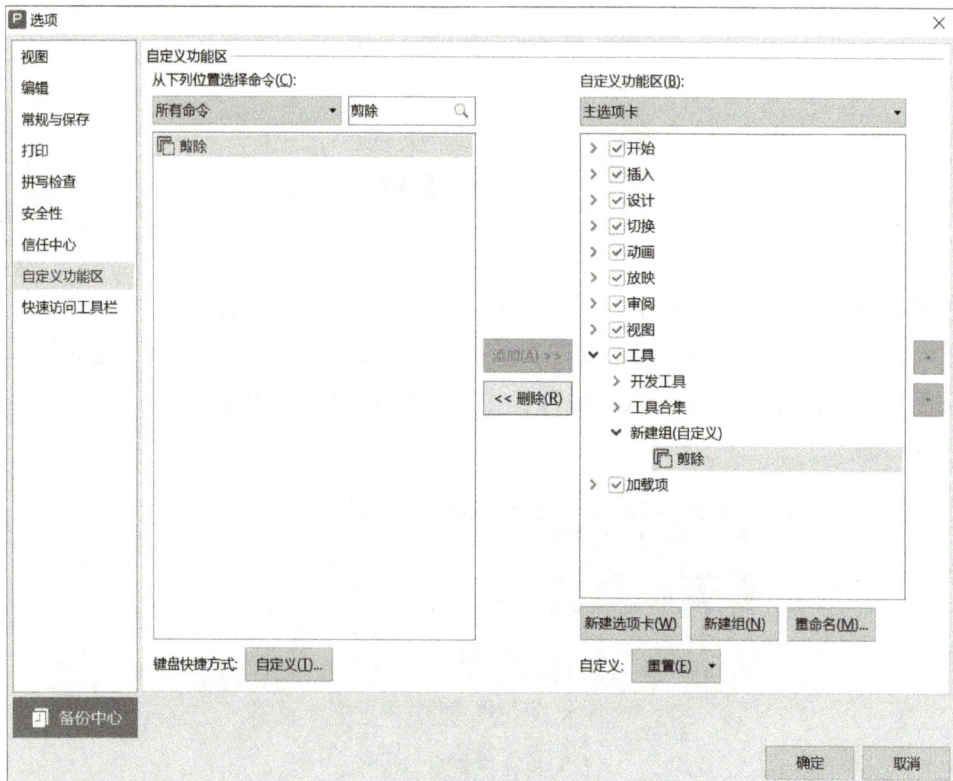

图 3-2-9　【选项】对话框

⑤ 单击【插入】→【图形和图像】→【图片】→【本地图片】，在主母版幻灯片中插入"图片 2.png"，放在幻灯片的右上方。单击【开始】→【编辑】→【替换】→【替换字体】，打开【替换字体】对话框，将幻灯片中的"宋体"字全体替换为"微软雅黑"，如图 3-2-11 所示。选中标题占位符，设置标题的字号为 32 磅，字体颜色为白色，并将其设置为"置于顶层"，移动至剪除形状后的图形的位置。

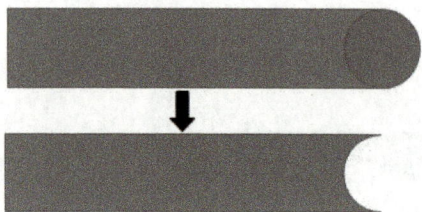

图 3-2-10　形状剪除前后对比效果　　　　图 3-2-11　【替换字体】对话框

⑥ 单击【插入】→【页眉页脚】→【幻灯片编号】,弹出如图 3-2-12 所示的【页眉和页脚】对话框,选中【日期和时间】选项,在【自动更新】列表中选择日期格式"2024 年 2 月 22 日",取消选中【幻灯片编号】选项,单击【全部应用】按钮。在幻灯片中选中"幻灯片编号"和"日期"占位符,设置字体颜色为白色。设置完成后的母版幻灯片如图 3-2-13 所示。单击【幻灯片母版】→【关闭】,退出母版视图。

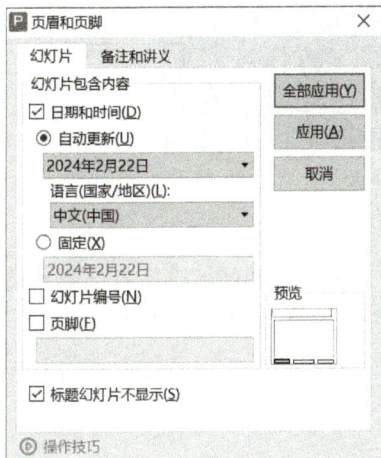

图 3-2-12　插入日期和幻灯片编号

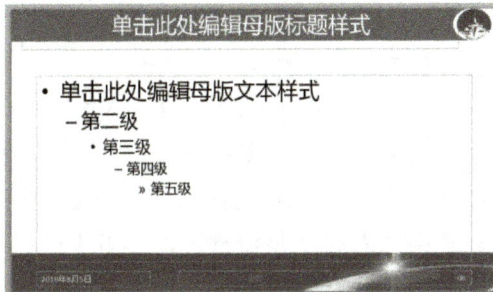

图 3-2-13　设置完成的母版幻灯片

WPS 文字、WPS 表格、WPS 演示等办公软件中,除默认的功能外,还可自定义添加功能,可根据编辑需要,添加到相应的组。在 WPS 演示 2010 及以后的版本中,默认有形状合并功能,对两个图形进行组合、拆分、合并、相交、剪除等操作,可很便捷地创作出各种图形。WPS 演示 2010 默认无此功能,可通过添加自定义功能添加形状剪除、形状交点、形状联合、形状组合等。

3. 设计幻灯片内容

(1) 设计第 1 张幻灯片。

① 选中第 1 张幻灯片,单击【开始】→【幻灯片】→【版式】→【标题幻灯片】。鼠标右键单击选择【设置背景格式】,单击【对象属性】→【填充】→【图片或纹理填充】→【图片填充】→【本地文件】,在弹出的窗格中选择"图片 3.jpg"。

② 单击【插入】→【图形和图像】→【形状】→【矩形】,在幻灯片上插入同幻灯片一样大小的矩形;选中矩形,单击【绘图工具】→【形状格式】→【轮廓】→【无边框样式】;单击图形样式启动器,打开【对象属性】窗格,单击【填充颜色】→【黑色】,透明度设置为 55%,单击【关闭】按钮;鼠标右键单击形状,选择【置于底层】→【下移一层】,最终使该图形置于文字以下、背景图片以上。

③ 选中标题"审计业务档案管理实务培训",单击【开始】→【字体】,选择40 磅、白色,其余文字设置为默认设置。

设计完成的第 1 张幻灯片如图 3-2-14 所示。

图 3-2-14　第 1 张幻灯片的效果图

(2) 设计第 2 张幻灯片。

① 选中第 2 张幻灯片，单击【插入】→【图形和图像】→【智能图形】，在【智能图形】对话框中选择【SmartArt】→【流程】→【基本 V 型流程】，单击【关闭】按钮。

② 将幻灯片正文内容剪切至 SmartArt 图形的文本空格中，添加项目与文本内容一致。

③ 选中插入的 V 型流程图，单击【设计】→【大小】，将其高度设置为 10 厘米，宽度设置为 20 厘米。

④ 单击【设计】→【智能图形样式】→【更改颜色】→【彩色】，选择第一种颜色。手动调整 SmartArt 的文字，删除文本占位符。

设计完成的第 2 张幻灯片如图 3-2-15 所示。

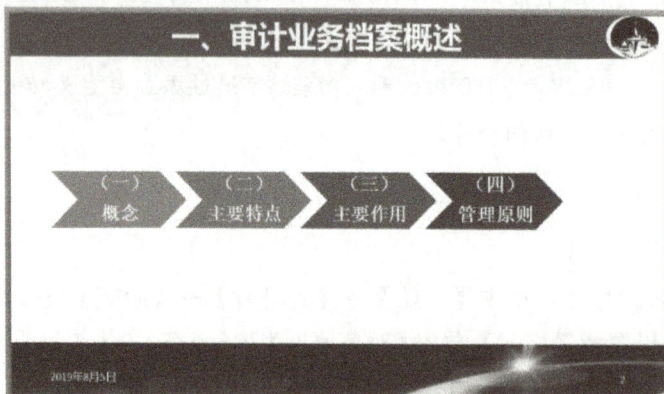

图 3-2-15　第 2 张幻灯片的效果图

(3) 设计第 3 张幻灯片。

① 按照设计第 2 张幻灯片的方法，在第 3 张幻灯片中插入【连续循环】SmartArt 图形，并根据个人喜好对其颜色、大小等进行设计，放置在幻灯片左侧。

② 单击【插入】→【更多对象】→【对象】，在【插入对象】对话框中选择【由文件创建】→【浏览】，选择要插入的文件"业务报告签发稿纸 .xlsx"，单击【确定】按钮。

设计完成的第 3 张幻灯片如图 3-2-16 所示。

(4) 设计第 4～8 张幻灯片。

利用上述方法，对照效果图，在每页幻灯片中插入相应的 SmartArt 图形，并对其颜色、字体格式等进行设置。第 4 页插入【循环关系】，修改样式参照图 3-2-17；第 5 页插入【层次结构】组图形中的【线型列表】，如图 3-2-18 所示；第 6 页插入【关系】组图形中的【齿轮】，如图 3-2-19 所示；第 7 页插入【流程】组图形中的【垂直箭头列表】，如图 3-2-20 所示；第 8 页插入【垂直流程】，如图 3-2-21 所示。

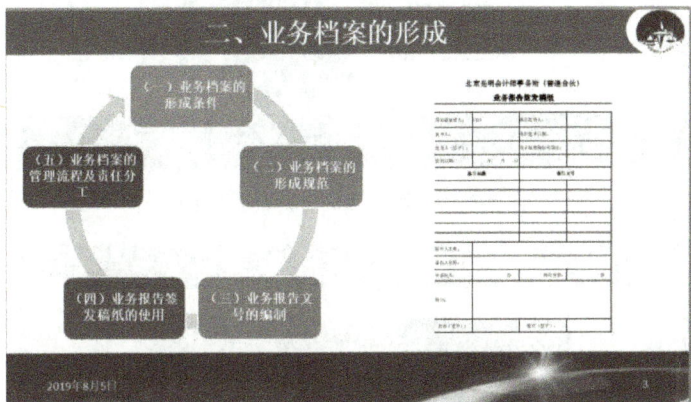

图 3-2-16　第 3 张幻灯片的效果图

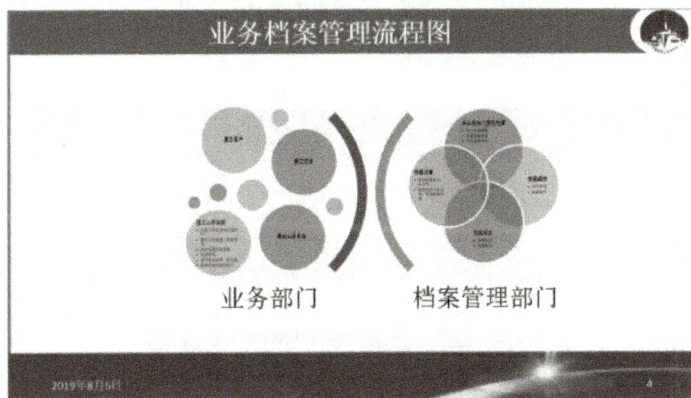

图 3-2-17　第 4 张幻灯片的效果图

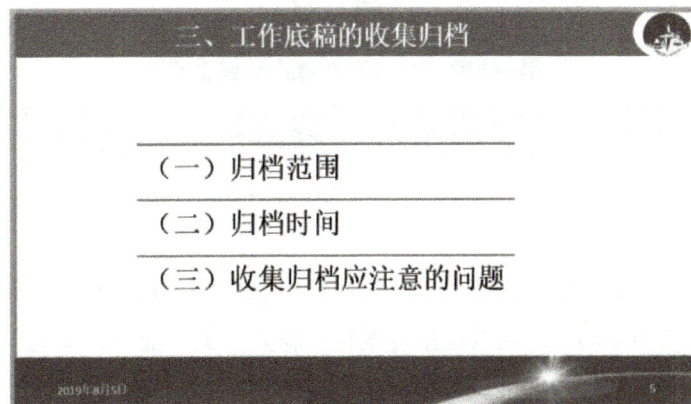

图 3-2-18　第 5 张幻灯片的效果图

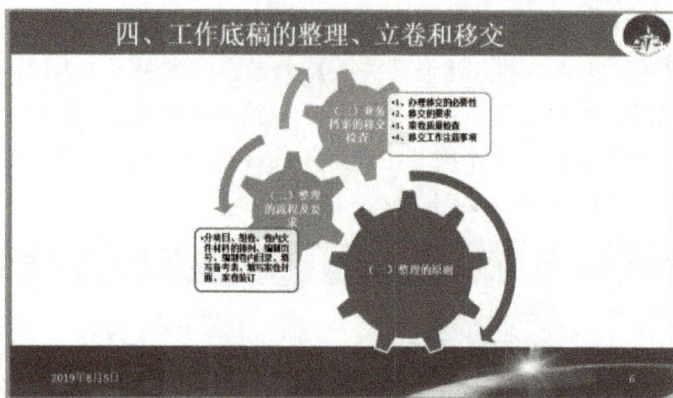

图 3-2-19　第 6 张幻灯片的效果图

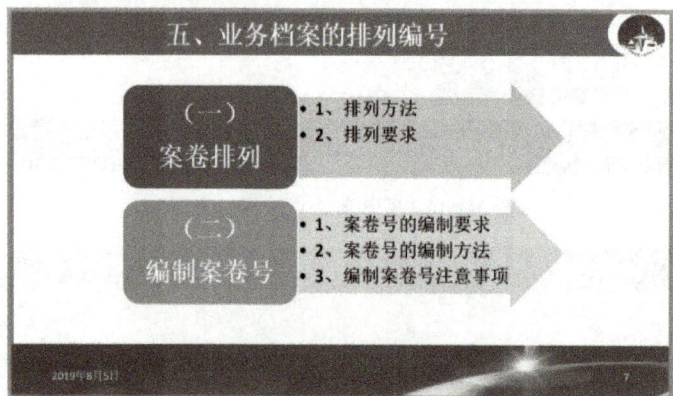

图 3-2-20　第 7 张幻灯片的效果图

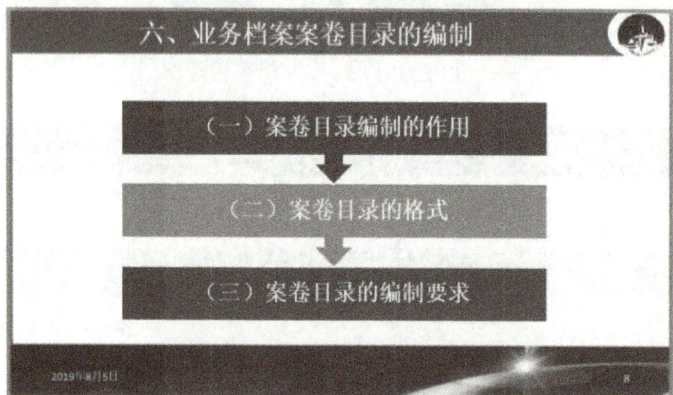

图 3-2-21　第 8 张幻灯片的效果图

(5) 设计第 9～13 张幻灯片。

将第 9 张幻灯片拆分为 3 张幻灯片。单击【幻灯片 / 大纲】预览窗格中的【大纲】窗格，在 "(三)" 和 "(四)" 之间按回车键换行，输入 "七、业务档案的保管"，选中输入的文字，用 Shift+Tab 键升级 (Tab 键为降级)，使之成为一级大纲，用同样的办法在 "(五)" 前面再添加一个一级标题。设置前后的大纲如图 3-2-22、图 3-2-23 所示。

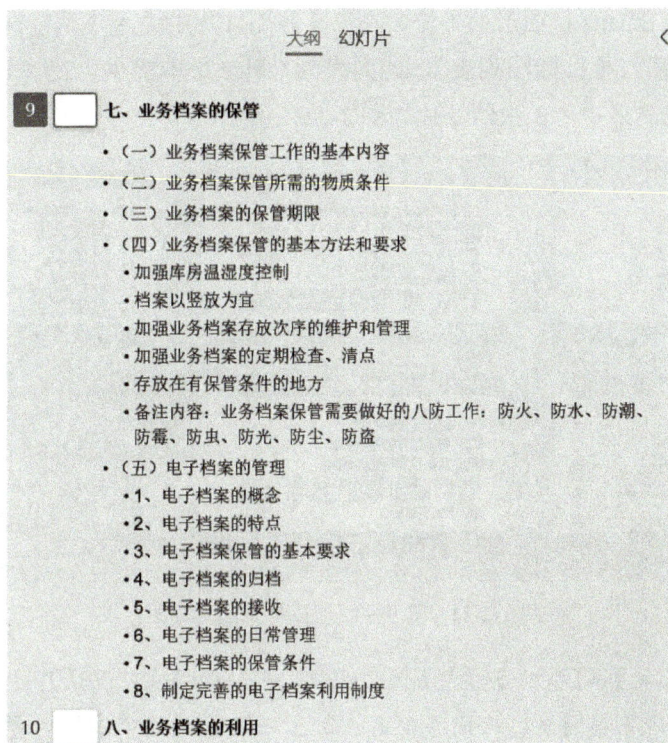

图 3-2-22　设置前的大纲预览情况

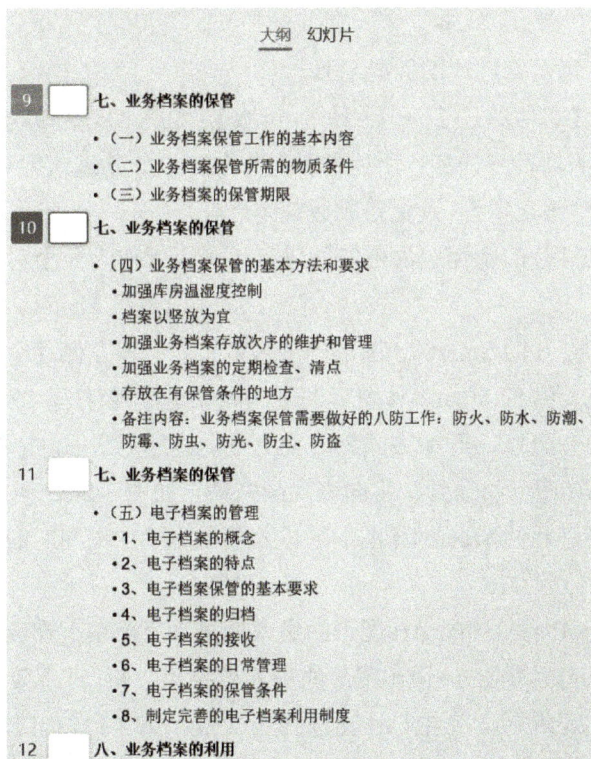

图 3-2-23　设置后的大纲预览情况

使用上述插入 SmartArt 图形的方法，在第 9 张幻灯片中插入【垂直框列表】图形，在第 12 张幻灯片中插入【目标图列表】，此列表为 Office 版本提供，在 WPS 中可自定义列表样式。设计完成的第 9～13 张幻灯片如图 3-2-24 所示。

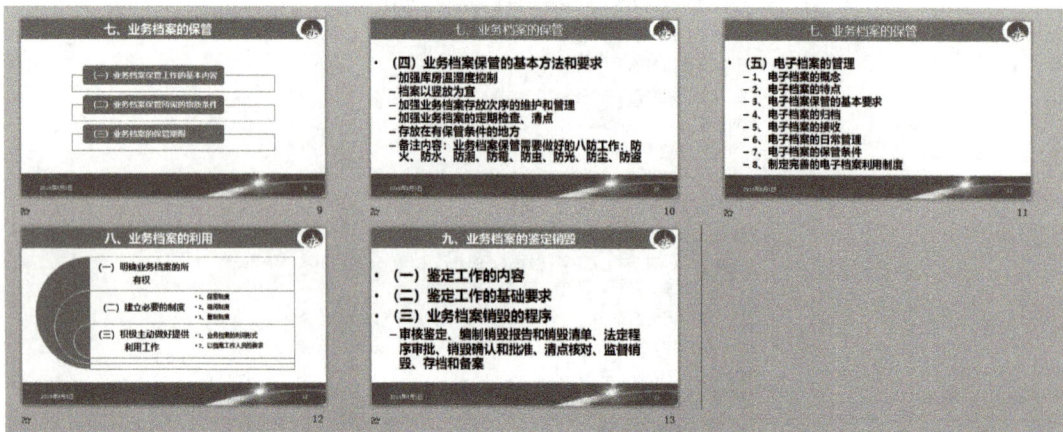

图 3-2-24　第 9～13 张幻灯片的效果图

使用【合并形状】→【剪除】的方法制作出"蒙版"的效果，可以让 PPT 更具有设计感。在图片和文字对比不够明显、画面杂乱时，加上一层蒙版就可以把不重要的内容淡化，从而突出要表达的文字或者图片内容。

4. 动画设置

(1) 通过母版设计每页幻灯片的标题动画。

单击【视图】→【母版视图】→【幻灯片母版】，进入幻灯片母版视图，选中主母版中的标题占位符，按照项目三任务一所述的设置方法，设计其进入效果为"自左侧擦除"，开始方式为"在上一动画之后"，设置完成后关闭母版。

(2) 设置第 1 张幻灯片的副标题占位符的进入动画为"作为一个对象缩放"，开始方式为"在上一动画之后"。

(3) 设置第 2 张幻灯片的 SmartArt 图形的进入效果为"自左侧逐个擦除"。

(4) 设置第 3 张幻灯片的 SmartArt 图形的进入效果为"轮子"，效果选项为"逐个"；设置表格进入效果为"缩放"，开始方式为"在上一动画之后"；单击【高级动画】组的动画窗格，展开 SmartArt 图形的动画，将图表动画拖动至如图 3-2-25 所示的位置。

(5) 设置第 4 张幻灯片的 SmartArt 图形的进入效果为"中央向左右展示劈裂"，序列为"同一级别"。

(6) 设置第 5 张幻灯片的 SmartArt 图形的进入效果为"至左上部逐个飞入"。

(7) 设置第 6 张幻灯片的 SmartArt 图形的进入效果为"轮子"，效果选项为"逐个"；展开动画，如图 3-2-26 所示，按住 Ctrl 键选择第 2 张和第 5 张幻灯片，设置其进入效果为"自顶部擦除"，第 8 张幻灯片的进入效果设置为"自底部"。

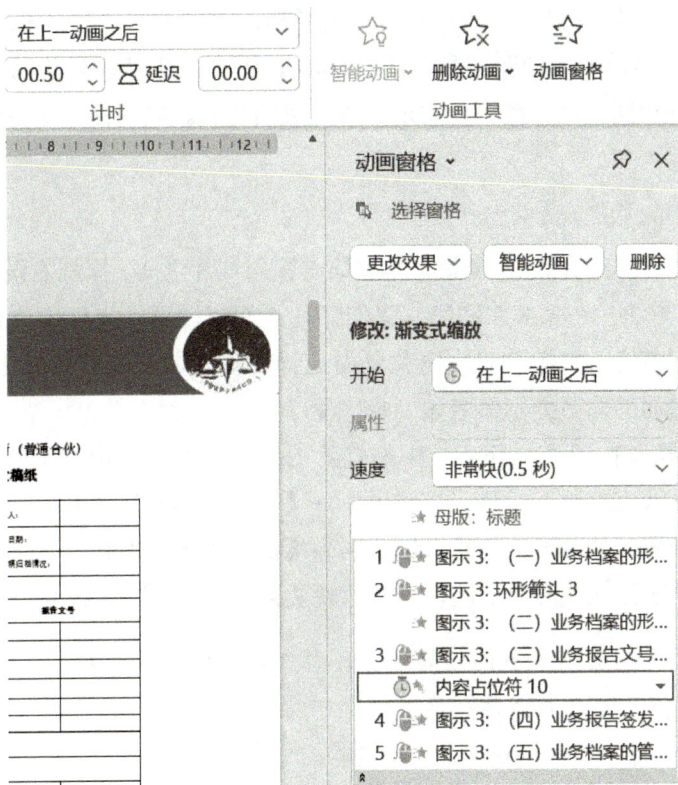

图 3-2-25　调整动画顺序

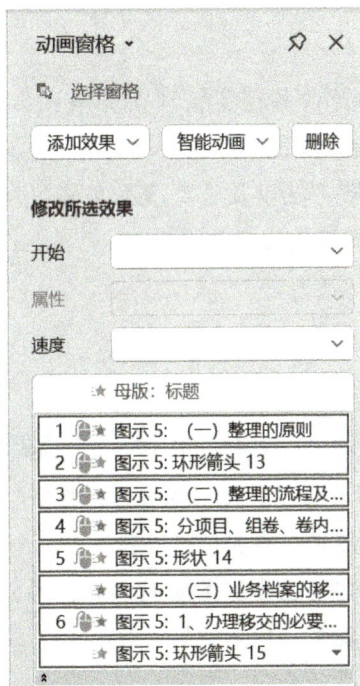

图 3-2-26　单独设置 SmartArt 图形的动画

(8) 选中第 2 张已经设置好动画的 SmartArt 图形，单击【动画】→【动画刷】，此时鼠标呈动画刷状态，再单击第 7 张幻灯片的 SmartArt 图形，此时该对象的动画与第 2 张幻灯片中的对象动画相同，这样就可以实现动画效果的复制。以同样方法完成对其他幻灯片中对象的动画设置。

5. 幻灯片分节、切换及放映

(1) 幻灯片分节。将光标定位至第 4 张和第 5 张幻灯片之间，鼠标右键单击，选择"新增节"。用同样的方法，在第 8 张和第 9 张幻灯片之间新增节。光标定位到第一节前，鼠标右键单击【默认节】，在弹出的快捷菜单中选择"重命名节"并将其重命名为"1-3"，用同样的方法将后面的两节分别命名为"4-8"和"9-13"。

(2) 幻灯片切换。按项目三任务一中幻灯片的切换方式，选中第 1 节"1-3"，设置幻灯片的切换方式为【立方体】→【上方进入】→【单击鼠标时换片】，其余选项为默认值。使用同样的方法设置其他两节的切换效果分别为【框】和【剥离】。

(3) 放映。按 F5 键从头开始放映，查看放映效果，根据情况进行细微调整。

　　如果 WPS 演示文稿有大量的幻灯片，就需要利用分节的方法化整为零。将其中的一部分划为一节，另外的部分再分节，这样可以使 PPT 的结构更加清晰。经过分节的幻灯片可以快速设计不同的切换方式、主题等。

任务总结

本任务以设计并制作"审计业务档案管理实务培训"课件为例，利用 WPS 演示从大纲创建演示文稿，进行 SmartArt 图形的插入、文本输入以及动画的设计训练，了解了 SmartArt 图形动画的效果和设置方法以及长篇演示文稿的分节方法。通过本项目的学习，学生能够独立完成报告类演示文稿的设计及制作。

实践演练

"图书策划方案汇报"演示文稿制作

操作要求：利用 WPS 文字素材，制作"图书策划方案"汇报演示文稿。
(1) 设计演示文稿的风格：要求自定义幻灯片母版，自行准备图片等素材。
(2) 设计幻灯片内容：根据内容正确运用 SmartArt 图形，并注意其样式设计。
(3) 幻灯片动画：合理运用动画、切换效果。
(4) 幻灯片分节：对幻灯片进行分节。
(5) 保存要求：保存源文稿及放映文稿。

任务三　制作科技馆"带你走进航空母舰"的演示文稿

任务简介

小张是科技馆讲解员，他接受了"带你走进航空母舰"演示文稿的制作任务，需要对演示文稿的内容进行精心设计和裁剪。制作演示文稿需要的文字和图片资料保存在"项目三 \ 任务三 \ 航空母舰素材 .docx"中，小张需要将这些内容制作成图文并茂的幻灯片。

本任务的最终完成效果图如图 3-3-1 所示。

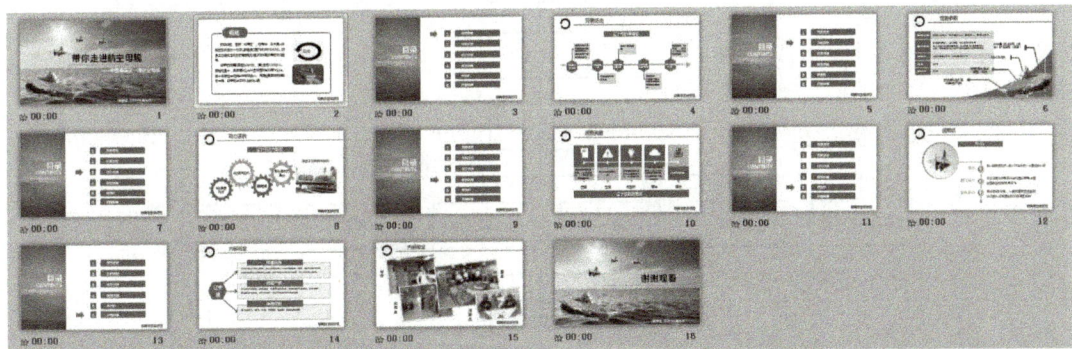

图 3-3-1　"带你走进航空母舰"效果图

任务目标

能够利用网络资源学习优秀演示文稿案例，能够根据内容自主设计演示文稿，了解常用的模板下载网站，掌握母版更改方法，能够灵活运用图片裁剪，掌握常见的汇报类演示文稿的制作。

知识点

- 模板选择原则。
- 幻灯片母版设计。
- 图片裁剪。
- 幻灯片中对象的动画修改。
- 幻灯片自定义放映。

任务实施

1. 准备素材，创建演示文稿

打开文件夹中的"项目三\任务三\航空母舰素材 .docx"文件，根据材料内容设计幻灯片的框架，如图 3-3-2 所示。

(1) 小张为把演示文稿制作得更加精美，在网络上搜索寻找合适的模板或学习优秀的案例。根据本任务的结构和设计思想，他计划使用两个模板完成设计。

(2) 打开"项目三\任务三\精美翻书效果工作总结 PPT 模板 .pptx"文件，单击【文件】→【另存为】，在弹出的【另存为】对话框中找到存放路径，以"带你走进航空母舰 .pptx"为文件名保存演示文稿。

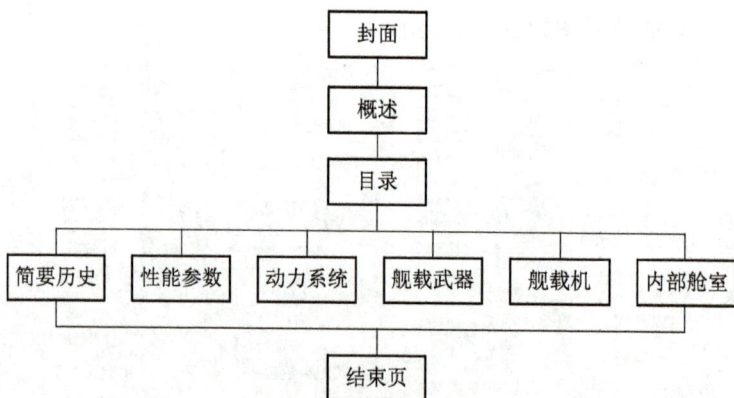

图 3-3-2　演示文稿结构图

要学好 WPS 演示商务简报的制作技术，收集素材是一项基本工作，通过分析优秀 PPT 作品以及相关评价，可以不断提高作品的设计与制作水平。国内知名的演示文稿网站及资源下载网站有演界网、上海锐普、北京锐得、站长网 PPT 资源、站长网高清图片、千图网等。通过访问以上网站，输入关键字，就可以精确查找到所需资源。

根据设计需要，可以从多个案例中找到适合本任务的模板和版式。

2. 根据素材设计幻灯片

(1) 幻灯片母版的设计。

① 单击【视图】→【幻灯片母版】，进入幻灯片母版设计视图，选中第 1 组子类中的第 2 张【标题与内容】版式，删除 LOGO 图片，在原 LOGO 图片位置单击【插入】→【图形与图像】→【图片】，在弹出的【插入图片】对话框中选择"舰徽"，选中插入的图片；如图 3-3-3 所示，单击【图片工具】→【图片样式】→【抠除背景】→【完成抠除】，调整图片背景删除区域；单击【大小】→【裁剪】，拖动图片四边的黑色裁剪柄，剪去图片的空白区域。图片高、宽均设置为 2.8 厘米。最后移动图片至原 LOGO 位置。

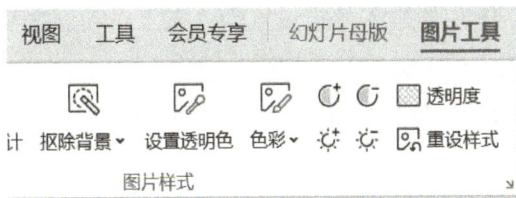

图 3-3-3　抠除图片背景

② 单击【插入】→【文本】→【文本框】→【横向文本框】，在该母版右下角插入文本框，输入"中国海军博物馆"，设置字体为微软雅黑、19 号、加粗、深蓝色。选中文本框，按"Ctrl + C"键进行复制，并将其粘贴至除标题幻灯片外的其他版式中，然后关闭幻灯片母版。

(2) 封面幻灯片 (第 1 张幻灯片) 的设计。

① 选中第 1 张幻灯片，单击 LOGO 和翻书图片，按 Delete 键将其删除；右键单击幻灯片空白区域，选择【设置背景格式】，在弹出的【对象属性】对话框中单击【图片或纹理填充】→【图片填充】→【本地文件】，选择素材文件夹中的"封面大海 .jpg"图片。

② 插入图片"封面 .jpg"，选中该图片，利用删除背景和图片裁剪功能仅保留舰体，左右翻转方向并置于幻灯片左下角。接着，插入图片"歼-15 舰飞成功 .jpg"，利用删除背景和图片裁剪功能仅保留歼-15 战机，移动至幻灯片的左上部分；更改战机图片大小为高 3 厘米、宽 5.84 厘米，单击右键选择【另存为图片】，以"歼 15"命名并将其保存至素材文件夹中。选中战机图片再复制两个，调整复制的战机图片高度为 1.84 厘米、宽度为 3.58 厘米，将其放置于幻灯片上部。

③ 按照图 3-3-1，在相应位置插入文本框，输入文字并设置文字格式等，与效果图一致。

④ 选中"科技馆　二〇一九年九月"文本框，单击【绘图工具】→【形状样式】→【填充】，在弹出的窗格中选择【纯色填充】，选择颜色为蓝色，透明度为 70%。设计完成的第 1 张幻灯片的效果图如图 3-3-4 所示。

图 3-3-4　封面幻灯片的效果图

⑤ 将"歼-15 战机"图片的进入效果设置为"在上一动画之后自左侧飞入",持续时间为"02.00"。

⑥ 将三张战机图片的进入效果设置为"在上一动画之后自左下部飞入",持续时间为"00.50"。

(3) 概述页 (第 2 张幻灯片) 的设计。

① 对模板中的"前言"页进行修改,将"前言"更改为"概述",然后把"概述"素材文件中的主要文字复制到该幻灯片的文本部分,保留原有格式。将文本的关键字以红色、加粗、加大一号字体显示。

② 选中第 1 张图片,单击【绘图工具】→【形状样式】→【填充】→【图片或纹理】,在弹出的【插入图片】对话框中选择"舰徽 .jpg";用同样的方法,将第 2 张图片更改为"正在海试 .jpg"。设计完成的概述页的效果图如图 3-3-5 所示。

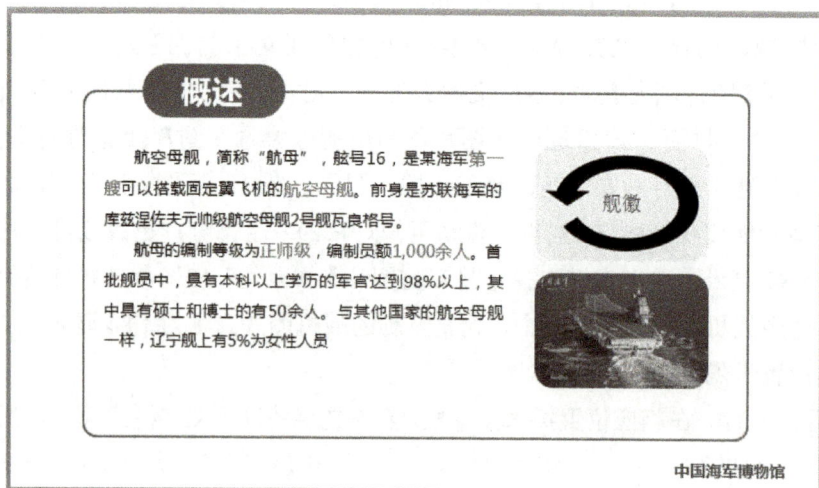

图 3-3-5　概述页的效果图

(4) 目录页 (第 3 张幻灯片) 的设计。

① 在模板中的"目录"页的基础上进行修改,用上述的图片填充方法在左侧的矩形中填充图片"目录大海 .jpg"。设置目录文本框的填充颜色为蓝色,透明度为 55%。

② 按住 Ctrl 键,同时选中"5""明年工作计划"再复制一份,移动至合适位置。依次将目录中的文本修改为"简要历史""性能参数""动力系统""舰载武器""舰载机""内部舱室"。

③ 打开动画窗格,查看动画效果,根据放映顺序调整动画的先后顺序,将右箭头的进入动画和两个黄色强调动画移动到列表最后的位置。设计完成的目录页的效果图如图 3-3-6 所示。

(5) 第 4 张幻灯片的设计。删除第 4 张幻灯片,利用原第 5 张幻灯片进行修改。对模板内容进行删减,具体内容与最终设计效果图如图 3-3-7 所示。

图 3-3-6　目录页的效果图

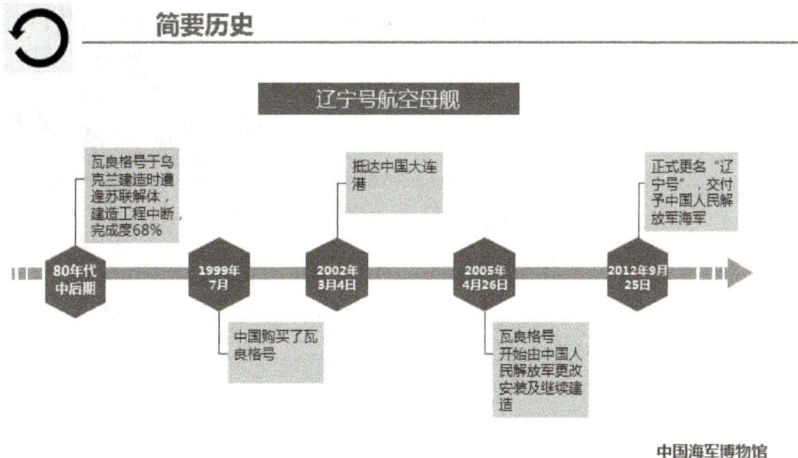

图 3-3-7　第 4 张幻灯片的效果图

(6) 过渡页 (第 5 张幻灯片) 的设计。

复制第 3 张幻灯片到第 5 张后，单击【动画】→【动画窗格】，在动画顺序中，删除前面的动画，仅保留右箭头的进入动画和两个黄色的强调动画，选中"1"图片，单击【动画刷】，再单击"2"图片复制动画，用同样的方法设置"性能参数"图片的动画。设置完成后，在动画窗格中删除前两个强调动画，将箭头移动至"2"图片的左侧位置即可。

第 7 张、第 9 张、第 11 张和第 13 张过渡页的设计方法同上。

(7) 第 6 张幻灯片的设计。

① 如图 3-3-8 所示，将模板中的第 14 张幻灯片移动至第 6 张幻灯片的位置，删除左侧文本区域，插入图片"图片 2.jpg"，抠除背景，并将其调整至合适大小，接着将其移动至幻灯片右下角位置，将素材中的"舰长""舷宽""吃水""排水量"四个参数的内容复

制到四个文本框中。

② 选中素材中的其余参数，以表格形式粘贴至幻灯片左侧；选中表格，设置文字字号为 16 磅，再调整表格至合适大小；单击【表格工具】→【排列】→【下移】→【置于底层】即可。

③ 选择"图片 1"作为图片背景的组合自选图形，用动画刷为"图片 1"图片和表格添加相同的动画，将图片动画移动至动画列表中第 3 行的位置。

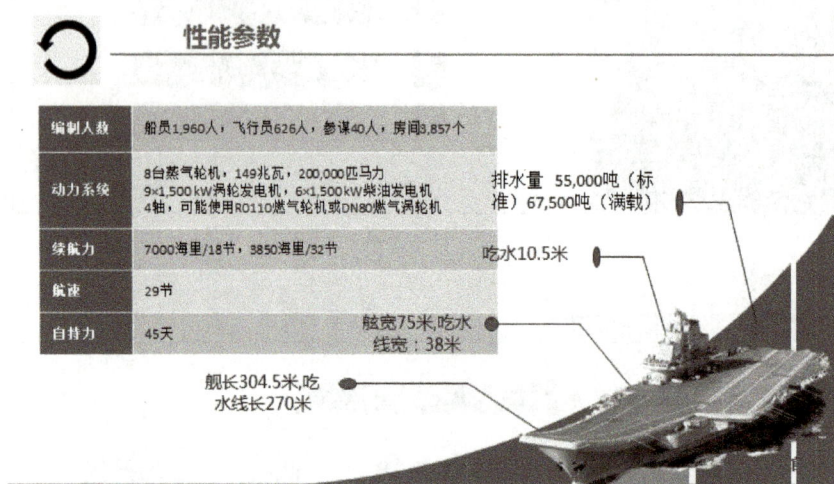

图 3-3-8　第 6 张幻灯片的效果图

(8) 第 8 张幻灯片的设计。将模板中的第 35 张幻灯片移动至第 8 张幻灯片的位置，按图 3-3-9 复制素材中相应的文本到文本框中；删除右侧文本框内的黑色文字；插入图片"正在吊装的蒸汽轮机 .jpg"，用动画刷为图片添加与文本框"正在吊装的蒸汽轮机"同样的动画效果。

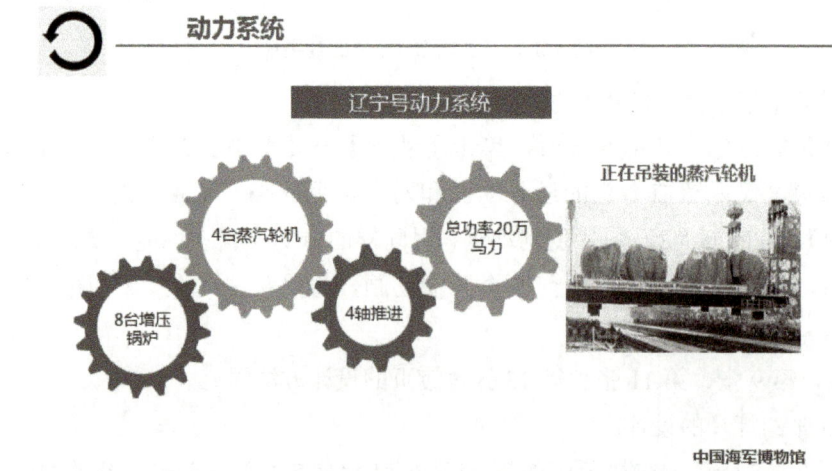

图 3-3-9　第 8 张幻灯片的效果图

(9) 第 10 张幻灯片的设计。将模板中的第 34 张幻灯片移动至第 10 张幻灯片的位置，按图 3-3-10 将素材文件中的舰载武器内容复制到相应位置。

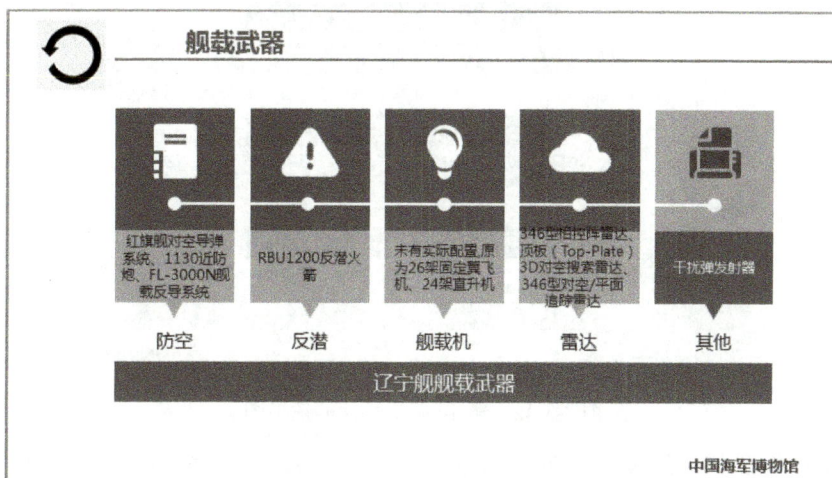

图 3-3-10　第 10 张幻灯片的效果图

(10) 第 12 张幻灯片的设计。将模板中的第 25 张幻灯片复制至第 12 张幻灯片的位置，如图 3-3-11 所示，删除 3 个饼图及文字说明。将备用模板"大气商业创业计划书 PPT 模板 .pptx"中第 19 张幻灯片的内容复制至第 12 张幻灯片的空白处；修改左侧图片为第 1 张幻灯片的歼 -15 战机图片，提炼素材文件中关于舰载机的内容介绍，将其归纳为三点并完成文字编辑。

(11) 第 14 张幻灯片的设计。如图 3-3-12 所示，将模板中的第 4 张幻灯片复制至第 14 张幻灯片的位置，提炼素材文件中关于内部舱室的文字介绍，列出 3 个主要内容并完成文字编辑。

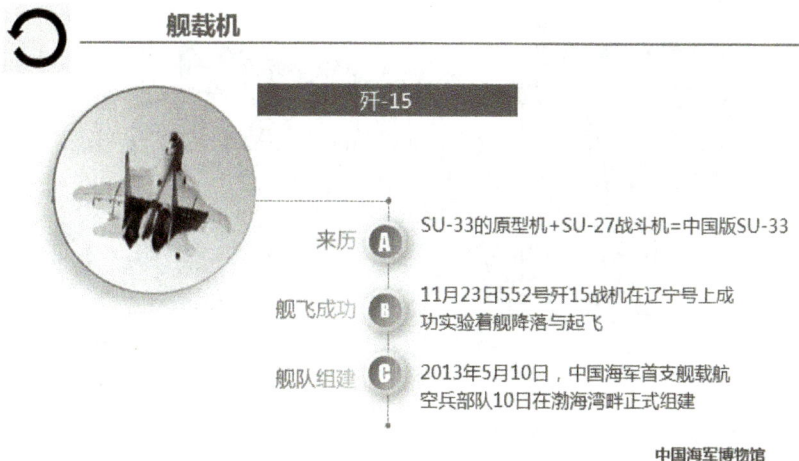

图 3-3-11　第 12 张幻灯片的效果图

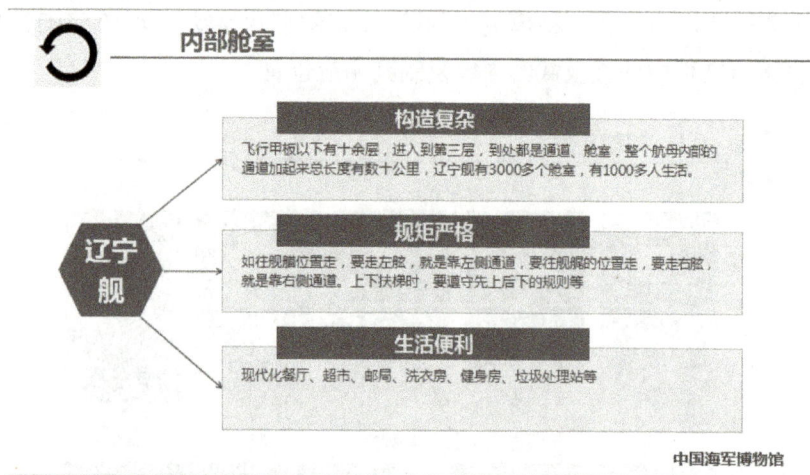

图 3-3-12　第 14 张幻灯片的效果图

(12) 第 15 张幻灯片的设计。在第 14 页后复制一张与第 14 张幻灯片相同的幻灯片，删除标题下的整个图示结构，将备用模板"大气商业创业计划书 PPT 模板 .pptx"中第 22 页幻灯片的 4 张图片同时复制至第 15 张幻灯片中；选中第 1 张图片，单击鼠标右键选择【更改图片】，在素材文件夹中选择"宿舍 .jpg"，用同样的方法将其余 3 张图片分别更改为"洗衣房 .jpg""厨房 .jpg""消防车 .jpg"；插入文本框，为图片添加说明文字，利用动画刷为 4 个文本框添加和图片相同的动画效果，并调整图片的大小及位置。第 15 张幻灯片的效果图如图 3-3-13 所示。

(13) 结束页 (第 16 张幻灯片) 的设计。复制封面幻灯片至第 16 张幻灯片的位置，删除副标题，将主标题改为"谢谢观看"。最后删除后面不需要的所有幻灯片。

图 3-3-13　第 15 张幻灯片的效果图

　　在制作演示文稿时，会用到来自网络的图片或一些需要编辑裁剪的图片，利用图片工具的删除背景、裁剪功能能够快速完成对图片的编辑。

3. 设置自定义放映

（1）单击【放映】→【自定义放映】，弹出【自定义放映】对话框；单击【新建】按钮，弹出如图 3-3-14 所示的【定义自定义放映】对话框；在左侧列表中选中第 1 至第 15 张幻灯片，单击【添加】按钮，将其添加到右侧的"在自定义放映中的幻灯片"列表中；单击【确定】按钮，在【自定义放映】对话框中再单击【关闭】按钮。

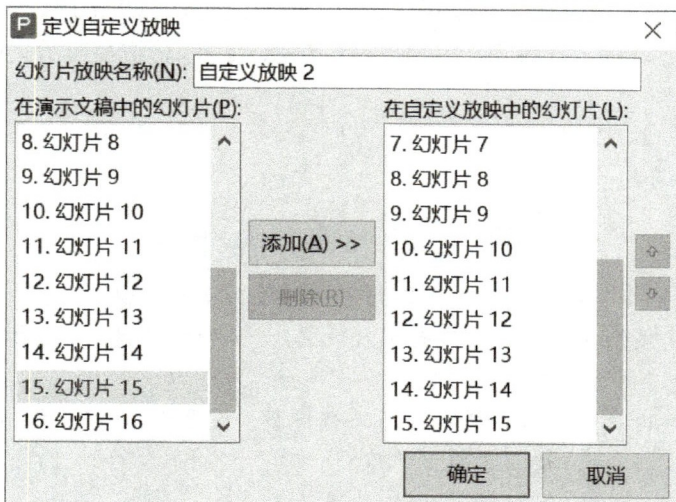

图 3-3-14 【定义自定义放映】对话框

（2）单击【放映】→【放映设置】→【设置幻灯片放映】，弹出如图 3-3-15 所示的【设置放映方式】对话框；分别选中"循环放映，按 ESC 键终止"和"自定义放映"选项，其他设置如图 3-3-15 所示，最后点击【确定】按钮。

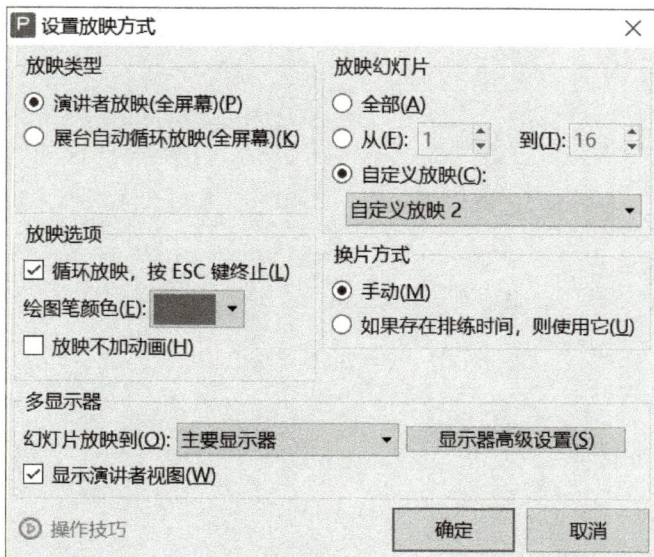

图 3-3-15 【设置放映方式】对话框

任务总结

本任务以设计并制作"带你走进航空母舰"演示文稿为例，介绍了如何通过一篇 WPS 文字素材，利用 WPS 演示文稿模板创建演示文稿，经过策划分析和参考学习，快速设计出演示文稿的框架及结构，通过母版修改、图片运用、模板混用、素材提炼等快速完成作品的设计。通过本任务的练习，读者能够独立完成汇报、总结类演示文稿的设计及制作。

实践演练

"学习汇报"演示文稿的制作

操作要求：根据个人学期总结，制作期末学习汇报演示文稿。

(1) 设计演示文稿的风格：要求根据个人情况，选择合适的模板，自行准备图片等素材，自定义幻灯片母版，每页均有本人姓名。

(2) 设计幻灯片内容：幻灯片架构合理，有封面、目录页、过渡页、内容及结尾页，根据内容选择适合的版式，注意要图文并茂。

(3) 幻灯片动画：合理运用动画、切换效果。

(4) 自定义放映：循环播放，不播放最后一页。

(5) 保存要求：保存源文稿及放映文稿。

项目四

常用办公必备知识

项目分析

办公自动化以其特有的创新性和便捷性影响着每一位办公室工作人员。如今，要求工作者必须具备现代化思想和熟练的业务技能，其中，计算机基本操作是现代工作者必须掌握的基本技能。

本项目需要完成以下任务：

(1) 行政办公中常用的计算机操作。

(2) 常用软件或工具的使用。

知识目标

(1) 学会对文件与文件夹的管理，包括新建、删除、修改、搜索等。

(2) 能使用一种或多种压缩软件。

(3) 理解病毒的相关知识，了解常用的杀毒软件。

(4) 能利用 PDF 阅读器对图片文件进行简单处理。

(5) 能够掌握一种简单的图片处理软件的使用方法。

能力目标

通过学习本项目内容，能基本掌握办公室常规操作，如计算机病毒的查杀、系统的修复、常用办公软件的使用等。

任务一　行政办公中常用的计算机操作

任务简介

21 世纪的中国紧跟世界的步伐，其科学技术不断创新，文化软实力和经济实力也快速提高。如今，计算机办公自动化的发展大大减轻了行政办公室人员因任务多、事务杂而增加的工作压力，显著提高了办公室管理工作的完成效率。各个行政岗位办公人员因职责不同，工作内容也不尽相同，所运用的计算机知识也有所不同，现将大部分常用知识做简单阐述。

任务目标

能够熟练操作计算机，掌握操作系统的常用操作方法、文件与文件夹的管理、磁盘管理。

知识点

- Windows 10 操作系统新用户的建立、密码的设置等基本操作。
- 文件及文件夹的搜索、新建、编辑等。
- 磁盘碎片整理、磁盘清理、磁盘检查的操作。

任务实施

1. Windows10 操作系统基本操作

(1) 新建文件夹：打开桌面的【此电脑】图标，打开工作盘 (以 E 盘为例)。在空白区域单击鼠标右键，在弹出的快捷菜单中选择【新建】→【文件夹】，在输入状态下输入文件夹名称"公文文件"。继续在空白区域单击鼠标右键，用同样的方法再新建两个文件夹，名称分别为"领导工作文件"和"日常工作文件"。文件夹结构如图 4-1-1 所示。

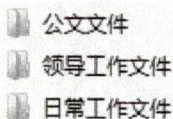

📁 公文文件
📁 领导工作文件
📁 日常工作文件

图 4-1-1　新建文件夹结构

　　(2) 新建子文件夹：双击"日常工作文件"文件夹，用同样的方法建立"办公室工作""技术部工作""销售部工作"三个子文件夹。用同样的方法建立如图 4-1-2 所示的文件夹结构，建立时注意各文件夹之间的关系。

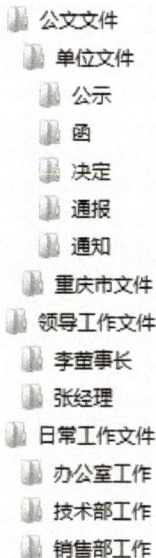

图 4-1-2　三级文件夹结构

　　(1) Windows 操作系统采用树型目录结构管理文件的优势是加快了目录的检索速度，解决了文件重名问题，便于实现文件保护、加密和共享，可以较好地反映现实世界复杂层次结构的数据结合。

　　(2) 路径分为绝对路径和相对路径。绝对路径是文件相对于系统根目录的路径，如"E:\领导工作文件\李董事长"。相对路径是相对于系统当前工作目录的路径。

　　(3) 新建文件：在【此电脑】窗口的地址栏直接输入"E:\领导工作文件\李董事长"后按回车键，打开"李董事长"文件夹；在空白区域单击鼠标右键，在弹出的快捷菜单中选择【新建】→【DOCX 文档】并输入文件名"年会演讲稿"，扩展名为默认的 WPS 文档扩展名"docx"，然后按回车键完成操作。用相同的方法在"办公室工作"文件夹中新建"部门报账经费统计表 .xlsx"和"工作日志 .txt"两个不同类型的文件。

　　(4) 将文件夹锁定到任务栏：打开"日常工作文件"文件夹，选择"办公室工作"文件夹后直接将其拖到任务栏的任意空白处，计算机会提示"文件资源管理器"。添加成功后右键单击任务栏的文件夹便可以直接打开，不用再通过计算机一层层打开，如图 4-1-3 所示。此操作主要用于打开经常使用的文件夹。

　　(5) 搜索文件或文件夹：打开"C:\Windows\Cursors"文件夹，在地址栏右侧的搜索框中输入"pen"，如图 4-1-4 所示；鼠标拖动选择 pen 开头的多个文件，单击鼠标右键选择【复制】；打开"办公室工作"文件夹，右键单击空白区域后选择【粘贴】。

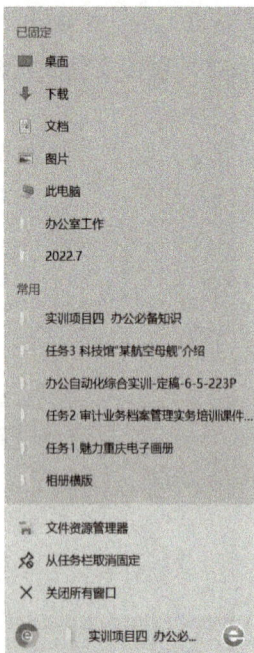

图 4-1-3　任务栏文件夹的设置

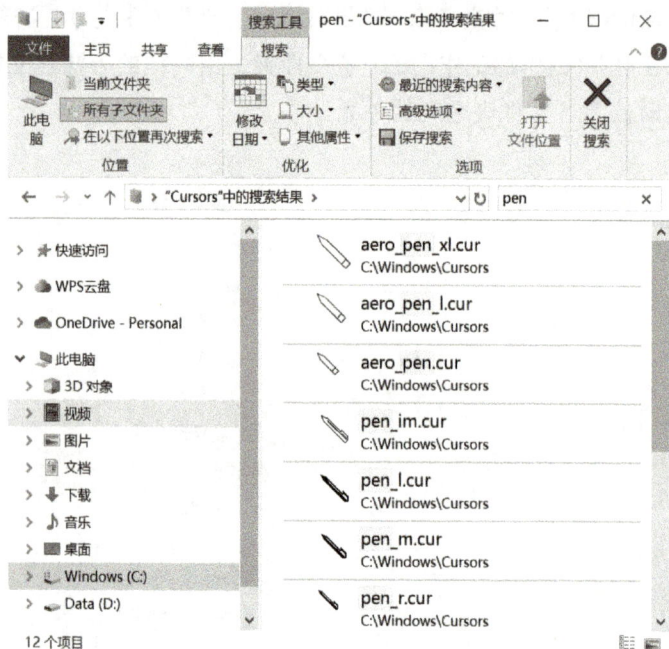

图 4-1-4　搜索结果窗口

(6) 隐藏文件或文件夹：选中"领导工作文件"文件夹，单击鼠标右键，在快捷菜单中选择【属性】，在弹出的属性对话框中勾选【隐藏】复选框，单击【确定】按钮后，在弹出的页面中选择"将更改应用于此文件夹、子文件夹和文件"，然后单击【确定】；单击【查看】→【选项】→【更改文件夹和搜索选项】，弹出如图 4-1-5 所示的【文件夹选项】对话框，选择【查看】选项卡，根据需要设置是否显示该隐藏文件夹。

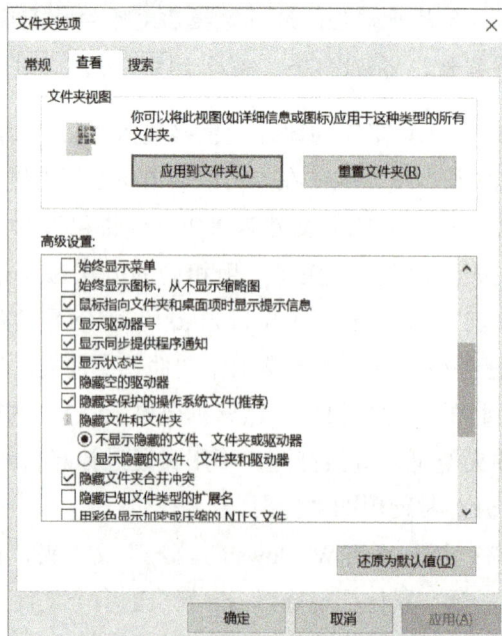

图 4-1-5　【文件夹选项】对话框

2. 系统工具的使用

(1) 磁盘清理：不管是办公电脑还是家用电脑，均需要定期对磁盘进行清理，以提高电脑的运行速度。

方法一：在任务栏上的搜索框中键入"磁盘清理"，并从结果列表中选择"磁盘清理"。

方法二：打开【此电脑】，鼠标右键单击 C 盘，选择【属性】，弹出【Windows(C:) 属性】对话框，单击【磁盘清理】按钮。

以上方法均会弹出如图 4-1-6 所示的对话框。扫描完成后弹出如图 4-1-7 所示的对话框，勾选需要清理的内容后单击【确定】按钮即可完成对 C 盘的清理。一般清理的对象有"Internet 临时文件""游戏统计信息文件""回收站""缩略图"等，其他可以根据情况确定清理对象。

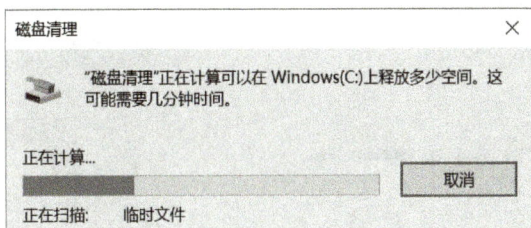

图 4-1-6　【磁盘清理】对话框

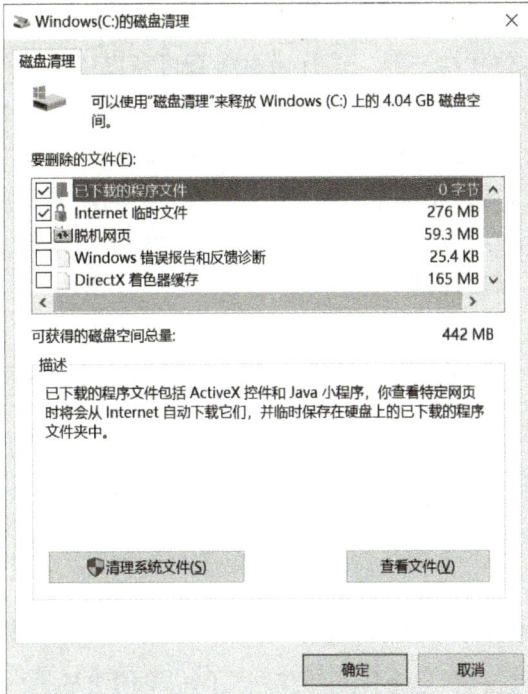

图 4-1-7　【Windows(C:) 的磁盘清理】对话框

(2) 磁盘碎片整理：磁盘碎片整理会涉及非常频繁的磁盘读写操作。固态硬盘和一些闪存类磁盘的读写次数是有限的，并不像机械硬盘那么耐用，如果频繁地进行碎片整理会极大地损伤硬盘寿命。因此，固态硬盘和闪存盘类磁盘不建议进行碎片整理。

打开【此电脑】，鼠标右键单击 C 盘，在弹出的快捷菜单中选择【属性】，在【属性】对话框中选择【工具】选项卡并单击【优化】，弹出如图 4-1-8 所示的对话框，选择"Windows(C:)"盘，单击【优化】，即可打开磁盘碎片整理程序。

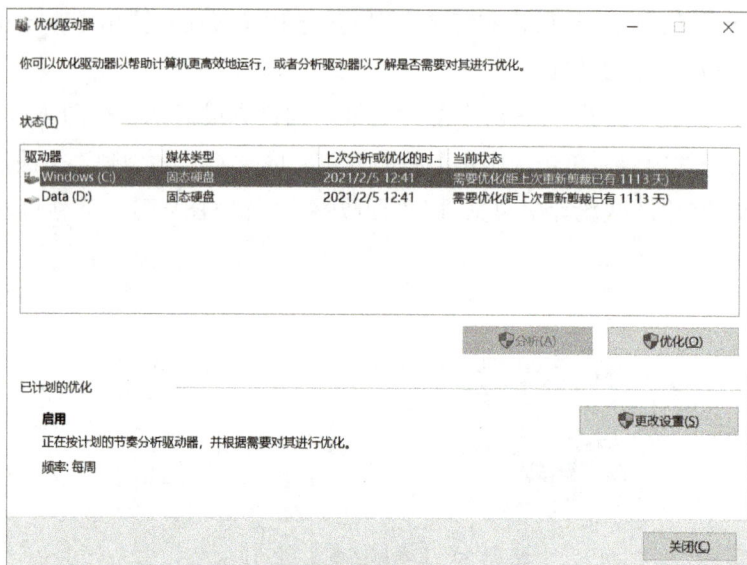

图 4-1-8 【优化驱动器】对话框

(3) 磁盘检查：像人体体检一样，进行磁盘检查可获取磁盘的健康状况。磁盘检查主要检查磁盘是否有坏道，还可以把坏道屏蔽起来，避免总扫描到坏道。注意：检查一次等于读写一遍，对硬盘有一定的损伤。

磁盘检查方法：打开【此电脑】，鼠标右键单击【本地磁盘 D 盘】，选择【属性】，弹出【Data(D:) 属性】对话框，选择【工具】选项卡，单击【检查】按钮，弹出如图 4-1-9 所示的对话框，系统开始磁盘检查。

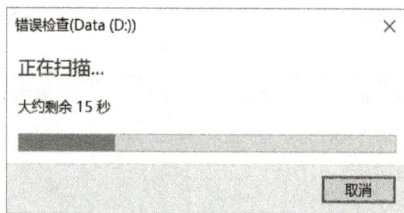

图 4-1-9 【检查磁盘】对话框

(1) 磁盘碎片是指硬盘在读写过程中产生的不连续文件。硬盘上非连续写入的档案会产生磁盘碎片，磁盘碎片会加长硬盘的寻道时间，影响系统效能。

(2) 磁盘清理时间较短，磁盘碎片整理时间较长。

(3) 没有明显卡顿现象不用进行磁盘检查，只进行磁盘碎片整理即可。

(4) 优先级别：其优先级别从高到低依次为磁盘清理、磁盘碎片整理、磁盘检查。

任务总结

本任务主要介绍了 Windows 10 操作系统的基本操作及系统工具的使用，所涉及的方法是相对方便或者容易掌握的。读者应善于发现和总结，积累更多的学习方法和经验。

任务二　常用软件或工具的使用

任务简介

小明是刚到某公司行政办公室工作的大学应届毕业生，对计算机操作不是很熟悉。他除了要熟悉很多办公业务，还需要进一步熟悉办公经常用到的软件，提升自己的办公效率。

任务目标

学会通过互联网下载、安装软件；熟练掌握办公过程中计算机的常用软件（如压缩软件、杀毒软件、PDF 阅读器、图像处理软件）的基本使用方法。

知识点

- 压缩软件。
- 杀毒软件。
- PDF 阅读器。
- 图像处理软件。
- 常用小工具介绍。

任务实施

1. 压缩软件的使用

以 WINRAR 压缩软件为例，压缩文件和解压文件的具体操作如下：

(1) 压缩文件：选择"日常工作文件"文件夹，单击鼠标右键，在弹出的快捷菜单中选择【添加到压缩文件】，在弹出的【压缩文件名和参数】对话框中单击【设置密码】按钮，输入密码"123"后单击【确定】按钮；在"压缩文件名"文本框中输入"2018年所有日常工作备份 .rar"，如图 4-2-1 所示，其他保持默认设置，单击【确定】按钮完成设置。文件压缩后容量小了很多，便于其保存和传输。

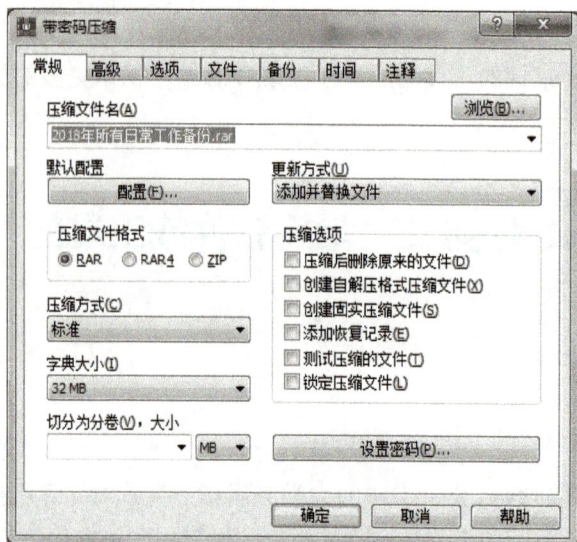

图 4-2-1　【带密码压缩】对话框

　　(2) 解压文件：压缩文件在使用之前必须解压，解压缩操作非常简单，只要安装了压缩软件，选中"2018年所有日常工作备份 .rar"文件后单击鼠标右键，选择【解压文件...】，在弹出的【解压路径和选项】对话框中找到"E:\ 文件备份 \ 2018年"文件夹位置，单击【新建文件夹】按钮并输入"综合办公室日常工作"，如图 4-2-2 所示，单击【确定】按钮，最后输入压缩文件的密码即可完成解压操作。

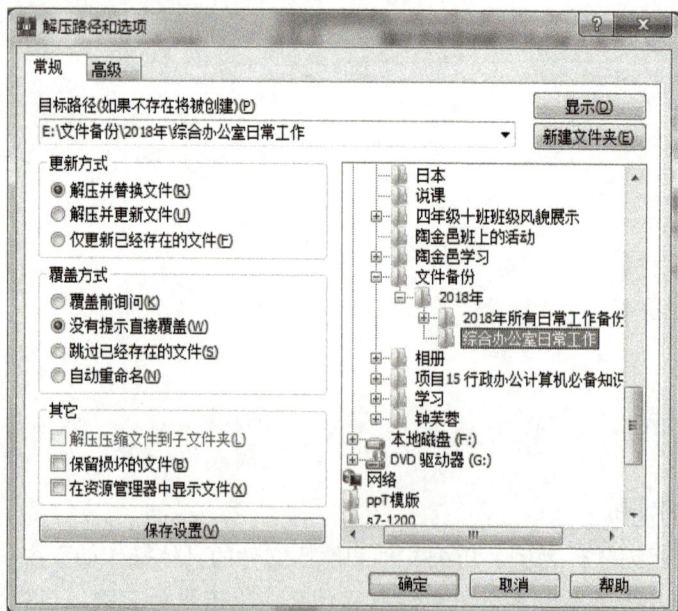

图 4-2-2　【解压路径和选项】对话框

（1）WINRAR 压缩软件是目前比较流行的压缩工具，其界面友好，使用方便，在压缩率和速度方面都有很好的表现。

（2）压缩软件主要有 WINRAR、360 压缩、7-Zip、BandiZip、快压等。WINRAR 和360 压缩软件的对比如图 4-2-3 和图 4-2-4 所示。

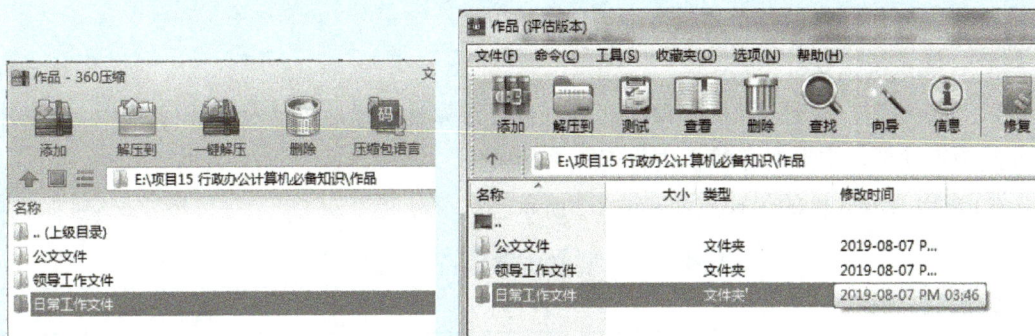

图 4-2-3　两种压缩软件窗口的对比图

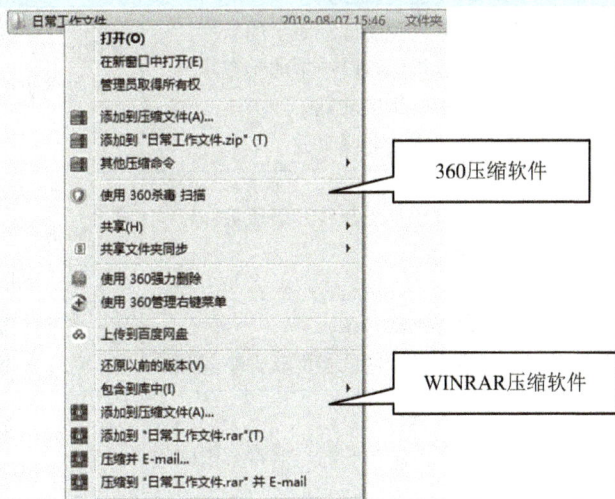

图 4-2-4　快捷菜单中两种压缩软件的对比

（3）几种压缩软件各自的优势如表 4-2-1 所示。用户可以根据需要选择适合自己的压缩软件。

表 4-2-1　压缩软件的优势对比表

序号	软件名称	优　　势
1	WINRAR	压缩率高，有独特的高压缩率算法，支持多种格式的解压，设置项目完善并且可以定制界面，对受损压缩文件的修复能力极强，可带密码压缩、锁定压缩包，辅助功能设置细致
2	360 压缩	极速压缩，永久免费，扫描木马，易用设计，外观漂亮
3	7-Zip	数据压缩率最高
4	BandiZip	自动绕过损坏压缩文档，具有文件预览功能
5	快压	具有方便文件传送的多卷压缩功能，可随时清理历史记录、保护隐私

2. 常用杀毒软件的使用

(1) 计算机中毒的症状如下：

① 计算机的运行速度比正常情况下慢得多；

② 计算机出现异常，如黑屏、蓝屏、死机、文件打不开等；

③ 未做任何操作但自动弹出多个窗口；

④ 一些系统工具打不开。

以上只列举了部分计算机中毒的症状，有时计算机中毒后可能没有任何症状，所以建议安装杀毒软件，定期对计算机进行查、杀毒操作。

(2) 常用杀毒软件的优缺点如表 4-2-2 所示。

表 4-2-2　常用杀毒软件的优缺点

序号	软件名称	优　　点	缺　　点
1	360 安全卫士 + 360 杀毒	• 完全免费； • 断网修复能力很强大； • 可以卸载内置的卸载不了的软件； • 清理计算机运行时产生的缓存垃圾； • 具有提前防御的功能； • 拦截网页木马非常有效	• 查杀新木马、新病毒及未知病毒能力差； • 自我防御体系非常差
2	McAfee 杀毒	• 免费，注册享受在线升级服务； • 防毒能力强	• 配置比较麻烦； • 病毒库升级慢； • 程序运行速度慢
3	瑞星杀毒 金山杀毒	• 采用内存杀毒技术； • 杀毒能力在国内同类型软件中较强	• 查杀病毒时内存占用量超大； • 对新病毒的查杀能力不够
4	江民杀毒	• 占用内存低； • 对于加壳的木马和后门病毒有很强的判断能力； • 对未知木马和后门病毒有一定的解析度和及时分析能力	• 对内存杀毒不强； • 对于很多木马，在其加密后就无法判断了； • 目前稳定性和兼容性有待提高

(3) 正确的查、杀毒操作方法如下：

① 一台计算机只安装一个杀毒软件；

② 定期对系统进行垃圾清理、插件清理、上网痕迹清理及病毒查杀；

③ 经常升级查毒软件；

④ 做好对重要数据的备份。

(4) 杀毒软件的使用 (以 360 安全卫士和杀毒软件为例)。

① 全盘扫描是对整个硬盘都扫描，所用的时间较长，建议在不使用计算机时进行。

② 快速扫描是对系统的关键位置进行扫描，一般在发觉计算机有运行速度慢等中毒现象时使用。360 杀毒软件界面如图 4-2-5 所示。

图 4-2-5　360 杀毒软件界面

③ 360 杀毒软件功能界面如图 4-2-6 所示。根据计算机的情况进行操作，这里不做一一介绍。

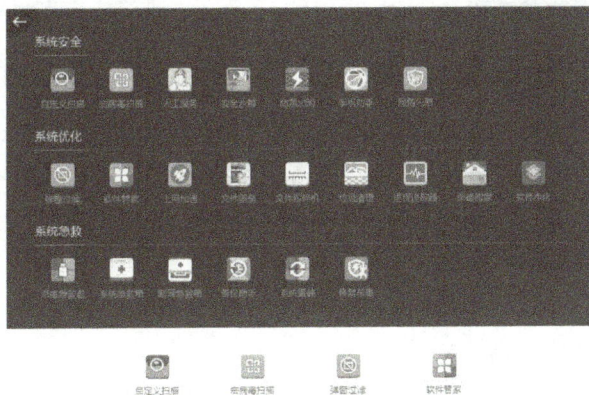

图 4-2-6　360 杀毒软件功能界面

④ 360 安全卫士的主要作用是对系统日常使用后产生的问题进行清理和维护，保护系统安全，优化计算机运行速度等，其界面如图 4-2-7 所示。使用 360 安全卫士均为可视化操作，简单易懂。

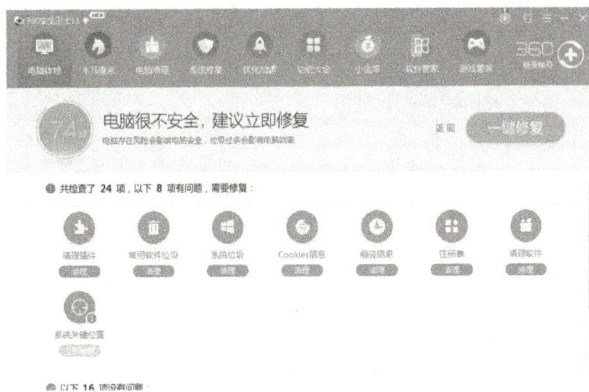

图 4-2-7　360 安全卫士界面

3. PDF 阅读器的使用

常见的 PDF 阅读器有：Adobe Reader XI、Adobe Acrobat Pro、方正 Apabi Reader、福昕阅读器、极速 PDF 阅读器。下面以 Adobe Reader XI 为例做简单介绍。

(1) 页面的放大和缩小：可单击工具栏放大按钮 ⊕（或使用组合键 Ctrl + 加号）或缩小按钮 ⊖（或使用组合键 Ctrl + 减号），如要显示具体的比例，可在工具栏上面的"放大缩小输入框"里面输入放大的倍数，如图 4-2-8 所示。

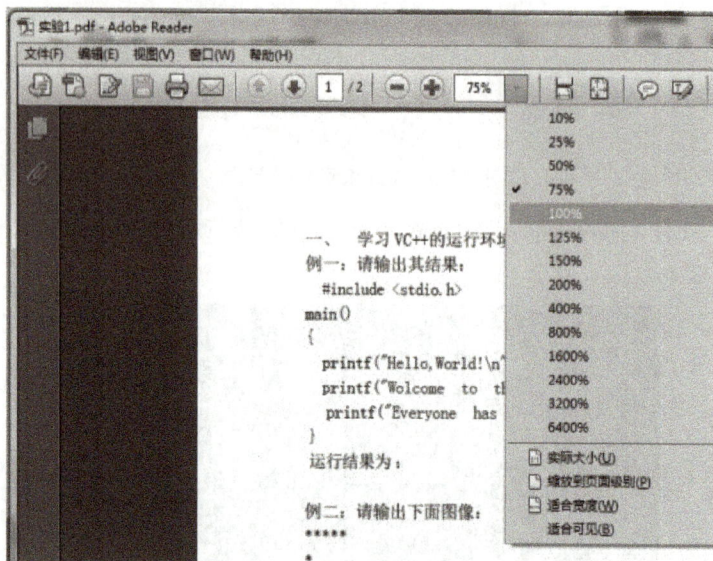

图 4-2-8　按比例放大或缩小设置

(2) 页面旋转的两种方法如下：

① 使用快捷键"Ctrl + Shift + +"顺时针旋转，使用快捷键"Ctrl + Shift + -"逆时针旋转。

② 单击【视图】→【旋转视图】→【顺时针】或【逆时针】。

(3) 搜索文件里面的内容：单击【编辑】→【查找】（或按组合键"Ctrl + F"），然后在搜索框里面输入要搜索的内容进行查找，如图 4-2-9 所示。

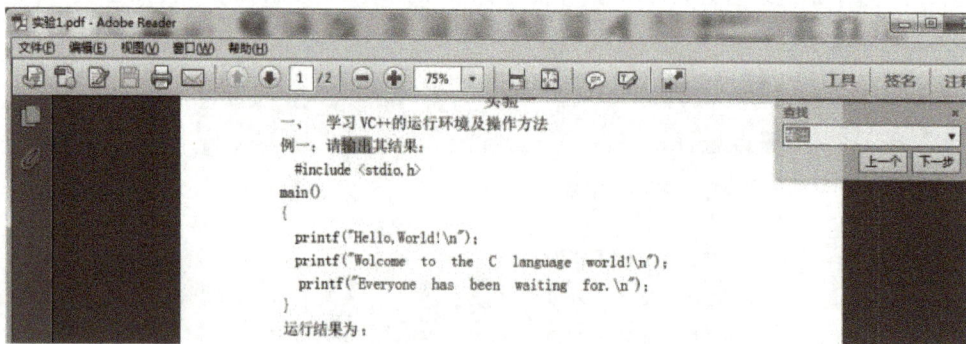

图 4-2-9　查找内容设置

(4) 添加注释：单击工具栏上面的【注释】，选择【添加附注】按钮 ◻ 并将鼠标移到要添加注释的位置，输入注释内容并保存，如图 4-2-10 所示。

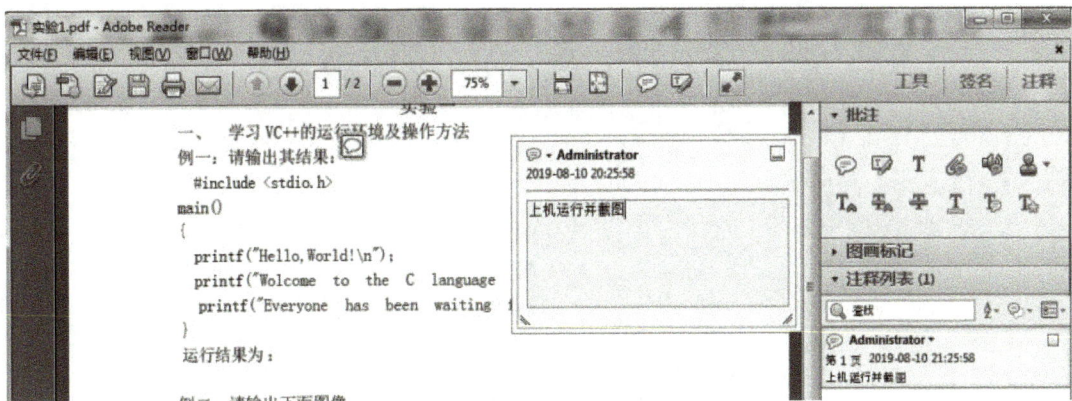

图 4-2-10　添加注释设置

(5) 复制文字：选择需要复制的文字，单击【编辑】→【复制】，就可以将 PDF 文件的文字复制到其他格式的文件里，如 WPS、文本文件等。

(6) 快照生成图片：单击【编辑】→【拍快照】，拖动鼠标选择需要生成图片的内容，系统提示"选定的区域已被复制"，如图 4-2-11 所示，单击【确定】按钮完成操作。此操作生成的是图片，与复制文字不同。

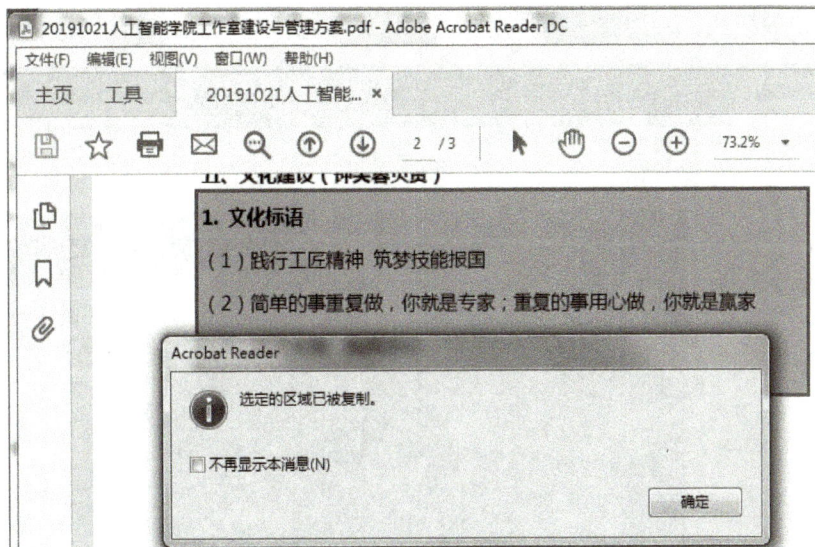

图 4-2-11　快照设置

(7) 播放 PDF 中的视频和音乐：使用"手形"工具或"选择"工具，单击视频或声音文件的播放区域。当指针被放置在播放区域上方时，它将更改为播放模式图标。

4. 简单的图像处理

图像处理软件有多种类型，其中，有如 Photoshop、Fireworks、Illustrator 等专业的图像处理软件，也有美图秀秀、光影魔术手等非专业人员用得较多的图像处理软件。

美图秀秀操作简单，基本功能齐全，占用内存小，适合进行简单的图像处理。下面以美图秀秀为例进行介绍，其主界面如图 4-2-12 所示，从界面可以看出它的主要功能。

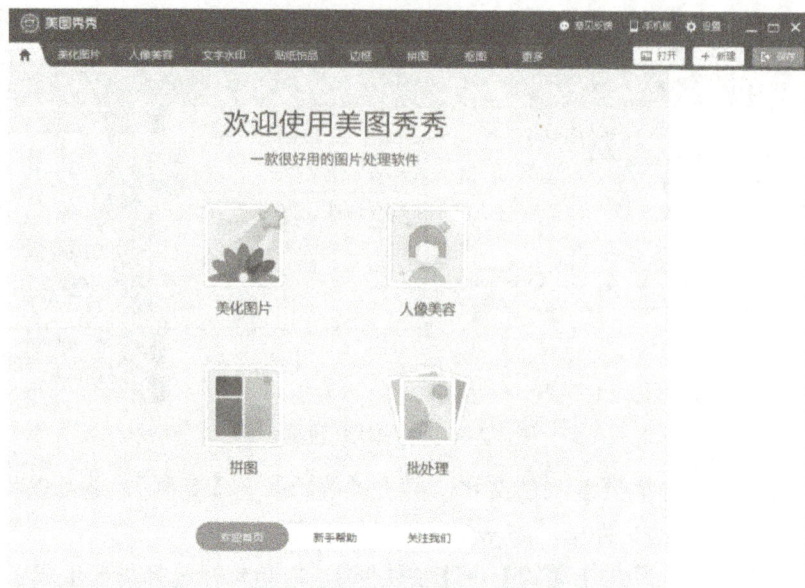

图 4-2-12　美图秀秀主界面

(1) 美化图片：打开美图秀秀，单击【美化图片】→【打开图片】；如图 4-2-13 所示，右侧有一些特效模式，左边有一键美化功能，如果不想自己设置，可以用这些方法。

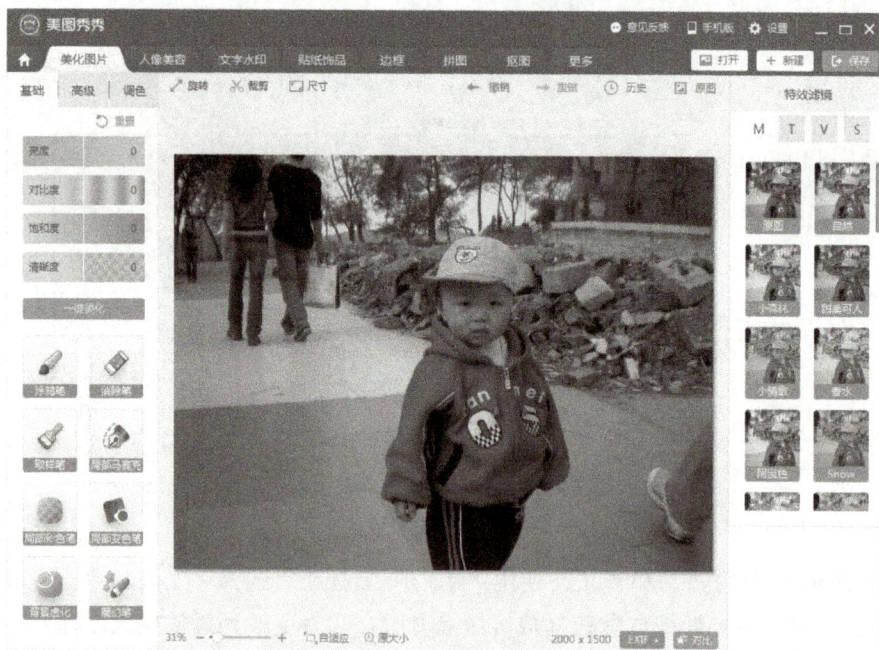

图 4-2-13　美化图片效果图

局部彩色笔的使用：单击【美图秀秀】对话框左侧的【局部变色笔】，勾选【皮肤变色 (美白)】，将鼠标光标定位到面部后，即可拖动鼠标完成美白效果，如图 4-2-14 所示。完成后的对比图如图 4-2-15 所示。可以用此方法来进行背景、头发、面部及嘴唇等局部颜色的调整。

图 4-2-14　【局部变色笔】窗口

图 4-2-15　肤色调整前后效果图

(2) 抠图：把图片或影像的某一部分从原始图片或影像中分离出来，使其成为单独的图层。在工作过程中，很多时候要去掉背景，只保留图片中的一部分，这时就要用到抠图操作。图 4-2-16 所示为抠图前后的效果对比图。

图 4-2-16　抠图前后效果对比图

抠图的具体操作步骤如下：

① 单击【抠图】→【自动抠图】，如图 4-2-17 所示，拖动鼠标画出需要抠图的区域。由于自动抠图时常会抠出不需要的部分，因此建议使用手动抠图。

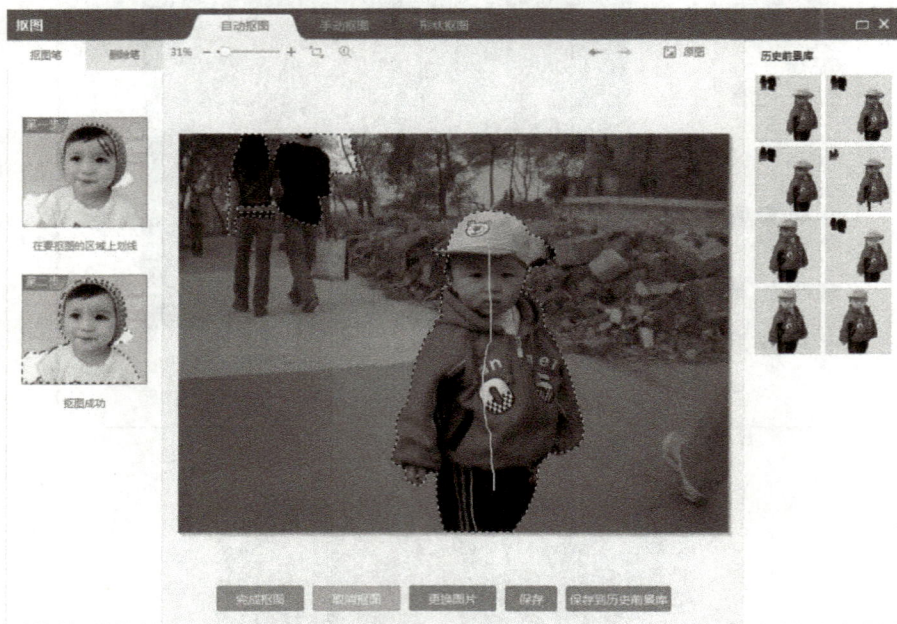

图 4-2-17　自动抠图操作页面

② 单击【抠图】→【手动抠图】，使用"抠图笔"描绘所要抠图图像的轮廓，绘制完之后，轮廓线上将出现小圆点，如图 4-2-18 所示。

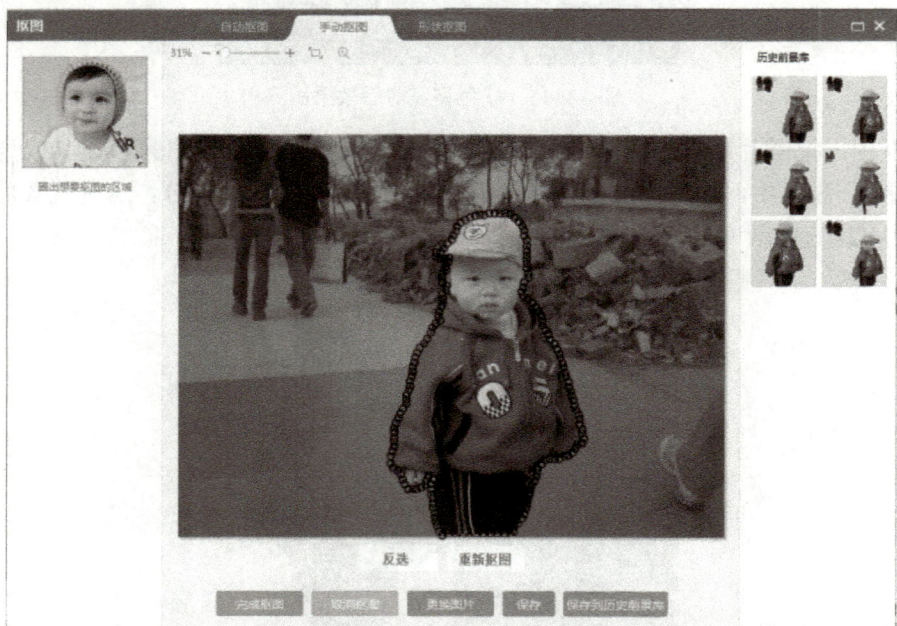

图 4-2-18　手动抠图操作页面

（3）添加背景：单击【完成抠图】,进入【杂志背景】界面,将"边缘羽化"设置为最大；在界面的右上角设置背景,选择【风景背景】中的一种,然后将人物图片放到合适的位置,单击【完成】按钮,如图 4-2-19 所示。最后单击【保存】按钮进行保存。

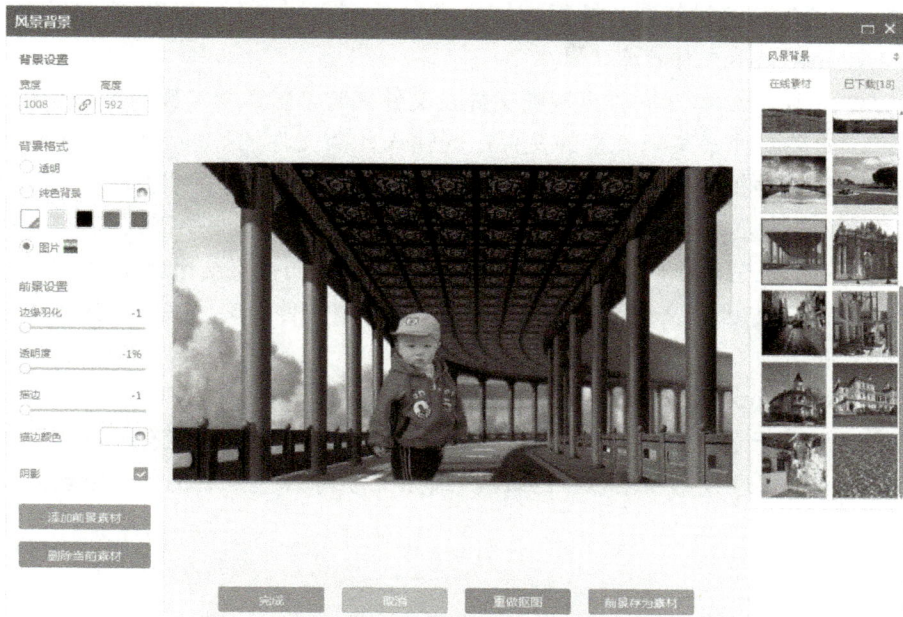

图 4-2-19　【风景背景】界面

保存后可以对比处理前后的效果,如图 4-2-20 所示。

图 4-2-20　处理前后效果对比图

美图秀秀还有很多功能,但其操作非常简单,根据界面提示便可学会,这里就不一一介绍了。

5. 常用小工具的使用

以下几款常用的工具软件操作简单,只需要下载后安装就可以使用了。

1）天若 OCR(文字识别工具)

（1）识别功能：将图片中的文字转换成可编辑文本。

（2）翻译功能：识别图片中的文字并进行翻译。

(3) 截图功能：拥有丰富的截图标注功能。

(4) 录制功能：可以快速录制 gif 格式的文件并且添加水印。

(5) 贴图功能：将粘贴板图片置顶到桌面最上方。

(6) 变换：通过变换进行图片校正。

2) Everything(极速文件搜索工具)

搜索方法：搜索 A 和 B 同时出现的文件及文件夹时，输入"A B"(A、B 之间用空格隔开) 即可；如果要搜索某一类型的文件，则输入此类文件的扩展名即可，如".JPG3"，如果此类文件有几种扩展名，则在扩展名称中间加"|"；通配符"*""？""。""*"可以匹配任意长度和类型的字符，如"？"可以匹配单个任意字符；搜索中需要包含空格的时候，可在搜索内容中加上空格，例如，在搜索框输入"C D"的搜索结果就是"C D"；可指定搜索位置，如输入"办公室文件 \ 演讲"表示在"办公室文件"文件夹中寻找所有包含"演讲"二字的文件。

3) https://www.yinxiang.com/(印象笔记在线编辑)

印象笔记可用于记录工作、生活、学习的一切事务，其主要功能有：项目管理、收藏食谱、知识管理、管理收据和账单、记录读书笔记、分享家庭购物清单、管理名片、整理电影清单等。

任务总结

本任务只针对大多数常用工具或软件做简单介绍，根据工作岗位及工作性质的不同，还有很多实用的小工具或软件可以使用。通过本任务的学习，可以开拓读者的思维，利用网络资源搜索、下载各种工具，提高读者的办公效率。

附　　录

附录 1　搜狗拼音输入法知识介绍

一、简介

搜狗拼音输入法是 2006 年 6 月由搜狐 (SOHU) 公司推出的一款 Windows 平台下的汉字拼音输入法。搜狗拼音输入法是基于搜索引擎技术、特别适合网民使用、新一代的输入法产品，用户可以通过互联网备份自己的个性化词库和配置信息。

二、汉字输入方法

搜狗拼音输入法支持声母简拼和声母的首字母简拼。同时，搜狗拼音输入法支持简拼全拼的混合输入。例如，"张靓颖"可通过"zhly""zly"或者"zhangly""zliangy""zlying"进行输入。但简拼中，当首字母既是声母又是韵母时，需用"'"（单引号）隔开。例如，输入"我爱你"时可输入"w'a'n"，而若输入"wan"将输出"玩"字。

进行输入时，可简要遵循以下方法：

(1) 单字：全拼。

(2) 词语：全拼、简拼、混拼。

(3) 中英混合输入时，输入少量英文：用"v + 英文"输入；或用"英文 + 回车"输入。

(4) 零声母前加单引号。例如，想输出"天安门"，应输入"tiananmen""tian'anmen"或"t'am"；想输出"西安"，应输入"xi'an"而不是"xian"。

三、常用技巧

1. 选字

(1) 翻页键：逗号键 (,)、句号键 (。)；减号 (-)、等号 (=)；左、右方括号 ([、])。

(2) 通过输入打字前的序号上字，编号为 1 的字还可按空格键上字。

2. 特殊符号输入

(1) 软键盘。

(2) 表情 & 符号。

3. 生僻字的输入

可采用拆分输入法输入，如：leileilei(齉)、niuniuniu(犇)、buyao(覅)、wangba(烎)。

4. V 模式

全拼状态下输入如下内容显示相应文字。

金额：v210.24	a. 二百一十元二角四分　b. 贰佰壹拾元贰角肆分

金额：v210.24　　　　a. 二百一十元二角四分　b. 贰佰壹拾元贰角肆分

日期：v2011n8y12r　　a. 2011 年 8 月 12 日

　　　　　　　　　　b. 二〇一一年八月十二日

日期：v2011.08.12　　a. 2011 年 08 月 12 日 (星期五)

　　　　　　　　　　b. 二〇一一年〇八月十二日 (星期五)

　　　　　　　　　　c. 辛卯 [兔] 年七月十三

5. U 模式

笔画输入：横 (h)、竖 (s)、撇 (p)、捺 (n)、点 (d)、折 (z)。例如：输入 "uhhsh" (横横竖横) 即可输出 "玤" 字，输入 "uhspnz" (横竖撇捺折) 即可输出 "札" 字。

Tab 键笔画筛选：拼音 + 笔画。先输入该字的拼音，按 Tab 键 (拆字辅助码)，再输入该字的前几笔。例如：输入 "zhen" + Tab 键 + "hh" 即可输出 "珍" 字；输入 "xian" + Tab 键 + "nx" (女闲) 即可输出 "娴" 字。

6. 日期、时间、星期快捷输入

(1) 例如，输入 rq 会显示 2011 年 8 月 22 日农历七月廿三。

(2) 例如，输入 sj 会显示 2011 年 8 月 22 日 13:20:09。

(3) 例如，输入 xq 会显示 2011 年 8 月 22 日星期一。

7. 常用快捷方式

搜狗拼音输入法常用快捷方式如附图 1-1 所示。

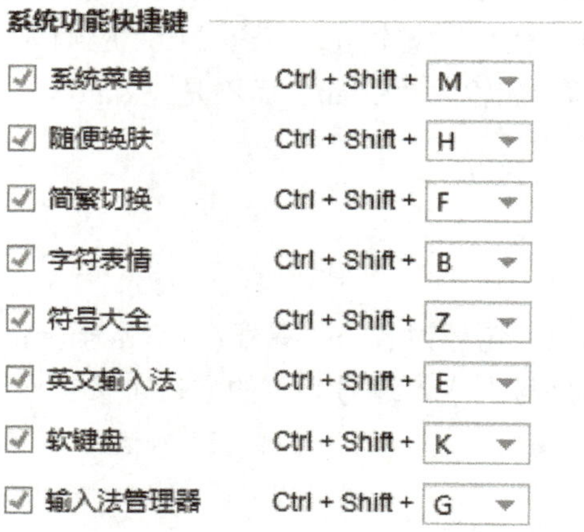

附图 1-1　常用快捷方式

8. 自定义短语

打开搜狗拼音输入法的设置面板 (如附图 1-2 所示)，单击【高级】→【自定义短语】→【自定义短语设置】→【添加新短语】，在弹出的如附图 1-3 所示的对话框中进行设置。

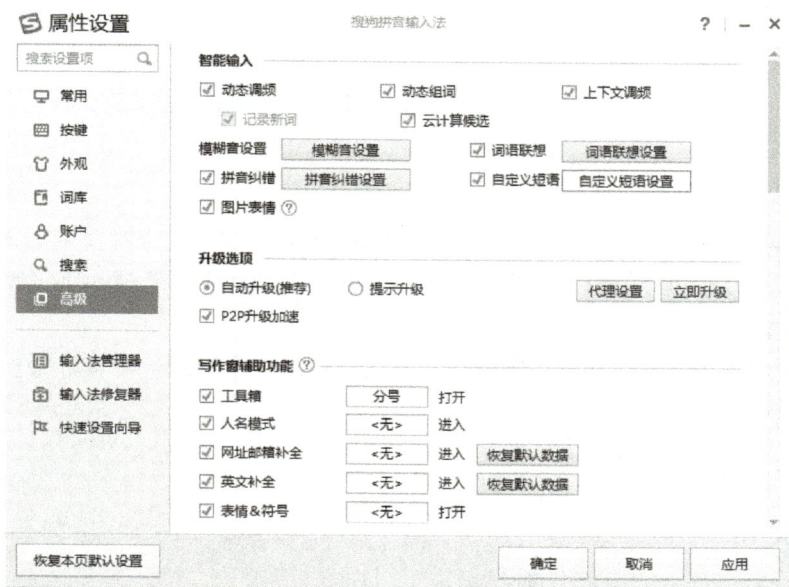

附图 1-2　【属性设置】对话框

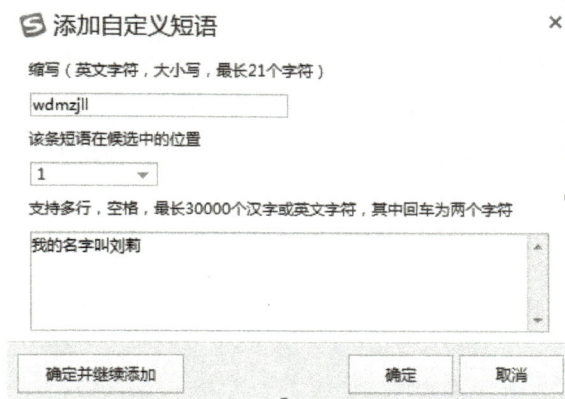

附图 1-3　【添加自定义短语】对话框

9. 网址输入

网址输入的方法如下：

(1) 输入以 www.、http:、ftp:、telnet:、mailto: 等开头的网址，可自动识别进入到英文输入状态，后面可以输入 www.sogou.com、ftp://sogou.com 等类型的网址。

(2) 输入非 www. 等开头的网址，可直接输入字母名称 (中间用圆点隔开)，如 abc.abc (但是不能输入 abc123.abc 类型的网址，因为句号被当作默认的翻页键)。

附录 2　五笔字型输入法知识介绍

一、简介

五笔字型输入法 (简称五笔) 是王永民在 1983 年 8 月发明的一种汉字输入法。因为发明人姓王，所以又称为"王码五笔"。五笔字型输入法完全依据笔画和字形特征对汉字进行编码，是典型的形码输入法。

五笔相对于拼音输入法具有重码率低 (用五笔打出一个字或一个词，最多需要 4 个字母) 的特点，熟练后可快速输入汉字。

二、汉字输入方法

1. 基本原则

(1) 五笔原则：一丨丿丶乙 (即横 竖 撇 捺 折)。

(2) 五个笔画在键盘上的分布原则。

在五笔字型编码方案中，只使用了 26 个英文字母键，除字母 Z 作为学习键外，其余 25 个字母都作为基本编码使用。按照五笔对汉字笔画的分类 (即横、竖、撇、捺、折)，将键盘上所使用的 25 个字母键分成了 5 个区，再根据字根第一笔的类型，将所有 130 多个基本字根分成 5 个部分，对应到每一个区上的各个键上，如附图 2-1 所示。25 个字母键的 5 个区的划分如下：

第 1 区：G F D S A；

第 2 区：H J K L M；

第 3 区：T R E W Q；

第 4 区：Y U I O P；

第 5 区：N B V C X。

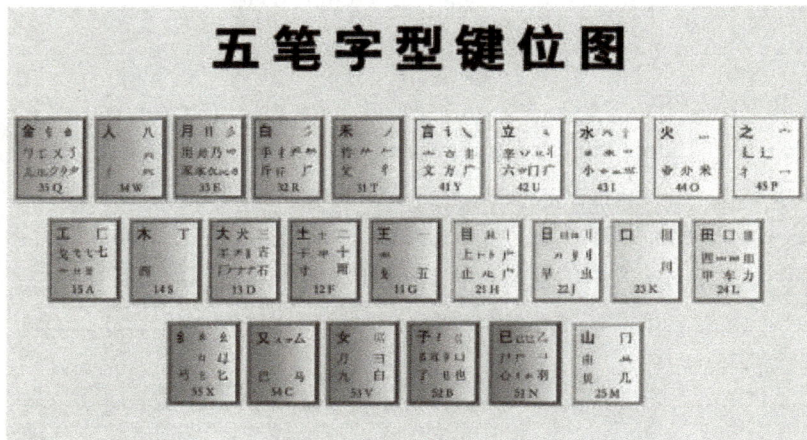

附图 2-1　五笔字型键位图

(3) 五笔字根的分布原则如附图 2-2 所示。

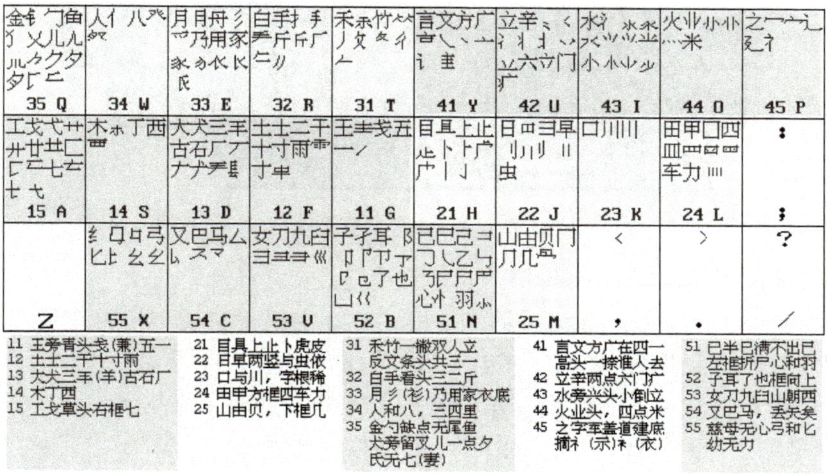

附图 2-2　86 版字根图

① 每个字根的第一笔定区，第二笔定位 (即看第一笔定位在哪个区的 5 个键之中，看第二笔就定位在这 5 个键中的哪个键。70% 的字根符合此原则)。

② 只能强记的字根 (仅 5%) 如 "木丁西" 在 S 键上。

(4) 五笔打字总原则：能打一个，决不打两，以提高效率。

2. 输入方法

(1) 一级简码：需单击一下字母键，再加空格键。一级简码表如附表 2-1 所示 (有 25 个汉字)。

附表 2-1　一级简码表

我 Q	人 W	有 E	的 R	和 T	主 Y	产 U	不 I	为 O	这 P
工 A	要 S	在 D	地 F	一 G	上 H	是 J	中 K	国 L	
	经 X	以 C	发 V	了 B	民 N	同 M			

(2) 二级简码：需单击两下字母键，再加空格键。

① 刚好两个字根：如 "好" = "女"(V) + "子"(B) + 空格；"从" = "人"(W) + "人"(W) + 空格。

② 3 个或 3 个以上字根：只打前面两个，如 "渐" = "氵"(I) + "车"(L) + 空格。

③ 成字字根：既是字根也是单个汉字。先打字根键，再打该字第一笔，如 "米" = "米"(O) + "丶"(Y) + 空格。

④ 键名字：各个键上的第一个字根，即 "助记词" 中打头的那个字根 (在键盘上每个字母键都有一个英文名称，如 A 键、B 键等。在五笔字型输入法中，也给除 Z 键外的每个字母键起了一个中文名称,总共有 25 个键名字)。例如,A 键对应 "工",D 键对应 "大"。

打法：连击 4 次所在键 (但有些键名字也是成字字根等，不需要击 4 次键，如 "人")，键名字如附图 2-3 所示。

注：五笔字型输入法中二级简码汉字占了大部分，熟练掌握二级简码汉字的输入方法

对提高输入速度很有帮助。

附图 2-3　键名字分布图

(3) 三级简码：需单击 3 下字母键，再加空格键。

① 3 个或多于 3 个字根：打法 = 第 1 字根 + 第 2 字根 + 第 3 字根 + 空格。

例如："些" = "止"(H) + "匕"(X) + "二"(F) + 空格。

② 两个字根：打法 = 第 1 字根 + 第 2 字根 + 末笔识别码 + 空格。

例如："里" = "日"(J) + "土"(F) + "三"(D) + 空格。

在打完字根后还打不出该字的时候，需要加一个"末笔识别码"。定位"末笔识别码"分两步：

第一步即该字的末笔是哪种笔画 (一、丨、丿、丶、乙)。

第二步即该字是什么结构：左右结构、上下结构、其他结构 (杂合结构)。

末笔识别码公式：末笔识别码 = 末笔画 × 字结构 (左右 1、上下 2、集合 3)。

例如："玟"的末笔识别码 = 末笔画 (丶) × 字结构 (左右 1) = 丶 × 1 = 丶 = y；

"青"的末笔识别码 = 末笔画 (一) × 字结构 (集合 2) = 一 × 2 = 二 = f；

"里"的末笔识别码 = 末笔画 (一) × 字结构 (集合 3) = 一 × 3 = 三 = d。

③ 成字字根：打法 = 字根键 + 该字第 1 笔 + 第 2 笔 + 空格。成字字根如附表 2-2 所示。

例如："丁" = "丁" + "一" + "丨" + 空格。

附表 2-2　成 字 字 根 表

区 号	成 字 字 根
1 区	一五戈，土二干十寸雨，犬三古石厂，丁西，戈弋廾卅匚七
2 区	卜上止丨，曰刂早虫，川，甲口四皿车力，由贝门几
3 区	竹夂攵彳丿，手扌斤，彡乃用豕，亻八，钅勹儿夕
4 区	讠文方广丷丶，辛六疒门氵，冫小，灬米，辶廴宀冖
5 区	巳己尸心忄 羽乙，子耳阝 阝了也凵，刀九臼彐，厶巴马，幺弓匕

④ 三级键名汉字：打法 = 键名键 + 键名键 + 键名键 + 空格。如"言" = 言 + 言 + 言 + 空格。

(4) 四级简码：需单击 4 下字母键 (注意不能再加空格)。

① 4 个或 4 个以上字根的汉字：打法 = 第 1 字根 + 第 2 字根 + 第 3 字根 + 末字根。

例如："命" = "人"(W) + "一"(G) + "口"(K) + "卩"(B)。

② 只有 3 个字根的汉字：打法 = 第 1 字根 + 第 2 字根 + 第 3 字根 + 末笔识别码。

例如："诵" = "讠"(Y) + "厶"(C) + "用"(E) + "H-21"。

③ 四级成字字根：打法 = 字根键 + 字根第 1 笔 + 字根第 2 笔 + 字根末笔。

例如："干"="干"(F)+"一"(G)+"一"(G)+"丨"(H)(注意不是末字根，也不是末笔识别码)。

④ 四级键名汉字：打法=键名键+键名键+键名键+键名键。

例如："土"="土"+"土"+"土"+"土"。

(5) 词组打法。

① 二字词=首字第1字根+首字第2字根+第2字第1字根+第2字第2字根，如"明天"="日"+"月"+"一"+"大"，"我们"="丿"+"扌"+"亻"+"门"。(注意："我"字是一级简码，打词组时不能按一级简码打，而要按"第1字根"+"第2字根"的打法，其他一级简码如"发""为"字等类推，"发现"="乙"+"丿"+"王"+"见"，其他多字词同样如此)。

② 三字词=首字第1字根+第2字第1字根+第3字第1字根+第3字第2字根，如"计算机"="讠"+"竹"+"木"+"几"。

③ 四字词=按顺序打每个字的第一个字根,如"民主党派"="乙"+"丶"+"⺌"+"氵"。

④ 多字词=按顺序打前三个字的第一个字根+最后一个字的第一字根，如"中华人民共和国"="口"+"亻"+"人"+"囗"。

三、其他

(1) 万能帮助键"Z"的用法。Z键为万能帮助键，它不但可以代替"识别码"，帮我们把字找出来，而且还可以代替我们一时记不清或分解不准的任何汉字，并通过提示行，使我们知道Z键对应的键位或字根。

例如：对于"劳"的五笔代码"APL"，我们不知识别码是什么，但加Z键可帮助识别，在提示框中就有"劳"的完整代码。

(2) 汉字的笔画及其变形表如附表2-3所示。

附表2-3　字根变形表

代　号	笔画名称	笔画走向	笔画及其变形
1	横	左→右	一 ㇀
2	竖	上→下	丨 亅
3	撇	右上→左下	丿
4	捺	左上→右下	丶
5	折	带转折	乙 乚 𠃌 乛

(3) 汉字的三种字型如附表2-4所示。

附表2-4　汉字字形表

字型代号	字型	举　例
1	左右	江　湘　结　别
2	上下	字　学　花　华
3	杂合	困　凶　这　乘　司 本　重　且　乡　东

(4) 五笔字型字根区位分布如附表 2-5 所示。

附表 2-5　字根分布表

区号	位号				
	1	2	3	4	5
横 1	11　王 G　一	12　土 F　二	13　大 D　三	14　木 S	15　工 A
竖 2	21　目 H　丨	22　日 J　刂	23　口 K　川	24　田 L	25　山 M
撇 3	31　禾 T　丿	32　白 R　丿丿	33　月 E　彡	34　人 W	35　金 Q
捺 4	41　言 Y　丶	42　立 U　冫	43　水 I　氵	44　火 O　灬	45　之 P
折 5	51　已 N　乙	52　子 B　巛	53　女 V　巜	54　又 C	55　纟 X

(5) 末笔字型识别码的构成如附表 2-6 所示。

附表 2-6　末笔字型识别码

末笔代号		字型代号		
		左右型	上下型	杂合型
		1	2	3
横	1	11 G	12 F	13 D
竖	2	21 H	22 J	23 K
撇	3	31 T	32 R	33 E
捺	4	41 Y	42 U	43 I
折	5	51 N	52 B	53 V

(6) 汉字的拆分原则主要遵从以下几个要点：① 能散不连；② 兼顾直观；③ 能连不交；④ 取大优先。

附录 3　常用快捷键汇总

一、Windows 快捷键

Windows 快捷键如附表 3-1 所示。

附表 3-1　Windows 快捷键

序 号	快捷键	作 用	备 注
1	Win + L	直接锁屏	电脑设置了密码时使用才有意义
2	Win + E	打开资源管理器	
3	Win + D	退出当前所有操作，直接返回桌面	
4	Win + Tab	3D 效果切换窗口	
5	Alt + Tab	普通切换窗口	
6	Win + +++++	打开放大镜窗口	按放大或缩小按钮可随意对电脑桌布大小进行缩放，适合查看图片

二、文字处理快捷键

文字处理快捷键如附表 3-2 所示。

附表 3-2　文字处理快捷键

快捷键	作 用	备 注	快捷键	作 用	备 注
Ctrl + A	全选	All	Ctrl + O	打开	Open
Ctrl + B	粗体	Black	Ctrl + P	打印	Print
Ctrl + C	复制	Copy	Ctrl + R	右对齐	Right Align
Ctrl + D	字体格式	Decorate	Ctrl + S	保存	Save
Ctrl + E	居中对齐	Encenter	Ctrl + T	首行缩进	=Tab
Ctrl + F	查找	Find	Ctrl + U	下划线	Underline
Ctrl + G	定位	Get address	Ctrl + V	粘贴	Shift + Inser
Ctrl + H	替换	Huan	Ctrl + W	关闭当前的窗口、标签页、工作、文件或停止媒体播放 Work	
Ctrl + I	斜体	italic	Ctrl + X	剪切	
Ctrl + J	两端对齐	Justify	Ctrl + Y	重复	Alt + Shift + Backspace
Ctrl + K	超级链接	King Link	Ctrl + Z	撤销	Alt + Backspace
Ctrl + L	左对齐	Left Ailgn	Ctrl + F4	WPS 中关闭当前应用程序中的当前文件	
Ctrl + M	左缩进	M…	Ctrl + F6	WPS 中切换到当前应用程序中的下一个文本	
Ctrl + N	新建	New			

附录 4　全国计算机等级考试二级 WPS Office 高级应用与设计考试大纲 (2023 年版)

一、基本要求

1. 正确采集信息并能在 WPS 中熟练应用。
2. 掌握 WPS 处理文字文档的技能，并熟练应用于编制文字文档。
3. 掌握 WPS 处理电子表格的技能，并熟练应用于分析计算数据。
4. 掌握 WPS 处理演示文稿的技能，并熟练应用于制作演示文稿。
5. 掌握 WPS 处理 PDF 文件的技能，并熟练应用于处理版式文档。
6. 熟悉 WPS 在线办公的概念，并了解相关产品功能和应用场景。

二、考试内容

（一）WPS 综合应用基础

1. WPS 功能界面和窗口视图设置。
2. 文件的新建、保存、加密、打印等基本操作。
3. PDF 的阅读、批注、编辑、处理、保护、转换等操作。
4. WPS 在线办公的概念，在文档上云、共享协作、创新应用等相关产品功能。

（二）WPS 处理文字文档

1. 文档的创建、输入编辑、查找替换、打印等基础操作。
2. 设置字体和段落格式、应用文档样式和主题、调整页面布局等排版操作。
3. 文档中表格的制作与编辑。
4. 文档中图形、图像 (片) 对象的编辑和处理，文本框和文档部件的使用，符号与数学公式的输入与编辑。
5. 文档的分栏、分页和分节操作，文档页眉、页脚的设置，文档内容引用操作。
6. 文档审阅和修订。
7. 利用邮件合并功能批量制作和处理文档。
8. 多窗口和多文档的编辑，文档视图的使用。
9. 分析图文素材，并根据需求提取相关信息引用到 WPS 文字文档中。

（三）WPS 处理数据表格

1. 工作簿和工作表的基本操作，工作视图的控制，工作表的打印和输出。
2. 工作表数据的输入和编辑，单元格格式化操作，数据格式的设置。
3. 数据的排序、筛选、对比、分类汇总、合并计算、数据有效性和模拟分析。

4.单元格的引用，公式、函数和数组的使用。

5.表的创建、编辑与修饰。

6.数据透视表和数据透视图的使用。

7.工作簿和工作表的安全性和跟踪协作。

8.多个工作表的联动操作。

9.分析数据素材，并根据需求提取相关信息引用到 WPS 表格文档中。

（四）WPS 设计演示文稿

1.演示文稿的基本功能和基本操作，幻灯片的组织与管理，演示文稿的视图模式和使用。

2.演示文稿中幻灯片的主题应用、背景设置、母版制作和使用。

3.幻灯片中文本、艺术字、图形、智能图形、图像 (片)、图表、音频、视频等对象的编辑和应用。

4.幻灯片中对象动画、幻灯片切换效果、链接操作等交互设置。

5.幻灯片放映设置，演示文稿的打包和输出。

6.分析图文素材，并根据需求提取相关信息引用到 WPS 演示文档中。

三、考试方式

上机考试，考试时长 120 分钟，满分 100 分。

1. 题型及分值

单项选择题 20 分 (含公共基础知识部分① 10 分)。

WPS 处理文字文档操作题 30 分。

WPS 处理电子表格操作题 30 分。

WPS 处理演示文稿操作题 20 分。

2. 考试环境

操作系统：中文版 Windows 7 或以上，推荐 Windows 10。

考试环境：WPS 教育考试专用版。

附录 5　全国计算机等级考试二级 WPS Office 高级应用与设计模拟试题

模拟试题（一）

一、选择题（每小题 1 分，共 20 分）

1. 一个栈的初始状态为空。现将元素 1、2、3、4、5、A、B、C、D、E 依次入栈，然后再依次出栈，则元素出栈的顺序是（　　）。

A. 12345ABCDE 　　　　　B. EDCBA54321

C. ABCDE12345 　　　　　D. 54321EDCBA

2. 下列叙述中正确的是（　　）。

A. 循环队列有队头和队尾两个指针，因此，循环队列是非线性结构

B. 在循环队列中，只需要队头指针就能反映队列中元素的动态变化情况

C. 在循环队列中，只需要队尾指针就能反映队列中元素的动态变化情况

D. 循环队列中元素的个数是由队头指针和队尾指针共同决定的

3. 在长度为 n 的有序线性表中进行二分查找，最坏情况下需要比较的次数是（　　）。

A. $O(n)$ 　　　　　　　　B. $O(n^2)$

C. $O(\log_2 n)$ 　　　　　　D. $O(n\log_2 n)$

4. 下列叙述中正确的是（　　）。

A. 顺序存储结构的存储一定是连续的，链式存储结构的存储空间不一定是连续的

B. 顺序存储结构只针对线性结构，链式存储结构只针对非线性结构

C. 顺序存储结构能存储有序表，链式存储结构不能存储有序表

D. 链式存储结构比顺序存储结构节省存储空间

5. 数据流图中带有箭头的线段表示的是（　　）。

A. 控制流 　　　　　　　　B. 事件驱动

C. 模块调用 　　　　　　　D. 数据流

6. 在软件开发中，需求分析阶段可以使用的工具是（　　）。

A. N-S 图 　　　　　　　　B. DFD 图

C. PAD 图 　　　　　　　　D. 程序流程图

7. 在面向对象方法中，不属于"对象"基本特点的是（　　）。

A. 一致性 　　　　　　　　B. 分类性

C. 多态性 　　　　　　　　D. 标识唯一性

8. 一间宿舍可住多个学生，则实体宿舍和学生之间的联系是（　　）。

A. 一对一 　　　　　　　　B. 一对多

C. 多对一　　　　　　　　　　　D. 多对多

9. 在数据管理技术发展的三个阶段中，数据共享最好的是 (　　)。

A. 人工管理阶段　　　　　　　　B. 文件系统阶段

C. 数据库系统阶段　　　　　　　D. 三个阶段相同

10. 有三个关系 R、S 和 T 如下：

R	
A	B
m	1
n	2

S	
B	C
1	3
3	5

T		
A	B	C
m	1	3

由关系 R 和 S 通过运算得到关系 T，则所使用的运算为 (　　)。

A. 笛卡尔积　　　　　　　　　　B. 交

C. 并　　　　　　　　　　　　　D. 自然连接

11. 在计算机中，组成一个字节的二进制位位数是 (　　)。

A. 1　　　　　　　　　　　　　　B. 2

C. 4　　　　　　　　　　　　　　D. 8

12. 下列选项属于"计算机安全设置"的是 (　　)。

A. 定期备份重要数据　　　　　　B. 不下载来路不明的软件及程序

C. 停掉 Guest 账号　　　　　　　D. 安装杀 (防) 毒软件

13. 下列设备组中，完全属于输入设备的一组是 (　　)。

A. CD-ROM 驱动器，键盘，显示器

B. 绘图仪，键盘，鼠标器

C. 键盘，鼠标器，扫描仪

D. 打印机，硬盘，条码阅读器

14. 下列软件中，属于系统软件的是 (　　)。

A. 航天信息系统　　　　　　　　B. Office 2003

C. Windows Vista　　　　　　　　D. 决策支持系统

15. 如果删除一个非零无符号二进制偶整数后的 2 个 0，则此数的值为原数的 (　　)。

A. 4 倍　　　　　　　　　　　　B. 2 倍

C. 1/2　　　　　　　　　　　　　D. 1/4

16. 计算机硬件能直接识别、执行的语言是 (　　)。

A. 汇编语言　　　　　　　　　　B. 机器语言

C. 高级程序语言　　　　　　　　D. C++ 语言

17. 微机硬件系统中最核心的部件是 (　　)。

A. 内存储器　　　　　　　　　　B. 输入输出设备

C. CPU　　　　　　　　　　　　D. 硬盘

18. 用"综合业务数字网" (又称"一线通") 接入因特网的优点是上网通话两不误，

它的英文缩写是（　　　）。

　　A. ADSL　　　　　　　　　　B. ISDN

　　C. ISP　　　　　　　　　　　D. TCP

19. 计算机指令由两部分组成，它们是（　　　）。

　　A. 运算符和运算数　　　　　　B. 操作数和结果

　　C. 操作码和操作数　　　　　　D. 数据和字符

20. 能保存网页地址的文件夹是（　　　）。

　　A. 收件箱　　　　　　　　　　B. 公文包

　　C. 我的文档　　　　　　　　　D. 收藏夹

二、文字处理题（共 30 分）

请在【答题】菜单下选择【进入考生文件夹】命令，并按照题目要求完成下面的操作。

注意：以下的文件必须保存在考生文件夹下。

在考生文件夹下打开文档 WPS 文字 .DOCX，按照要求完成下列操作并以该文件名 (WPS 文字 .DOCX) 保存文件。

按照参考样式"WPS 文字参考样式 .jpg"完成设置和制作。

具体要求如下：

(1) 设置页边距为上、下、左、右各 2.7 厘米，装订线在左侧；设置文字水印页面背景，文字为"中国互联网信息中心"，水印版式为斜式。

(2) 设置第一段落文字"中国网民规模达 5.64 亿人"为标题；设置第二段落文字"互联网普及率为 42.1%"为副标题；改变段间距和行间距 (间距单位为行)，使用"独特"样式修饰页面；在页面顶端插入"边线型提要栏"文本框，将第三段文字"中国经济网北京 1 月 15 日讯中国互联网信息中心今日发布《第 31 展状况统计报告》。"移入文本框内，设置字体、字号、颜色等；在该文本的最前面插入类别为"文档信息"、名称为"新闻提要"的域。

(3) 设置第四至第六段文字，要求首行缩进 2 个字符。将第四至第六段的段首"《报告》显示"和"《报告》表示"设置为斜体、加粗、红色、双下划线。

(4) 将文档"附：统计数据"后面的内容转换成 2 列 9 行的表格，为表格设置样式；将表格的数据转换成簇状柱形图，插入到文档中"附：统计数据"的前面，保存文档。

三、电子表格题（共 30 分）

请在【答题】菜单下选择【进入考生文件夹】命令，并按照题目要求完成下面的操作。

注意：以下的文件必须保存在考生文件夹下。

在考生文件夹下打开工作簿 Excel.xlsx，按照要求完成下列操作并以该文件名 (Excel.xlsx) 保存工作簿。

某公司拟对其产品季度销售情况进行统计，打开"Excel.xlsx"文件，按以下要求操作：

(1) 分别在"一季度销售情况表""二季度销售情况表"工作表内，计算"一季度销售额"列和"二季度销售额"列内容，均为数值型，保留小数点后 0 位。

(2) 在"产品销售汇总图表"内，计算"一二季度销售总量"和"一二季度销售总额"列内容，数值型，保留小数点后 0 位；在不改变原有数据顺序的情况下，按一二季度销售总额给出销售额排名。

(3) 选择"产品销售汇总图表"内 A1:E21 单元格区域内容，建立数据透视表，行标签为产品型号，列标签为产品类别代码，通过求和公式计算一二季度销售额的总计，将表置于现工作表 G1 为起点的单元格区域内。

四、演示文稿题（共 20 分）

请在【答题】菜单下选择【进入考生文件夹】命令，并按照题目要求完成下面的操作。

注意：以下的文件必须保存在考生文件夹下。

打开考生文件夹下的演示文稿 yswg.pptx，根据考生文件夹下的文件"PPT- 素材 .docx"，按照下列要求完善此文稿并保存。

(1) 使文稿包含七张幻灯片，设计第一张为"标题幻灯片"版式，第二张为"仅标题"版式，第三到第六张为"两栏内容"版式，第七张为"空白"版式；所有幻灯片统一设置背景样式，要求有预设颜色。

(2) 第一张幻灯片标题为"计算机发展简史"，副标题为"计算机发展的四个阶段"；第二张幻灯片标题为"计算机发展的四个阶段"；在标题下面空白处插入 SmartArt 图形，要求含有四个文本框，在每个文本框中依次输入"第一代计算机"，……，"第四代计算机"，更改图形颜色，适当调整字体字号。

(3) 第三张至第六张幻灯片，标题内容分别为素材中各段的标题；左侧内容为各段的文字介绍，加项目符号，右侧为考生文件夹下存放的相对应的图片，第六张幻灯片需插入两张图片（"第四代计算机-1.jpg"在上，"第四代计算机-2.jpg"在下）；在第七张幻灯片中插入艺术字，内容为"谢谢！"。

(4) 为第一张幻灯片的副标题、第三到第六张幻灯片的图片设置动画效果，第二张幻灯片的四个文本框超链接到相应内容幻灯片；为所有幻灯片设置切换效果。

模拟试题（二）

一、选择题（每小题 1 分，共 20 分）

1. 下列叙述中正确的是（　　）。

A. 栈是"先进先出"的线性表

B. 队列是"先进后出"的线性表

C. 循环队列是非线性结构

D. 有序线性表既可以采用顺序存储结构，也可以采用链式存储结构

2. 支持子程序调用的数据结构是（　　）。

A. 栈　　　　　　　　　　　B. 树

C. 队列　　　　　　　　　　D. 二叉树

3. 某二叉树有 5 个度为 2 的结点，则该二叉树中的叶子结点数是（　　）。

A. 10 　　　　　　　　　　　　 B. 8

C. 6 　　　　　　　　　　　　 D. 4

4. 下列排序方法中，最坏情况下比较次数最少的是 (　　)。

A. 冒泡排序 　　　　　　　　 B. 简单选择排序

C. 直接插入排序 　　　　　　 D. 堆排序

5. 软件按功能可以分为应用软件、系统软件和支撑软件 (或工具软件)。下面属于应用软件的是 (　　)

A. 编译程序 　　　　　　　　 B. 操作系统

C. 教务管理系统 　　　　　　 D. 汇编程序

6. 下面叙述中错误的是 (　　)。

A. 软件测试的目的是发现错误并改正错误

B. 对被调试的程序进行 "错误定位" 是程序调试的必要步骤

C. 程序调试通常也称为 Debug

D. 软件测试应严格执行测试计划，排除测试的随意性

7. 耦合性和内聚性是对模块独立性度量的两个标准。下列叙述中正确的是 (　　)。

A. 提高耦合性降低内聚性有利于提高模块的独立性

B. 降低耦合性提高内聚性有利于提高模块的独立性

C. 耦合性是指一个模块内部各个元素间彼此结合的紧密程度

D. 内聚性是指模块间互相连接的紧密程度

8. 数据库应用系统中的核心问题是 (　　)。

A. 数据库设计 　　　　　　　 B. 数据库系统设计

C. 数据库维护 　　　　　　　 D. 数据库管理员培训

9. 有两个关系 R、S 如下：由关系 R 通过运算得到关系 S，则所使用的运算为 (　　)。

A. 选择 　　　　　　　　　　 B. 投影

C. 插入 　　　　　　　　　　 D. 连接

10. 将 E-R 图转换为关系模式时，实体和联系都可以表示为 (　　)。

A. 属性 　　　　　　　　　　 B. 键

C. 关系 　　　　　　　　　　 D. 域

11. 世界上公认的第一台电子计算机诞生的年代是 (　　)。

A. 20 世纪 30 年代 　　　　　　 B. 20 世纪 40 年代

C. 20 世纪 80 年代 　　　　　　 D. 20 世纪 90 年代

12. 在计算机中，西文字符所采用的编码是 (　　)。

A. EBCDIC 码 　　　　　　　 B. ASCII 码

C. 国标码 　　　　　　　　　 D. BCD 码

13. 度量计算机运算速度常用的单位是 (　　)。

A. MIPS 　　　　　　　　　　 B. MHz

C. MB/s　　　　　　　　　　　　D. Mbps

14. 计算机操作系统的主要功能是（　　）。

A. 管理计算机系统的软硬件资源，以充分发挥计算机资源的效率，并为其他软件提供良好的运行环境

B. 把高级程序设计语言和汇编语言编写的程序翻译到计算机硬件可以直接执行的目标程序，为用户提供良好的软件开发环境

C. 对各类计算机文件进行有效的管理，并提交计算机硬件高效处理

D. 为用户提供方便地操作和使用计算机的方法

15. 下列关于计算机病毒的叙述中，错误的是（　　）。

A. 计算机病毒具有潜伏性

B. 计算机病毒具有传染性

C. 感染过计算机病毒的计算机具有对该病毒的免疫性

D. 计算机病毒是一个特殊的寄生程序

16. 以下关于编译程序的说法正确的是（　　）。

A. 编译程序属于计算机应用软件，所有用户都需要编译程序

B. 编译程序不会生成目标程序，而是直接执行源程序

C. 编译程序完成高级语言程序到低级语言程序的等价翻译

D. 编译程序构造比较复杂，一般不进行出错处理

17. 一个完整的计算机系统的组成部分的确切提法应该是（　　）。

A. 计算机主机、键盘、显示器和软件

B. 计算机硬件和应用软件

C. 计算机硬件和系统软件

D. 计算机硬件和软件

18. 计算机网络最突出的优点是（　　）。

A. 资源共享和快速传输信息　　　　B. 高精度计算和收发邮件

C. 运算速度快和快速传输信息　　　D. 存储容量大和高精度

19. 能直接与 CPU 交换信息的存储器是（　　）。

A. 硬盘存储器　　　　　　　　　　B. CD-ROM

C. 内存储器　　　　　　　　　　　D. U 盘存储器

20. 正确的 IP 地址是（　　）。

A. 202.112.111.1　　　　　　　　B. 202.2.2.2.2

C. 202.202.1　　　　　　　　　　D. 202.257.14.13

二、文字处理题（共 30 分）

请在【答题】菜单下选择【进入考生文件夹】命令，并按照题目要求完成下面的操作。

注意：以下的文件必须保存在考生文件夹下。

在考生文件夹下打开文档 WPS 文字 .DOCX。

　　某高校学生会计划举办一场"大学生网络创业交流会"的活动，拟邀请部分专家和老师给在校学生进行演讲。因此，校学生会外联部需制作一批邀请函，并分别递送给相关的专家和老师。

　　请按如下要求，完成邀请函的制作。

　　(1) 调整文档版面，要求页面高度 18 厘米、宽度 30 厘米，页边距 (上、下) 为 2 厘米，页边距 (左、右) 为 3 厘米。

　　(2) 将考生文件夹下的图片"背景图片 .jpg"设置为邀请函背景。

　　(3) 根据"WPS 文字—邀请函参考样式 .docx"文件，调整邀请函中内容文字的字体、字号和颜色。

　　(4) 调整邀请函中内容文字段落对齐方式。

　　(5) 根据页面布局需要，调整邀请函中"大学生网络创业交流会"和"邀请函"两个段落的间距。

　　(6) 在"尊敬的"和"(老师)"文字之间，插入拟邀请的专家和老师姓名，拟邀请的专家和老师姓名在考生文件夹下的"通讯录 .xlsx"文件中。每页邀请函中只能包含 1 位专家或老师的姓名，所有的邀请函页面请另外保存在一个名为"WPS 文字—邀请函 .docx"的文件中。

　　(7) 邀请函文档制作完成后，请保存"WPS 文字 .docx"文件。

三、电子表格题 (共 30 分)

　　请在【答题】菜单下选择【进入考生文件夹】命令，并按照题目要求完成下面的操作。

　　注意：以下的文件必须保存在考生文件夹下。

　　小李今年毕业后，在一家计算机图书销售公司担任市场部助理，主要的工作职责是为部门经理提供销售信息的分析和汇总。

　　请你根据销售数据报表 ("Excel.xlsx"文件)，按照如下要求完成统计和分析工作。

　　(1) 请对"订单明细"工作表进行格式调整，通过套用表格格式的方法将所有的销售记录调整为一致的外观格式，并将"单价"列和"小计"列所包含的单元格调整为"会计专用"(人民币) 数字格式。

　　(2) 根据图书编号，请在"订单明细"工作表的"图书名称"列中，使用 VLOOKUP 函数完成图书名称的自动填充。"图书名称"和"图书编号"的对应关系在"编号对照"工作表中。

　　(3) 根据图书编号，请在"订单明细"工作表的"单价"列中，使用 VLOOKUP 函数完成图书单价的自动填充。"单价"和"图书编号"的对应关系在"编号对照"工作表中。

　　(4) 在"订单明细"工作表的"小计"列中，计算每笔订单的销售额。

　　(5) 根据"订单明细"工作表中的销售数据，统计所有订单的总销售金额，并将其填写在"统计报告"工作表的 B3 单元格中。

　　(6) 根据"订单明细"工作表中的销售数据，统计《MS Office 高级应用》图书在 2012

年的总销售额，并将其填写在"统计报告"工作表的 B4 单元格中。

(7) 根据"订单明细"工作表中的销售数据，统计隆华书店在 2011 年第 3 季度的总销售额，并将其填写在"统计报告"工作表的 B5 单元格中。

(8) 根据"订单明细"工作表中的销售数据，统计隆华书店在 2011 年的每月平均销售额 (保留 2 位小数)，并将其填写在"统计报告"工作表的 B6 单元格中。

(9) 保存"Excel.xlsx"文件。

四、演示文稿题 (共 20 分)

请在【答题】菜单下选择【进入考生文件夹】命令，并按照题目要求完成下面的操作。

注意：以下的文件必须保存在考生文件夹下。

为了更好地控制教材编写的内容、质量和流程，小李负责起草了图书策划方案 (请参考"图书策划方案 .docx"文件)。他需要将图书策划方案 WPS 文字文档中的内容制作为可以向教材编委会进行展示的 WPS 演示。

现在，请你根据图书策划方案 (请参考"图书策划方案 .docx"文件) 中的内容，按照如下要求完成演示文稿的制作。

(1) 创建一个新演示文稿，内容需要包含"图书策划方案 .docx"文件中所有讲解的要点，包括：

① 演示文稿中的内容编排，需要严格遵循 WPS 文字文档中的内容顺序，并仅需要包含 WPS 文字文档中应用了"标题 1""标题 2""标题 3"样式的文字内容。

② WPS 文字文档中应用了"标题 1"样式的文字，需要成为演示文稿中每页幻灯片的标题文字。

③ WPS 文字文档中应用了"标题 2"样式的文字，需要成为演示文稿中每页幻灯片的第一级文本内容。

④ WPS 文字文档中应用了"标题 3"样式的文字，需要成为演示文稿中每页幻灯片的第二级文本内容。

(2) 将演示文稿中的第一页幻灯片，调整为"标题幻灯片"版式。

(3) 为演示文稿应用一个美观的主题样式。

(4) 在标题为"2012 年同类图书销量统计"的幻灯片页中，插入一个 6 行、5 列的表格，列标题分别为"图书名称""出版社""作者""定价""销量"。

(5) 在标题为"新版图书创作流程示意"的幻灯片页中，将文本框中包含的流程文字利用 SmartArt 图形展现。

(6) 在该演示文稿中创建一个演示方案，该演示方案包含第 1、2、4、7 页幻灯片，并将该演示方案命名为"放映方案 1"。

(7) 在该演示文稿中创建一个演示方案，该演示方案包含第 1、2、3、5、6 页幻灯片，并将该演示方案命名为"放映方案 2"。

(8) 保存制作完成的演示文稿，并将其命名为"WPS 演示 .pptx"。

模拟试题（三）

一、选择题（每小题 1 分，共 20 分）

1. 程序流程图中带有箭头的线段表示的是（　　）。

A. 图元关系　　　　　　　　　　B. 数据流

C. 控制流　　　　　　　　　　　D. 调用关系

2. 结构化程序设计的基本原则不包括（　　）。

A. 多态性　　　　　　　　　　　B. 自顶向下

C. 模块化　　　　　　　　　　　D. 逐步求精

3. 软件设计中模块划分应遵循的准则是（　　）。

A. 低内聚低耦合　　　　　　　　B. 高内聚低耦合

C. 低内聚高耦合　　　　　　　　D. 高内聚高耦合

4. 在软件开发中，需求分析阶段产生的主要文档是（　　）。

A. 可行性分析报告　　　　　　　B. 软件需求规格说明书

C. 概要设计说明书　　　　　　　D. 集成测试计划

5. 算法的有穷性是指（　　）。

A. 算法程序的运行时间是有限的　B. 算法程序所处理的数据量是有限的

C. 算法程序的长度是有限的　　　D. 算法只能被有限的用户使用

6. 对长度为 n 的线性表排序,在最坏情况下,比较次数不是 n(n－1)/2 的排序方法是（　　）。

A. 快速排序　　　　　　　　　　B. 冒泡排序

C. 直接插入排序　　　　　　　　D. 堆排序

7. 下列关于栈的叙述正确的是（　　）。

A. 栈按"先进先出"组织数据　　B. 栈按"先进后出"组织数据

C. 只能在栈底插入数据　　　　　D. 不能删除数据

8. 在数据库设计中，将 E-R 图转换成关系数据模型的过程属于（　　）。

A. 需求分析阶段　　　　　　　　B. 概念设计阶段

C. 逻辑设计阶段　　　　　　　　D. 物理设计阶段

9. 有三个关系 R、S 和 T 如下：

R	
A	B
m	1
n	2

S	
B	C
1	3
3	5

T		
A	B	C
m	1	3

由关系 R 和 S 通过运算得到关系 T，则所使用的运算为（　　）。

A. 笛卡尔积　　　　　　　　　　B. 交

C. 并　　　　　　　　　　　D. 自然连接

10. 设有表示学生选课的三张表，学生 S(学号，姓名，性别，年龄，身份证号)，课程 C(课号，课名)，选课 SC(学号，课号，成绩)，则表 SC 的关键字 (键或码) 为 (　　)。

A. 课号，成绩　　　　　　　B. 学号，成绩

C. 学号，课号　　　　　　　D. 学号，姓名，成绩

11. 世界上公认的第一台电子计算机诞生在 (　　)。

A. 中国　　　　　　　　　　B. 美国

C. 英国　　　　　　　　　　D. 日本

12. 下列关于 ASCII 编码的叙述中，正确的是 (　　)。

A. 一个字符的标准 ASCII 码占一个字节，其最高二进制位总为 1

B. 所有大写英文字母的 ASCII 码值都小于小写英文字母 'a' 的 ASCII 码值

C. 所有大写英文字母的 ASCII 码值都大于小写英文字母 'a' 的 ASCII 码值

D. 标准 ASCII 码表有 256 个不同的字符编码

13. CPU 的主要技术性能指标有 (　　)。

A. 字长、主频和运算速度　　B. 可靠性和精度

C. 耗电量和效率　　　　　　D. 冷却效率

14. 计算机系统软件中，最基本、最核心的软件是 (　　)。

A. 操作系统　　　　　　　　B. 数据库管理系统

C. 程序语言处理系统　　　　D. 系统维护工具

15. 下列关于计算机病毒的叙述中，正确的是 (　　)。

A. 反病毒软件可以查、杀任何种类的病毒

B. 计算机病毒是一种被破坏了的程序

C. 反病毒软件必须随着新病毒的出现而升级，提高查、杀病毒的功能

D. 感染过计算机病毒的计算机具有对该病毒的免疫性

16. 高级程序设计语言的特点是 (　　)。

A. 高级语言数据结构丰富

B. 高级语言与具体的机器结构密切相关

C. 高级语言接近算法语言，不易掌握

D. 用高级语言编写的程序计算机可立即执行

17. 计算机的系统总线是计算机各部件间传递信息的公共通道，它分 (　　)。

A. 数据总线和控制总线

B. 地址总线和数据总线

C. 数据总线、控制总线和地址总线

D. 地址总线和控制总线

18. 计算机网络最突出的优点是 (　　)。

A. 提高可靠性　　　　　　　B. 提高计算机的存储容量

C. 运算速度快　　　　　　　　D. 实现资源共享和快速通信

19. 当电源关闭后，下列关于存储器的说法中，正确的是 (　　)。

A. 存储在 RAM 中的数据不会丢失

B. 存储在 ROM 中的数据不会丢失

C. 存储在 U 盘中的数据会全部丢失

D. 存储在硬盘中的数据会丢失

20. 有一域名为 bit.edu.cn，根据域名代码的规定，此域名表示 (　　)。

A. 教育机构　　　　　　　　　B. 商业组织

C. 军事部门　　　　　　　　　D. 政府机关

二、文字处理题 (共 30 分)

请在【答题】菜单下选择【进入考生文件夹】命令，并按照题目要求完成下面的操作。

注意：以下的文件必须保存在考生文件夹下。

在考生文件夹下打开文档 WPS 文字 .DOCX，按照要求完成下列操作并以该文件名 (WPS 文字 .DOCX) 保存文档。

某高校为了使学生更好地进行职场定位和职业准备、提高就业能力，该校学工处将于 2013 年 4 月 29 日 (星期五)19:30～21:30 在校国际会议中心举办主题为 "领慧讲堂——大学生人生规划" 的就业讲座，特别邀请资深媒体人、著名艺术评论家赵蕈先生担任演讲嘉宾。

请根据上述活动的描述，利用 WPS 文字制作一份宣传海报 (宣传海报的参考样式请参考 "WPS 文字—海报参考样式 .docx" 文件)，要求如下：

(1) 调整文档版面，要求页面高度 35 厘米，页面宽度 27 厘米，页边距 (上、下) 为 5 厘米，页边距 (左、右) 为 3 厘米，并将考生文件夹下的图片 "WPS 文字—海报背景图片 .jpg" 设置为海报背景。

(2) 根据 "WPS 文字—海报参考样式 .docx" 文件，调整海报内容文字的字号、字体和颜色。

(3) 根据页面布局需要，调整海报内容中 "报告题目" "报告人" "报告日期" "报告时间" "报告地点" 信息的段落间距。

(4) 在 "报告人：" 位置后面输入报告人姓名 (赵蕈)。

(5) 在 "主办：校学工处" 位置后另起一页，并设置第 2 页的页面纸张大小为 A4 篇幅，纸张方向设置为 "横向"，页边距为 "普通" 页边距定义。

(6) 在新页面的 "日程安排" 段落下面，复制本次活动的日程安排表 (请参考 "WPS 文字—活动日程安排 .xlsx" 文件)，要求表格内容引用 Excel 文件中的内容，如若 Excel 文件中的内容发生变化，WPS 文字文档中的日程安排信息随之发生变化。

(7) 在新页面的 "报名流程" 段落下面，利用 SmartArt，制作本次活动的报名流程 (学工处报名、确认坐席、领取资料、领取门票)。

(8) 设置 "报告人介绍" 段落下面的文字排版布局为参考示例文件中所示的样式。

(9) 更换报告人照片为考生文件夹下的"Pic2.jpg"照片，将该照片调整到适当位置，并不要遮挡文档中的文字内容。

(10) 保存本次活动的宣传海报设计为"WPS 文字 .DOCX"。

三、电子表格题（共 30 分）

请在【答题】菜单下选择【进入考生文件夹】命令，并按照题目要求完成下面的操作。

注意：以下的文件必须保存在考生文件夹下。

小蒋是一位中学教师，在教务处负责初一年级学生的成绩管理。由于学校地处偏远地区，缺乏必要的教学设施，只有一台配置不太高的计算机可以使用。他在这台计算机中安装了 Microsoft Office，决定通过 Excel 来管理学生成绩，以弥补学校缺少数据库管理系统的不足。现在，第一学期期末考试刚刚结束，小蒋将初一年级三个班的成绩均录入了文件名为"学生成绩单 .xlsx"的 Excel 工作簿文档中。

请你根据下列要求帮助小蒋老师对该成绩单进行整理和分析。

(1) 对工作表"第一学期期末成绩"中的数据列表进行格式化操作：将第一列"学号"列设为文本，将所有成绩列设为保留两位小数的数值；适当加大行高列宽，改变字体、字号，设置对齐方式，增加适当的边框和底纹以使工作表更加美观。

(2) 利用"条件格式"功能进行下列设置：将语文、数学、英语三科中不低于 110 分的成绩所在的单元格以一种颜色填充，其他四科中高于 95 分的成绩以另一种字体颜色标出，所用颜色深浅以不遮挡数据为宜。

(3) 利用 SUM 和 AVERAGE 函数计算每一个学生的总分及平均成绩。

(4) 学号的第 3、4 位代表学生所在的班级，如："120105"代表 12 级 1 班 5 号。请通过函数提取每个学生所在的班级并按下列对应关系填写在"班级"列中：

"学号"的 3、4 位	对应班级
01	1 班
02	2 班
03	3 班

(5) 复制工作表"第一学期期末成绩"，将副本放置到原表之后；改变该副本表标签的颜色，并重新命名，新表名需包含"分类汇总"字样。

(6) 通过分类汇总功能求出每个班各科的平均成绩，并将每组结果分页显示。

(7) 以分类汇总结果为基础，创建一个簇状柱形图，对每个班各科平均成绩进行比较，并将该图表放置在一个名为"柱状分析图"的新工作表中。

四、演示文稿题（共 20 分）

请在【答题】菜单下选择【进入考生文件夹】命令，并按照题目要求完成下面的操作。

注意：以下的文件必须保存在考生文件夹下。

文慧是新东方学校的人力资源培训讲师，负责对新入职的教师进行入职培训，其 WPS 演示文稿的制作水平广受好评。最近，她应北京节水展馆的邀请，为展馆制作一份宣传水知识及节水工作重要性的演示文稿。

　　节水展馆提供的文字资料及素材在考生文件夹中，制作要求如下：

　　(1) 标题页包含制作单位 (北京节水展馆) 和日期 (×××× 年 × 月 × 日)。

　　(2) 演示文稿需指定一个主题，幻灯片不少于 5 页，且版式不少于 3 种。

　　(3) 演示文稿中除文字外要有两张以上的图片，并有两个以上的超链接进行幻灯片之间的跳转。

　　(4) 动画效果要丰富，幻灯片切换效果要多样。

　　(5) 演示文稿播放的全程需要有背景音乐。

　　(6) 将制作完成的演示文稿以 "水资源利用与节水 .pptx" 为文件名进行保存。

部分参考答案